METEOROLOGISCHER UND HYDROLOGISCHER DIENST
DER DEUTSCHEN DEMOKRATISCHEN REPUBLIK

Erdmagnetisches Jahrbuch

1951

Ergebnisse der Beobachtungen am Adolf Schmidt-Observatorium für Erdmagnetismus in Niemegk im Jahre 1951

von

G. FANSELAU und H. WIESE

Anhang

Täglicher Gang an ausgewählt ruhigen und gleichmäßig gestörten Tagen 1908-1944 in Potsdam-Seddin-Niemegk

von

H. WIESE

1954

AKADEMIE-VERLAG · BERLIN

Erschienen im Akademie-Verlag GmbH., Berlin W 8, Mohrenstraße 39
Lizenz-Nr. 1228
Gedruckt in der Buchdruckerei F. Mitzlaff KG., Rudolstadt/Thür. (945) V/14/7
Bestell- und Verlags-Nr. 2021/4
Preis: 28,50 DM
Printed in Germany

Inhaltsverzeichnis

I. Vorbemerkung

Da das Observatorium durch direkte Kriegseinwirkungen drei seiner Variometersysteme und auch seine beiden Standardmagnete verloren hatte, außerdem stärkere Beschädigungen des Absoluthauses aufgetreten waren, konnte der Registrierbetrieb nach einer Pause seit April 1945 erst ab Februar 1946, und auch da nur behelfsmäßig, aufgenommen werden. Besonders schwerwiegend war der Umstand, daß im Verlaufe der letzten Kriegshandlungen das Transformatorenhaus schwer beschädigt wurde und damit auch nach Wiederaufnahme der Stromversorgung das Observatorium zunächst nicht beliefert werden konnte. Erst im Spätherbst 1945 gelang es, die für damalige Zeiten äußerst schwierigen Instandsetzungsarbeiten durchzuführen. Es ist somit eine Lücke in den Registrierungen des Observatoriums Niemegk vorhanden von April 1945 bis Februar 1946.

Alle Absolutinstrumente waren völlig verschmutzt und mußten mehrmals auseinandergenommen und gereinigt werden, bis es gelang, den feinsten Gipsstaub, der sich besonders zwischen allen drehbaren Teilen festgesetzt hatte, zu beseitigen. Die Messungen der Horizontalintensität wurden zunächst mit einem Hilfsmagneten (M 4) durchgeführt[1]), der allerdings verhältnismäßig schlechte magnetische Eigenschaften aufwies (großer Temperaturkoeffizient und großer Induktionskoeffizient). Außerdem wurden ab und zu QHM-Messungen zur Sicherung des Basisganges der Variometer ausgeführt.

Eine umfangreiche sorgfältige Neubestimmung des absoluten Niveaus der Horizontalintensität in den Jahren 1950—1952 gab nun die Möglichkeit, die Relativmessungen mit dem Hilfsmagneten und dem QHM exakt auf das neue Niveau zu beziehen. Über diese Neubestimmung wird in Kürze ausführlich berichtet werden[2]).

Ende 1950 wurde wieder ein Registriersystem für die Komponenten X, Y, Z aufgestellt, so daß ab 1951 die Stundenmittel in der alten Form der Jahrbücher veröffentlicht werden können[3]).

Da außerdem ab 1951 die Basiswerte mit der gleichen Sicherheit wie in den Jahren bis 1944 vorliegen, wurde beschlossen, dieses Jahr als erstes zu veröffentlichen.

Das Jahrbuch 1951 schließt sich in seiner Form nahezu vollkommen an die Jahrbücher 1935 bis 1944 an, nur die Auswahl der Tage zur Berechnung des Ganges an ruhigen und gestörten Tagen wurde anders vorgenommen. Mit Hilfe der erdmagnetischen Kennziffern konnte eine Auswahl ganz ruhiger und gleichmäßig gestörter Tage erreicht werden. Das ist zweifellos zweckmäßiger als die stereotype Berechnung des Ganges an den 5 ruhigen und 5 gestörten Tagen eines jeden Monats, da nach diesem

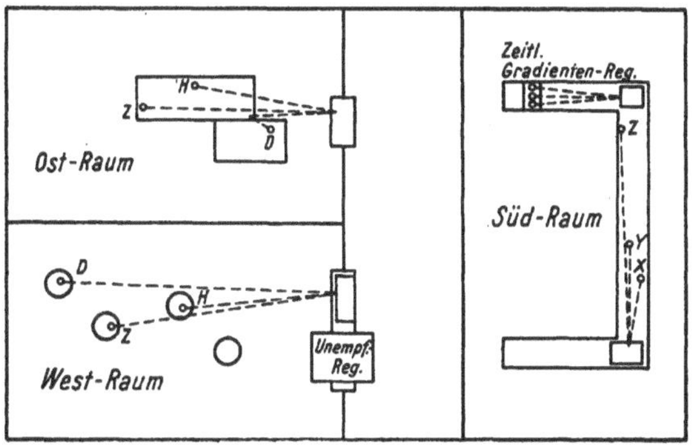

[1]) Vgl. W. Brückmann, Ergebnisse der magnetischen Beobachtungen in Potsdam 1892—1900. Egänzungsband.

[2]) M. Richard und H. Wiese, Die Neubestimmung der absoluten erdmagnetischen Feldgrößen am Adolf-Schmidt-Observatorium für Erdmagnetismus in Niemegk. Abhandlung Nr. 13 des Geophysikalischen Instituts Potsdam.

[3]) G. Fanselau, Ergebnisse der Beobachtungen am Adolf-Schmidt-Observatorium für Erdmagnetismus in Niemegk in den Jahren 1935—1944.

Verfahren häufig Tage recht verschiedenen Störungsgrades zusammengefaßt werden [vgl. hierzu BARTELS[1]) und WIESE[2])].

In einem Anhang sind die Stundenmittel der täglichen Gänge an völlig ruhigen und gleichmäßig gestörten Tagen abgedruckt, wie sie sich nach dem oben erwähnten Auswahlprinzip im Mittel der Jahre 1908 bis 1944 ergaben.

Die Abbildung auf Seite 5 zeigt die Aufstellung der Variometersysteme im Variationshaus. Außerdem ist dort eine Anlage zur Registrierung der zeitlichen Gradienten des erdmagnetischen Feldes eingezeichnet, die Ende 1952 in Betrieb genommen wurde.

Am Ende des Textteils sind 3 Diagramme aufgenommen worden, die die Zeiten des Sonnenauf- und -unterganges und der Tageslänge in verschiedenen Höhen über Niemegk darstellen.

Die Stundenmittel der Elemente D, H, Z für die Jahre 1946 bis 1950 werden im nächsten Jahre zur Veröffentlichung gelangen.

Die absoluten Messungen führten Dr. H. JUST, H. KRAATZ, M. RICHARD, Dr. H. WIESE und W. ZANDER durch. Die Berechnungen erfolgten durch L. FEIST und W. ZANDER. Den Tabellenteil des Jahrbuches erstellten CH. FEIST, L. FEIST und L. NEUBERT, die Zeichnungen schließlich H. BOLZ und G. OTTO.

Die Liste der hier aufgeführten Namen zeigt, daß nur wenige der alten eingearbeiteten Mitarbeiter beim Wiederaufbau des Betriebes zur Verfügung standen. Während die Wissenschaftler in ihrer Gesamtheit junge Mitarbeiter waren, die sich erst allmählich in ihr neues Aufgabengebiet einarbeiten mußten, standen beim Rechnerpersonal erfreulicherweise doch einige altbewährte Kräfte zur Verfügung, so Herr LEOPOLD FEIST, Herr HEINZ BOLZ und Herr LOUIS NEUBERT.

Leider war das Institut im Hinblick auf die apparativ-technische Betreuung völlig verwaist, nachdem unser treuer pflichtbewußter Werkmeister Joseph Georg Urbansky am 10. September 1945 nach mehr als 41jähriger Dienstzeit verstorben war. Gerade als seine unermüdliche Arbeitskraft und sein beachtliches mechanisches Wissen und Können beim Neuaufbau besonders dringend benötigt wurden, mußte Joseph Georg Urbansky von seiner Wirkungsstätte abtreten. Es sei gestattet, diesem bemerkenswerten Mitarbeiter, den alle, die ihn kannten, achten und schätzen lernten, einige Worte an dieser Stelle zu widmen.

Joseph Georg Urbansky wurde am 6. September 1877 in Namslau bei Breslau geboren. Er erlernte das Schlosserhandwerk und leistete seine Wehrpflicht bei der Marine ab. Schon während dieses Militärdienstes kam er erstmalig in Berührung mit der Geophysik, als er vom 1. Juli 1901 bis 30. Juni 1903 die

---

[1]) J. BARTELS, Zeitschr. f. Meteorologie 1951, S. 236.

[2]) W. WIESE, Gerlands Beiträge zur Geophysik 63, Heft 4 (1954), S. 282—301 und 63, Heft 4 (1954), S. 302—317.

Deutsche Südpolar-Expedition als Matrose mitmachen durfte. Er hat oft und gern über diesen Abschnitt seines Lebens erzählt, und es ist keine Frage, daß gerade diese 2 Jahre angestrengter Arbeit unter primitivsten Verhältnissen ihm manches Wertvolle für seinen späteren Beruf mitgegeben haben. Am 15. Juni 1904 trat Urbansky in den Dienst des Magnetischen Observatoriums in Potsdam unter Geheimrat ADOLF SCHMIDT ein. Am 1. April 1930 erfolgte seine Ernennung zum Hilfswerkmeister. Obwohl Joseph Urbansky nur das Schlosserhandwerk erlernt hatte, schlummerten in ihm wesentlich höhere Fähigkeiten, die er unter der klugen Anleitung von Geheimrat SCHMIDT entwickeln konnte: Besonders bei der Umstellung des Betriebes in Niemegk im Jahre 1933 und 1934 hat er hervorragende Arbeit geleistet und sich auch vorzüglich in ein ihm bis dahin fremdes Arbeitsgebiet hineingefunden, nämlich die elektrische Installationstechnik. Manches Gerät, von seiner Hand geschaffen, tut heute noch Dienst im Observatorium, und wir alle, die wir ihn gekannt haben, wollen ihm an dieser Stelle nochmals unseren aufrichtigsten Dank aussprechen für seine unermüdliche Mitarbeit. Seine stete Einsatzbereitschaft, der das Wort „unmöglich“ unbekannt war und in der sich stets der alte Expeditionsteilnehmer widerspiegelte, soll uns ein ständiges Vorbild sein.

IIa. Arbeiten an den Variometern

Das Südsystem (X, Y, Z)

Ende 1950 wurde ein neues Registriersystem im südlichen Raum des Variationshauses aufgestellt. Variometer, Registrierapparat und Zubehör wurden von der Firma Mating & Wiesenberg in Potsdam gebaut. Seit dem 1. Februar 1951 werden die Stundenmittel der horizontalen Komponenten von diesem Registriersystem abgeleitet. Die Variometer befinden sich auf Untersätzen, die auf einem stabilen langen Bronzebett montiert sind. An den Untersätzen sind Spulen zur galvanischen Skalenwertbestimmung angebracht. Die Nadeln der Variometer der horizontalen Komponenten X, Y sind Örstit-Magnete von 26 × 2 × 2 mm.

Zunächst wurden die Spulen der Variometer mit Hilfe einer langen Induktornadel in den magnetischen Meridian gestellt. Zum Übergang von der magnetischen Orientierung zur astronomischen wurde als mittlerer Wert der Deklination — 2,8° angesetzt. Anschließend wurde jedes Variometer für sich justiert. Kontrolliert wurden diese Justierungen dadurch, daß die unabhängig justierten Spulen in der sogenannten Orientierungsstellung bei Stromdurchgang keine Ablenkung der Variometernadeln hervorrufen durften. Es wurden Felder bis 650 γ erzeugt. Die Ablenkungen waren kleiner als $^2/_{10}$ mm auf der Registrierwalze. Das Variometer für die Vertikalintensität — eine Schneidenwaage — wurde in magnetischer Ost—Westrichtung aufgestellt und der Kasten nivelliert. Der Waagekörper wurde in Horizontalstellung gebracht.

Alle drei Variometer sind außen mit je 2 Paaren von Zusatzmagneten ausgerüstet, die verstellbar sind und zur Temperaturkompensation bzw. zur bequemen Einstellung einer gewünschten Empfindlichkeit dienen sollen. Der gleiche Erfolg könnte allerdings auch mit nur einem Paar drehbar angeordneter Zusatzmagnete erzielt werden[1]). Die Empfindlichkeit der X- und Y-Variometer wurde so eingestellt, daß sie ungefähr 2 γ pro Millimeter auf der Registrierkurve bei doppelter Reflexion entspricht.

Die Spulenkonstanten wurden aus den Dimensionen errechnet.

	X, Y-Spule	Z-Spule
Radius	17,45 cm	19,95 cm
halber Abstand der Ringe .	9,12 „	9,38 „
Anzahl der Windungen . .	1	1
Spulenkonstante	$5{,}011_2\ \gamma$/mA	$4{,}875_4\ \gamma$/mA

Die Skalenwerte wurden 2—3 mal monatlich absolut galvanisch bestimmt, d. h. mit Hilfe der errechneten Spulenkonstante und des durch ein Präzisions-Milliamperemeter gemessenen Stromes. Die auf diese Weise während des Jahres 1951 gemessenen Skalenwerte sind in Tabelle 1 zusammengestellt. Die Konstanz der Skalenwerte des X- und Y-Variometers ist als sehr gut zu bezeichnen. Leider zeigten sich beim Z-Variometer erhebliche Mängel. Die Skalenwerte streuten wesentlich mehr, und die Registrierung wies recht oft Sprünge auf. Da auch nach Einsetzen einer neuen Schneide die Unsicherheiten weiterhin auftraten, wurde die Waage Anfang November gegen eine Waage mit Bandaufhängung ausgetauscht. Diese besitzt jedoch nur einfache Reflexionen. Die Spulenkonstante der neuen Spule wurde zu 15,992 γ/mA

[1]) AD. SCHMIDT, Ergebnisse der magnetischen Beobachtungen in Potsdam und Seddin im Jahre 1908.

errechnet (Radius: 22,48 cm, halber Abstand der Ringe: 11,25 cm, Anzahl der Windungen: 4). Der Skalenwert der Waage beträgt rund 5,5 γ/mm.

Da jedoch die Waage für die Reduktion erst im Jahre 1952 verwendet wurde und in den ersten 2 Monaten nach ihrer Aufstellung einen stärkeren Gang aufwies, sollen die Basiswerte erst im nächsten Jahrbuch mitgeteilt werden. Der stärkere Gang der Basiswerte läßt sich dadurch erklären, daß das verwendete Band nicht gealtert war.

Die Schneidenwaage wurde wegen der beschriebenen Fehler für keinerlei Messungen und Reduktionen benutzt, daher erübrigt sich die Mitteilung der Skalenwerte.

Tabelle 1

Skalenwerte „Südsystem"

1951	e_x	ausgegl.	e_y	ausgegl.	e_z	ausgegl.
	γ	γ	γ	γ		
Januar 25	1.98	1,98	1.98	1.98		
30	1.98	1,98	1.96	1.98		
Februar 14	1.99	1.98	1.99	1.98		
19	1.98	1.98	2.00	1.99		
März 2	2.00	1.99	2.01	1.99		
20	2.01	1.99	2.00	1.99		
28	1.99	1.99	1.99	1.99		
April 10	2.00	2.00	1.99	1.99		
16	2.00	2.00	2.00	2.00		
28	2.00	2.00	2.00	2.00		
Mai 7	2.01	2.00	1.99	1.99		
23	2.01	2.00	1.99	1.99		
Juni 1	1.99	2.00	1.97	1.99		
9	1.99	2.00	2.03	1.99		
20	1.98	1.99	1.99	1.99		
Juli 13	1.98	1.99	2.01	1.99		
23	2.00	1.99	1.98	1.99		
30	2.00	1.99	1.99	1.99		
August 14	2.00	1.99	1.99	1.99		
29	1.99	1.99	1.98	1.99		
September 5	2.00	1.99	1.99	1.99		
18	2.00	1.99	1.98	1.99		
25	1.98	1.99	1.98	1.99		
Oktober 6	2.02	2.00	2.00	1.99		
16	2.00	2.00	1.99	1.99		
26	2.01	2.00	2.01	1.99		
November 5	2.01	2.00	2.00	2.00	γ	γ
9	2.00	2.00	1.99	2.00	5.46	5.47
14	2.00	2.00	2.02	2.00	5.48	5.47
Dezember 1	2.01	2.00	2.01	2.00	5.46	5.47
21	2.04	2.00	2.01	2.00	5.47	5.47
Jahr	1.99_8		1.99_4			

Die endgültige Temperierung der Variometer ergab folgende Temperaturkoeffizienten:

$$a_x = -0{,}0033\,, \qquad a_y = 0{,}0287\,,$$

bezogen auf das Bourdonrohr in der Z-Schneidenwaage (bis 6. November 1951). Der Temperaturkoeffizient der Z-Waage mit Bandaufhängung (ab 7. November 1951) wurde durch Anbringung von Thermoperm am Magneten verringert. Zusatzmagnete zur Empfindlichkeitsregelung besitzt die Waage nicht.

Nach Einbau der Bandwaage wurden die Temperaturkoeffizienten auf das Bourdonrohr des X-Variometers bezogen:

$$a_x = -0{,}0061\,, \qquad a_y = 0{,}0530\,, \qquad a_z = -0{,}384\,.$$

Der Skalenwert des Bourdonrohres der Schneidenwaage betrug 0,0572° C/mm, der im X-Variometer 0,107° C/mm. Mit Hilfe dieses letzteren errechnet sich die Temperaturabhängigkeit in γ/Grad für X: $-0{,}1$, Y: 1,0, Z: $-19{,}6$.

Das Westsystem (D, H, Z)

Im September 1950 wurde im westlichen Raum des Variationshauses auf drei Pfeilern ein neues Registriersystem aufgestellt, das aus alten Teilen in eigener Werkstatt gebaut wurde. Zur Registrierung wurde ein kleiner transportabler Registrierapparat mit einer Walze verwendet. Das H-Variometer wurde mit einem Paar Zusatzmagnete auf einem drehbaren Kranz ausgerüstet zur Regelung der Empfindlichkeit und gleichzeitig zum Herabdrücken des Temperatureinflusses.

In diesem System waren recht häufig Eingriffe notwendig, da sich das Bourdonrohr als schadhaft erwies. Weiterhin arbeitete die verwendete Schneidenwaage nicht einwandfrei und zeigte starke Gänge

Tabelle 2

Skalenwerte „Westsystem“

1951		εD	ausgegl.	εH	ausgegl.	εZ	ausgegl.
				γ	γ	γ	γ
Januar	25	0.414	0.412	2.18	2.20	2.38	2.41
	30	0.411	0.412	2.24	2.20	2.41	2.41
Februar	5	0.406	0.412	2.21	2.20	2.44	2.41
	14	0.413	0.412	2.20	2.20	2.40	2.41
	19	0.413	0.412	2.19	2.20	2.41	2.41
März	5	0.410	0.411	2.19	2.19	2.39	2.41
	20	0.413	0.411	2.18	2.19	2.39	2.41
	28	0.409	0.411	2.18	2.19	2.42	2.41
April	10	0.411	0.411	2.17	2.18	2.37	2.41
	16	0.411	0.411	2.17	2.18	2.44	2.41
Mai	7	0.409	0.410	2.19	2.18 [1]	2.31	2.40 [2]
	23	0.409	0.410	2.09	2.08	2.30	2.40
Juni	9	0.412	0.410	2.06	2.08	2.40	2.40
	20	0.409	0.410	2.09	2.08	2.38	2.40
	27	0.406	0.410	2.07	2.08	2.40	2.40
Juli	7	0.409	0.409	2.09	2.08	2.38	2.39
	13	0.408	0.409	2.07	2.08	2.38	2.39
	23	0.409	0.409	2.07	2.08	2.38	2.39
August	3	0.410	0.410	2.08	2.08	2.39	2.39 [3]
	22	0.409	0.410	2.09	2.08	2.67	2.68
	29	0.410	0.410	2.08	2.08	2.67	2.68
September	5	0.410	0.411	2.08	2.08	2.71	2.68
	18	0.413	0.411	2.08	2.08	2.72	2.68
	25	0.411	0.411	2.10	2.08	2.66	2.68
Oktober	6	0.412	0.411	2.10	2.09	2.69	2.68
	16	0.415	0.411	2.09	2.09	2.70	2.68
	26	0.412	0.411	2.07	2.09	2.66	2.68
November	5	0.410	0.411	2.10	2.09	2.69	2.68
	14	0.410	0.411	2.07	2.09	2.68	2.68
	23	0.410	0.411	2.09	2.09	2.68	2.68
Dezember	1	0.413	0.411	2.09	2.09	2.70	2.68
	21	0.411	0.411	2.10	2.09	2.67	2.68
Jahr		0.410_6					

[1]) Sprung durch Eingriff
[2]) Neues Variometer aufgestellt
[3]) Sprung durch Eingriff

und Sprünge. Sie wurde durch eine Z-Fadenwaage ersetzt. Das Band der Waage war jedoch nicht gealtert und auch die Bandklemmung war nicht einwandfrei. Öftere Eingriffe waren daher im Instrument nötig. Da das Bourdonrohr in der Waage eingebaut war, wurde bei jedem Eingriff die Temperatur mit verstellt. Auf Angabe der Basiswerte der Variometer wurde aus diesen Gründen verzichtet, da die Registrierungen des Südsystems durch das Ostsystem genügend gesichert waren.

Allerdings wurden im Kurzverfahren (s. Jahrbuch 1935—1938) die absoluten Messungen auch auf dieses System bezogen und mit Hilfe von zehnstündigen Vergleichen auf das Südsystem umgerechnet.

Nähere Angaben über die Spulen für die Skalenwertbestimmungen gibt nachfolgende Übersicht. Die Spulen wurden sehr groß gewählt, um Helmholtz-Anordnungen verwenden zu können. Dadurch wurde das Spulenfeld im Bereich der Variometermagnete möglichst homogen gehalten. Die Abmessungen sind für alle drei Spulen die gleichen:

Radius	22,48 cm
halber Abstand der Ringe	11,25 ,,
Anzahl der Windungen	1
Spulenkonstante	3,998 γ/mA

Die in Tabelle 2 aufgeführten Skalenwertbestimmungen zeigen die erwähnten häufigen Sprünge, die durch Eingriffe in die Variometer zustande kamen.

Das Ostsystem (D, H, Z)

Das Ostsystem ist das alte Variometersystem, wie es in den Jahrbüchern 1936—1938 von G. Fanselau (l. c.) beschrieben worden ist. Das D-Variometer wurde allerdings versetzt, so daß D, H, Z jetzt auf einem Bogen registrieren. Der Magnet des D-Variometers hängt, wie auch früher, aus Gründen der Empfindlichkeitssteigerungen bei geringer optischer Vergrößerung mit dem Nordpol nach Süden und wird nur durch

Tabelle 3
Skalenwerte „Ostsystem"

1951.		E_D	ausgegl.	E_H	ausgegl.	E_Z	ausgegl.
		′	′	γ	γ	γ	γ
Januar	25	0.416	0.415	2.14	2.15	2.61	2.62
	30	0.411	0.415	2.15	2.15	2.62	2.62
Februar	14	0.417	0.416	2.16	2.15	2.60	2.63
	19	0.417	0.416	2.17	2.15	2.64	2.63
März	2	0.414	0.417 [1]	2.14	2.15	2.65	2.64
	20	0.402	0.401	2.15	2.15	2.63	2.64
	28	0.402	0.401	2.16	2.15	2.66	2.64
April	10	0.404	0.400	2.14	2.15	2.63	2.64
	16	0.400	0.400	2.15	2.15	2.63	2.64
	28	0.400	0.400	2.14	2.15	2.64	2.64
Mai	7	0.399	0.399	2.13	2.14	2.61	2.63
	23	0.398	0.399	2.12	2.14	2.64	2.63
Juni	20	0.399	0.399	2.12	2.13	2.62	2.62
	27	0.397	0.399	2.15	2.13	2.61	2.62
Juli	13	0.400	0.399	2.13	2.13	2.58	2.61
	23	0.399	0.399	2.13	2.13	2.59	2.61
August	3	0.406	0.399	2.17	2.14	2.58	2.60
	24	0.399	0.399	2.14	2.14	2.58	2.60
	29	0.404	0.399	2.19	2.14	2.61	2.60
September	5	0.406	0.400	2.15	2.15	2.63	2.59
	25	0.401	0.400	2.16	2.15	2.52	2.59
Oktober	6	0.401	0.401	2.16	2.15	2.59	2.59
	16	0.400	0.401	2.14	2.16	2.58	2.59
	26	0.401	0.401	2.18	2.16	2.57	2.59
November	5	0.401	0.401	2.19	2.17	2.58	2.59
	14	0.405	0.401	2.18	2.17	2.60	2.59
	23	0.399	0.401	2.17	2.17	2.58	2.59
Dezember	1	0.410	0.401	2.17	2.17	2.62	2.60
	21	0.401	0.401	2.19	2.17	2.61	2.60
Jahr				2.15_4		2.60_7	

[1]) Neujustierung des D-Variometers

die Torsion des Fadens in seiner Lage gehalten. Erst ab Oktober 1952 hängt auch im D-Variometer der Magnet mit dem Nordpol nach Norden.

Am 18. März 1951 wurde das D-Variometer neu justiert. Dadurch veränderte sich der Skalenwert. Im übrigen zeigen die Skalenwerte der drei Variometer (Tabelle 3) eine befriedigende Konstanz während des ganzen Jahres.

Die Spulenkonstanten der Variometerspulen wurden aus den Dimensionen erneut errechnet. Dabei muß die Inhomogenität des Spulenfeldes bei dem verhältnismäßig großen Waagemagneten des Z-Variometers berücksichtigt werden. Im einzelnen ergeben sich folgende Werte:

	D-Spule	H-Spule	Z-Spule
Radius	14,95 cm	14,90 cm	14,85 cm
halber Abstand der Ringe	11,75 ,,	11,75 ,,	11,75 ,,
Anzahl der Windungen	1	1	1
Spulenkonstante (Mittelpunkt)	4,085 γ/mA	4,083 γ/mA	4,081 γ/mA

Die Spulenkonstante der Z-Spule für eine Magnetlänge von 9 cm und bei Annahme des Pol-Abstandes von fünf Sechstel der Magnetlänge ist bei Berücksichtigung der Inhomogenitäten

$$\underline{3,963\ \gamma/\text{mA}}.$$

Relative Vergleiche mit Störungsausschlägen der Variometer anderer Systeme zeigten, daß die Spulenkonstanten mit der gewünschten Genauigkeit bestimmt worden waren.

Der kleine Temperaturkoeffizient des D-Variometers wurde Anfang des Jahres 1951 neu bestimmt und ergab sich zu

$$A_D = -0{,}018.$$

Für die Reduktion der H- und Z-Variationen wurden dieselben Temperaturkoeffizienten wie in den Vorjahren verwendet:

$$A_H = 0{,}322 \qquad A_Z = 0{,}460.$$

Der Skalenwert des Bourdonrohres im H-Variometer ist

$$0{,}0526^\circ\ \text{C/mm}.$$

Daraus errechnet sich die Temperaturabhängigkeit in Bogenminuten, bzw. in γ/Grad für D: 0,14, für H: 13,2 und Z: 22,7. Da die Monatsmittel der Temperatur nur um 0,3° C schwankten und die extremen Temperaturdifferenzen innerhalb eines Monats kleiner als $\pm$ 1° C waren, ist die Sicherheit aller Reduktionen gewährleistet.

Die Registrierung der einwandfrei arbeitenden Z-Waage des Ostsystems wurde zur Ableitung der Stundenmittel verwendet, während D- und H-Registrierungen nur zu Vergleichszwecken und zur Reduktion der absoluten Messungen dienten.

Sturmvariometer (D, H, Z)

Bis zum Oktober 1951 war im Laboratorium ein unempfindliches Registriersystem aufgestellt, um auch große erdmagnetische Störungen vollkommen erfassen zu können. Es dient also nur zur Überbrückung der kurzen Lücken der normalen Registrierungen. Die Dimensionen der Spulen und die Spulenkonstanten waren für alle drei Variometer dieselben:

Radius	22,48 cm
halber Abstand der Ringe	11,25 ,,
Anzahl der Windungen	4
Spulenkonstante	15,99 γ/mA

Das Z-Variometer wurde nach Abbau dieses Systems im Südsystem aufgestellt.

Da das Laboratorium für experimentelle Arbeiten dringend benötigt wurde, mußte eine zunächst für andere Zwecke vorgesehene Reiseregistrierstation nach G. Fanselau[1]) im Variationshaus als unempfindliches System aufgebaut werden. Die Spulenkonstanten der drei Variometer der Reiseregistrierstation sind folgende:

	D- und H-Spule	Z-Spule
Radius	5,75 cm	9,05 cm
halber Abstand der Ringe	3,65 ,,	3,25 ,,
Anzahl der Windungen	1	1
Spulenkonstante	13,15 γ/mA	11,58 γ/mA

[1]) G. Fanselau, Zeitschr. f. Meteorologie 1951, S. 364.

Die Richtigkeit der Spulenkonstanten wurde durch Vergleiche mit Störungsausschlägen der anderen Variometer überprüft. Die Skalenwerte der unempfindlichen Variometer sind in Tabelle 4 zusammengefaßt.

Tabelle 4
Skalenwerte „Sturmvariometer"

1951		uD	uH	uZ
		′	γ	γ
Januar	5	3.80	17.1	15.9
	15	3.83	17.2	15.9
März	13	3.74	16.7	15.7
Mai	7	3.83	17.1	15.8
August	23	3.82	17.0	15.9
September	26	3.76	17.0	15.9
Oktober [1]	28	4.80	24.0	13.4

[1] Neues Variometersystem aufgestellt, kleine Registrierstation

Allgemeines

Wie auch in früheren Jahren wurden die Variometer zweimal täglich durch die Stundenmittel 0—1 und 12—13 Uhr MGZ untereinander verglichen. Dieser Vergleich erfolgte zwischen dem Ost- und Südsystem, während auf den Vergleich mit dem Westsystem wegen der beschriebenen häufigen Eingriffe im Jahre 1951 noch verzichtet wurde. Die Vergleiche wurden bei der Ableitung der Basiswerte des Südsystems (X, Y) aus den absoluten Messungen mit benutzt.

Tabelle 5
Umrechnungsfaktoren für die Elemente in der Horizontalebene

1951	ΔX	ΔY	ΔH	$\Delta D^{(')}$
	—	—	0.999	0.258
ΔX	—	- 20.757	—	111.264
	—	0.0482	1.001	—
	—	—	- 0.0481	5.348
ΔY	- 0.0482	—	—	5.360
	20.757	—	- 20.781	—
	—	- 20.781	—	111.136
ΔH	1.001	—	—	0.258
	0.999	- 0.0481	—	—
	—	0.187	0.00900	—
$\Delta D^{(')}$	3.881	—	- 3.877	—
	0.00899	0.187	—	—

$$\Delta D^{(\gamma)} = 5.35\, \Delta D^{(')}$$

Zum Übergang von den astronomisch zu den magnetisch orientierten Feldkomponenten dienen Tabelle 5 und 6. Sie sind wie in früheren Jahrbüchern so zu verstehen, daß links in der vertikalen Spalte die gesuchte Variation steht, während in der horizontalen Zeile die Elemente genannt sind, mit deren Hilfe die Berechnung vorgenommen werden soll.

Tabelle 6
Umrechnungsfaktoren für die Elemente in der Ebene des magnetischen Meridians

1951	Δ H	Δ Z	Δ F	Δ J$^{(')}$
	—	—	0.387	−12.741
Δ H	—	0.420	—	−14.991
	—	−2.38	2.58	—
	—	—	0.922	5.35
Δ Z	2.38	—	—	35.675
	−0.420	—	1.085	—
	—	1.085	—	−5.808
Δ F	2.58	—	—	32.889
	0.387	0.922	—	—
	—	0.187	−0.172	—
Δ J$^{(')}$	−0.0785	—	0.0304	—
	−0.0667	0.0280	—	—

$\Delta J^{(\gamma)} = 13.82\, \Delta J^{(')}$

II b. Genauigkeit der Variometeraufzeichnungen

Für die Genauigkeit der Variometeraufzeichnungen ist nicht nur der Skalenwert in γ/mm auf der Registrierkurve von Bedeutung, der sich aus dem rein magnetischen (γ/Bogenminute) und dem optischen (Bogenminuten/mm) multiplikativ zusammensetzt, vielmehr gibt es noch eine ganze Reihe von Faktoren, die die Auswertung störend beeinflussen. Zur Erfassung dieser Störeinflüsse sind folgende Größen von Bedeutung:

1. Die Entfernung des Variometers vom Registrierapparat (d).
2. Einfache und mehrfache Reflexionen (R).
3. Winkel zwischen Senkrechter auf der Registrierpapierebene und Richtung des einfallenden Lichtstrahls (a_e) (positiv nach Osten).
4. Winkel zwischen astronomischer Nordsüdrichtung und Verbindungslinie zwischen Mittelpunkt der Registrierebene und Magnetnadel (a_M).

5 a. Magnetischer Skalenwert in γ/Bogenminute, bzw. einer Drehung der Variometernadel um eine Minute ($\hat{\varepsilon}$).

5 b. Magnetischer Skalenwert in Gauss pro Bogen ($\hat{E}$).

6. Winkel zwischen Magnetachse und Registrierspiegelnormale.

Obige Größen sind außer der in Punkt 6 angegebenen in nachfolgender Tabelle für die einzelnen Variometer zusammengestellt. Daraus lassen sich leicht die Fehler der Variometeraufzeichnungen bemessen. Die Senkrechte auf der Registrierpapierebene fällt bei den Variometersystemen im Ost- und Westraum nahezu mit der astronomischen Nordsüdrichtung, im Südraum mit der Ostwestrichtung zusammen. Im einzelnen können folgende Fehler von Bedeutung sein:

1. Durch Schrägeinfall des Lichtstrahls (Winkel a_e) entsprechen Ausschläge gleicher Größe nach rechts und nach links auf dem Registrierpapier nicht genau gleichen Änderungen der magnetischen Kraft. In nachfolgender Tabelle 7 ist daher eine Spalte aufgenommen, um wieviel sich bei einem Ausschlag um $\pm$ 10 cm die wirkliche Änderung der magnetischen Kraft unterscheidet (Spalte $\Delta \pm$ 10 cm). Bis auf das X-Variometer im Südsystem ist die auftretende Fehlanzeige in der Größe von 1 γ oder kleiner. Beim X-Variometer liegt der Fehler der Aufzeichnung bei einer Störung von rund 200 γ bei $2\overset{\gamma}{.}7$.

   Das sind jedoch bei einer Breite des Registrierpapiers von 19 cm maximale Fehler. Bei größeren Ausschlägen wird der zweite Spiegel, der auf der anderen Seite des Registrierpapiers hereinkommt, benutzt, und die Fehlanzeigen werden dadurch wieder kleiner.
2. Änderungen der magnetischen Kraftgrößen werden bekanntlich dadurch vom Variometer aufgezeichnet, daß die senkrecht zur Komponente aufgehängte Magnetnadel kleine Drehungen ausführt. Dadurch wird aber die Nadel aus ihrer eigentlichen Justierstellung abgelenkt, und es hat

die zur Registrierkomponente senkrechte Komponente einen störenden Einfluß auf die Aufzeichnungen[1]).

3. Abweichungen der magnetischen Achsen von ihren Sollstellungen bzw. Fehler in der Grundjustierung der Variometer lassen sich nicht so einfach erfassen. Gröbere Fehler würden sich ohne weiteres durch die in den nachfolgenden Abschnitten beschriebenen täglichen Vergleiche der Variometersysteme herausstellen. Da die Grundjustierung bei der Aufstellung der Variometer so genau wie nur möglich durchgeführt wurde, ist es im wesentlichen wegen der Säkularvariation notwendig, die Variometer in Abständen von rund 2 Jahren nachzujustieren.
4. Wenn die Variometer dicht zusammenstehen, kann auch der gegenseitige variable Einfluß der Variometernadeln von Bedeutung sein[2]) [3]). Die zur Berechnung notwendigen Daten lassen sich leicht aus Tabelle 7 bestimmen. Im übrigen hat aber eine überschlägige Berechnung gezeigt, daß bis zu Magnetdrehungen von $1\frac{1}{2}^\circ$ sich die gegenseitige Beeinflussung vernachlässigen läßt. Die Momente der Magnetnadeln sind verhältnismäßig klein und schwanken zwischen 20 und 30 Gauss · cm^3 bei den Horizontalvariometern und zwischen 250—350 Gauss · cm^3 bei den Vertikalvariometern.

Die in den Punkten 3 und 4 aufgezeichneten Fehlerquellen sind um so kleiner, je größer der magnetische Skalenwert ist. Es besteht daher die bekannte Forderung, die Variometer magnetisch möglichst unempfindlich zu machen, dafür aber die Empfindlichkeit auf optischem Wege zu steigern. Man sieht, daß besonders beim Ost- und Westsystem diese Bedingung im weiten Maße erfüllt ist, während die Aufstellung der Variometer des Südsystems aus Platzmangel nicht anders gewählt werden konnte.

Tabelle 7

Daten über die Aufstellung der Variometer

	d (cm)	R	a_e	a_M	$\hat{\varepsilon}$ (γ/1′)	$\hat{E}$ (Γ/Bogen)	$\Delta \pm 10$ cm (γ)
West			°	°			
D	465	1	3.0	2.3	5,97	0,205	0,3
H	260	2	−6.3	−6.3	6,33	0,218	0,9
Z	380	2	−9.0	−9.0	8,19	0,282	0,8
Ost							
D	202	2	−3.0	−3.0	5,71	0,196	0,6
H	245	2	9.5	9.5	5,75	0,198	1,4
Z	335	2	1.0	1.0	10,92	0,375	0,2
Süd							
X	115	2	9.0	9.0	2,72	0,0936	2,7
Y	172	2	0.5	3.0	4,06	0,140	0,1
Z	360	1	−2.5	−2.5	11,45	0,394	0,6

III. Absolute Messungen

Deklination

Von einigen Vergleichsmessungen abgesehen, wurden die absoluten Messungen der Deklination ausschließlich mit den beiden neu angeschafften Magneten M 8 und M 9 am Theodolit Wanschaff ausgeführt. Der Theodolit war Anfang des Jahres noch in der kleinen Hütte des Observatoriums aufgestellt. Alle Messungen wurden auf den Wasserturm des Ortes Niemegk bezogen. Als Hilfsmire diente ein Kollimator außerhalb der Hütte.

Nach neuer Einmessung des Katasteramtes Potsdam wurde als endgültiges Azimut des Wasserturmes für den südlichen Pfeiler der kleinen Hütte benutzt

$$89^\circ\,20'17.$$

Nach Instandsetzung des durch Kriegseinwirkung beschädigten Hauses für absolute Messungen wurde dieses mehrmals von Pfeiler zu Pfeiler vermessen. Es zeigten sich jedoch keine nennenswerten Unter-

[1]) G. Fanselau, Annalen der Hydrographie und marit. Met. 1944, S. 208.

[2]) G. Fanselau, Zeitschr. f. Meteorologie 1951, S. 364.

[3]) M. Richard, Abhandlungen d. Geophys. Instituts Potsdam Nr. 5, 1952, S. 90.

schiede für die Horizontal- und Vertikalintensität auf den einzelnen Pfeilern. Am 26. April 1951 konnte der Theodolit Wanschaff endgültig auf Pfeiler 8 des Absoluthauses aufgestellt werden. Um Sprünge im absoluten Niveau der Deklination und Horizontalintensität zu vermeiden, wurden während der Umstellung Vergleichsmessungen mit dem auf Pfeiler 9 aufgestellten Theodolit Schmidt und mit einem QHM durchgeführt. Es ergaben sich jedoch keine Unterschiede.

Von Pfeiler 8 und 9 können Wasserturm und Kirchturm des Ortes Niemegk als Miren verwendet werden. Als Azimute wurden nach Neueinmessung des Katasteramtes Potsdam folgende Werte benutzt:

Pfeiler 8	Richtung gegen astronomisch Nord	
Kirchturm Niemegk	65° 0'.11	Differenz 26° 10'.56
Wasserturm Niemegk	91° 10'.67	
Pfeiler 9		
Kirchturm Niemegk	64° 54'.34	Differenz 26° 10'.51
Wasserturm Niemegk	91° 4'.85	

Tabelle 8

Datum 1951		Wasserturm Mittel	Kirchturm Mittel	Differenz
April	26	20° 37'.51	354° 26'.90	26° 10'.61
Mai	2	20 37.43	354 26.79	26 10.64
	11	20 37.41	354 26.86	26 10.55
	17	20 37.58	354 27.03	26 10.55
	24	20 37.51	354 26.97	26 10.54
	31	20 37.51	—	—
Juni	7	20 37.55	354 27.04	26 10.51
	14	20 37.60	354 27.02	26 10.58
	28	20 37.60	354 26.97	26 10.63
Juli	5	20 37.57	354 27.04	26 10.53
	12	20 37.58	354 27.07	26 10.51
	20	20 37.47	354 26.93	26 10.54
	26	20 37.42	354 26.96	26 10.46
August	2	20 37.46	354 26.90	26 10.56
	9	20 37.45	354 26.96	26 10.49
	11	20 37.50	354 26.96	26 10.54
	17	20 37.48	354 26.98	26 10.50
	23	20 37.46	354 26.96	26 10.50
	30	20 37.37	354 26.89	26 10.48
September	6	20 37.48	354 26.95	26 10.53
	13	20 37.48	354 26.94	26 10.54
	21	20 37.45	354 26.98	26 10.47
	26	20 37.57	354 27.02	26 10.55
Oktober	4	20 37.50	354 27.00	26 10.50
	12	20 37.55	354 26.96	26 10.59
	18	20 37.46	354 26.89	26 10.57
	25	20 37.55	354 26.96	26 10.59
November	2	20 37.50	354 26.94	26 10.56
	8	20 37.52	354 26.92	26 10.60
	15	20 37.52	354 27.02	26 10.50
	22	20 37.52	354 27.03	26 10.49
	29	20 37.51	354 26.99	26 10.52
			[1]	
Dezember	6	20 38.86	354 28.24	26 10.62
	13	20 38.69	354 28.16	26 10.53
	20	20 38.72	354 28.16	26 10.56
	29	20 38.64	354 28.16	26 10.48
				Mittel: 26° 10'.54

[1]) Reinigung des Teilkreises

Die Werte unterscheiden sich etwas von den Vorkriegswerten, da sowohl Wasserturm als auch Kirchturm durch Kriegseinwirkung beschädigt wurden. Die mit dem Theodolit Wanschaff gemessene Winkeldifferenz der Fernmiren stimmt im Jahresmittel ausgezeichnet mit dem oben angegebenen Wert überein

(Tabelle 8). Zur Bestimmung des Torsionseinflusses des Fadens wurden mit Magnet M 8 und M 9 ausführliche Torsionsbestimmungen durchgeführt, und zwar am:

	M 8	M 9	q
März 16 . . .	0,01295	0,02421	1,15
November 6 . .	0,01300	0,02462	1,12

Der Abstand der Okularfäden im Fernrohr des Theodoliten Wanschaff ergab sich im Jahresdurchschnitt aller 52 Messungen, insgesamt also aus 416 Werten bei M 8 zu 13′.47, bei M 9 zu 13′.61.

Der doppelte Kolliminationswinkel war im Mittel aller Messungen, also aus je 12 (Beobachtung des Nordspiegels der Magnete) bzw. aus je 196 Werten (Beobachtung des Südspiegels der Magnete):

bei M 8 (Nordspiegel)	1′.81
bei M 8 (Südspiegel)	12′.34
bei M 9 (Nordspiegel)	6′.17
bei M 9 (Südspiegel)	23′.29

Die innere Genauigkeit wurde wie in früheren Jahren getrennt errechnet als halbe Differenz zweier vollständiger Sätze und ergab sich im Mittel aller Messungen für M 8 zu 0′.05, für M 9 zu 0′.07. Die Ergebnisse der Messungen bezogen auf das Ostsystem bringt Tabelle 9. Diesen Messungen liegen auch die entsprechenden Basiswerte (Tabelle 14) zugrunde.

Tabelle 9

Absolute Messungen der Deklination bezogen auf das Ostsystem

Magnete: 8 und 9   Hilfsbasen: D = 40, TH = 100

1951 Tag		Weltzeit	Deklinationsmittel	Abweichung vom Basiswert	Beobachter
		h			
Januar	4	13.0	−3° 8′.47	0′.05	Za.[1]
	12	11.5	8.35	−0.08	,,
	18	11.7	8.49	0.06	,,
	25	13.6	8.28 [3]	−0.16	,,
Februar	1	10.9	8.75	0.16	,,
	8	12.0	8.50	−0.11	,,
	15	12.4	8.69	0.06	,,
	22	11.4	8.78	0.11	,,
März	1	12.0	8.69	−0.05	,,
	8	12.5	8.97	0.09	,,
	15	12.6	8.68 [4]	−0.31	,,
	22	10.2	−2° 45.72	0.00	Kr.[2]
	29	12.7	45.73	−0.03	Za.
April	5	13.3	45.93	0.15	Kr.
	12	11.8	45.85	0.07	Za.
	16	15.5	45.77	0.00	,,
	26	12.5	45.65	−0.09	,,
Mai	2	12.7	45.51	−0.22	,,
	11	12.1	46.25	0.51	,,
	17	11.6	45.57 [5]	−0.21	,,
	24	11.0	45.86	0.23	,,
	31	11.2	46.00	0.21	,,
Juni	7	12.5	45.62	−0.05	,,
	14	10.6	45.92	0.33	Kr.
	28	11.2	44.88	−0.55	Za.
Juli	5	12.5	45.24	−0.11	,,
	12	12.3	45.36	0.10	,,
	20	12.4	45.12	−0.03	,,
	26	10.9	45.11	0.05	,,

[1]) Beobachter: W. Zander
[2]) ,, : H. Kraatz
[3]) Januar 31: Sprung 0.′14
[4]) März 18: Sprung durch Eingriff 23.′34
[5]) Mai 22: Sprung durch Eingriff 0.′27

Tabelle 9 (Fortsetzung)

1951 Tag		Weltzeit	Deklinations-mittel	Abweichung vom Basiswert	Beobachter
August	2	$12^h.5$	$-2^\circ 45'.05$	$0'.11$	Za.
	9	15.1	44.43	-0.03	,,
	11	16.8	44.50	0.20	,,
	17	12.4	44.34	0.14	,,
	23	12.3	44.45	0.25	,,
	30	11.8	43.98	-0.22	,,
September	6	11.4	44.46 [1]	0.26	,,
	13	12.7	44.04	0.05	,,
	21	14.3	43.77	-0.23	,,
	26	14.3	44.26	0.23	,,
Oktober	4	10.2	43.97	-0.31	,,
	12	11.3	44.78	0.28	,,
	18	10.7	44.92	0.42	,,
	25	12.6	44.40	-0.10	,,
November	2	11.7	44.96	0.45	,,
	8	8.3	44.78	0.23	,,
	15	12.6	44.04	-0.56	,,
	22	16.6	44.54	-0.11	,,
	29	8.6	44.66	-0.03	,,
Dezember	6	8.2	44.70	-0.08	,,
	13	8.3	45.06	0.03	,,
	20	8.4	45.02	-0.04	,,
	29	8.3	44.98	-0.10	,,

[1]) September 11: Sprung durch Eingriff $0'.21$

Horizontalintensität

Für die Messungen der Horizontalintensität wurde ein Hilfsmagnet M 4 benutzt. Daneben wurde öfters das vom Geophysikalischen Observatorium Collm der Universität Leipzig freundlicherweise geliehene QHM 54 eingesetzt. Die beiden alten Standardmagnete des Observatoriums Niemegk gingen durch Kriegseinwirkung verloren. Im Laufe der Jahre 1951/52 wurde, wie schon erwähnt, mit zwei neuen Standardmagneten eine Bestimmung des absoluten Niveaus der Horizontalintensität durchgeführt, über die besonders berichtet wird.

Aus obigen Gründen sind die Messungen der Horizontalintensität mit Magnet M 4 und QHM 54 im Jahre 1951 Relativmessungen. Durch viele Vergleichsmessungen mit den neuen Standardmagneten im Jahre 1952 sind jedoch die Basiswerte 1951 als vollkommen gesichert anzusehen.

Alle Messungen wurden auf das Ostsystem in ausführlicher Reduktion und auf das Westsystem in Kurzreduktionen bezogen. Da, wie bereits oben geschildert, die Basiswerte des Westsystems viele Sprünge aufwiesen, wurde auf die Veröffentlichung der absoluten Messungen, bezogen auf das Westsystem, verzichtet und die Ergebnisse nur zur Gewinnung der Basiswerte des Südsystems (X, Y) bzw. des Ostsystems (Z) verwendet.

Die innere Genauigkeit der Messungen mit M 4 kann wie in früheren Jahren beurteilt werden durch die halbe Differenz der Ergebnisse in den beiden Lagen B_o und B_u. Es ergeben sich folgende durchschnittliche Werte für die Differenzen:

$M(\Gamma\,cm^3)$	$H(\gamma)$	$T(10^{-5}\,sec)$	φ
0,05	1,0	26	$0'.05$

Die senkrechte Stellung der Ablenkungsschiene zum Fernrohr wurde bei jeder Messung ausführlich bestimmt. Im Jahresmittel ergab sich $89^\circ 59'.9$. Der Torsionseinfluß des Fadens im Schwingungskasten wurde mehrere Male bestimmt. Er beträgt im Jahresdurchschnitt 0,007766. Die Messungen, bezogen auf das Ostsystem, bringt Tabelle 10 getrennt für Magnet M 4 und QHM. Aus diesen Messungen wurden die Basiswerte der Tabelle 14 durch graphische Ausgleichung gewonnen.

Inklination

Die Messungen der Inklination wurden mit dem bewährten Erdinduktor Schulze I und mit einem neuen Erdinduktor der Firma Mating & Wiesenberg, Potsdam, durchgeführt. Die Induktoren sind seit Mitte 1950 nach sorgfältiger Justierung im Absoluthaus aufgestellt in Verbindung mit zwei astatischen Galvanometern.

Tabelle 10

Absolute Messungen der Horizontalintensität, bezogen auf das Ostsystem

Hilfsbasen: H = 80, D = 40, TH = 100

Hilfsmagnet 4

1951 Tag		Weltzeit	Horizontal-intensitäts-mittel	Abweichg. vom Basiswert	Beob-achter
		h	Γ γ	γ	
Januar	4	9.2	0.18353.8	-1.2	Kr.
	12	8.8	54.2	-1.2	,,
	18	8.4	53.4	-0.2	,,
	24	14.0	52.0	1.2	,,
Februar	1	8.7	53.7	-0.5	,,
	8	10.0	49.3	4.1	,,
	15	8.3	53.7	0.0	,,
	22	8.9	53.6	0.4	,,
März	1	8.7	55.8	-1.4	,,
	8	8.8	52.7	2.1	,,
	15	8.6	53.5	1.7	,,
	21	13.5	58.2	-2.7	,,
	29	8.5	55.8	0.1	,,
April	5	8.9	56.8	-0.7	,,
	12	8.6	56.9	-1.0	,,
	17	8.5	54.2	1.6	,,
	26	9.8	57.2	-2.4	,,
Mai	2	9.5	56.9	-2.9	,,
	10	9.0	54.8	-1.7	,,
	17	8.8	50.6	1.5	,,
				[4]	
	24	8.5	50.5	-1.5	,,
Juni	7	9.2	45.0	2.6	,,
	14	8.7	45.7	0.7	,,
	28	9.1	40.9	2.7	,,
Juli	5	11.5	44.8	-2.6	,,
	12	9.2	39.8	1.0	,,
	20	8.6	37.9	1.3	,,
	26	9.5	34.8	3.2	,,
August	2	9.4	38.1	-1.4	,,
	9	8.6	35.0	0.4	,,
	17	8.6	34.4	-0.2	,,
	23	9.3	33.9	-0.5	,,
	30	9.1	32.2	0.3	,,
September	6	8.8	31.3	0.3	,,
	13	9.2	30.0	1.0	,,
	21	8.4	34.6	-1.1	,,
	27	8.9	37.4	-0.9	Ju.[1]
November	2	9.1	52.0	-1.5	Kr.
	29	13.5	51.0	0.9	,,
Dezember	13	13.3	52.4	1.1	,,

QHM_{54}

1951 Tag		Weltzeit	Horizontal-intensitäts-mittel	Abweichg. vom Basiswert	Beob-achter
		h	Γ γ	γ	
März	7	9.2	0.18355.1	-0.3	Wi.[2]
	17	14.5	54.7	0.6	,,
	29	10.6	53.7	2.2	,,
April	17	16.0	54.7	1.1	,,
Mai	17	14.2	51.0	1.1	,,
				[4]	
	24	15.0	49.0	0.0	,,
Juni	13	9.9	47.7	-1.1	,,
Juli	6	16.9	41.2	0.8	,,
	25	13.6	39.6	-1.4	,,
August	14	16.8	36.1	-1.5	Ri.[3]
	24	8.4	35.2	-2.0	,,
	31	14.0	31.5	0.9	Wi.
Septbr.	20	13.6	32.8	0.3	Ri.
	28	10.4	36.1	0.9	,,
Oktober	12	16.1	44.0	0.7	,,
	18	13.6	46.4	0.8	,,
	26	12.5	49.6	0.1	,,
November	3	11.0	49.5	1.1	,,
	9	8.3	50.9	0.0	,,
	16	15.5	50.1	1.1	,,
	24	9.9	49.1	2.5	,,
	30	14.5	51.2	0.7	,,
Dezember	10	10.5	51.4	1.7	,,
	21	14.5	55.2	-0.1	,,

[1]) Beobachter: Dr. H. JUST
[2]) ,, Dr. H. WIESE
[3]) ,, M. RICHARD
[4]) Mai 22: Sprung durch Eingriff 2.1 γ

Beide Instrumente ergaben im Jahresdurchschnitt eine äußerst befriedigende Übereinstimmung. Die Abweichung vom Basiswert ergab im Mittel aller Messungen unter Berücksichtigung des Vorzeichens der einzelnen Messungen bei Schulze I — 0ʹ.013, bei Induktor Mating & Wiesenberg + 0ʹ.007, so daß sich die Werte der beiden Induktoren im Mittel nur um $^2/_{100}$ Bogenminuten unterschieden.

Die Instrumentalkonstanten waren für beide Induktoren unter Angabe des mittleren Fehlers für die Einzelmessung:

	Δ KE	Δ KW	Δ
Schulze I (48 Mess.) . .	— 1ʹ.47 ± 0ʹ.28	+ 1ʹ.17 ± 0ʹ.23	+ 0ʹ.06 ± 0ʹ.12
M. u. W. (34 Mess.) . .	+ 2ʹ.54 ± 0ʹ.44	— 1ʹ.80 ± 0ʹ.36	— 0ʹ.04 ± 0ʹ.22

Hierbei bedeutet Δ KE die Differenz zwischen Kurbeldrehung (+) und Kurbeldrehung (−) bei der Kreislage Ost, Δ KW dasselbe bei der Kreislage West. Δ ist die Differenz der Inklinationswerte zwischen Kreislage Ost und West.

Die innere Genauigkeit der Inklinationsmessungen kann weder beurteilt werden auf Grund des Fehlers der Differenz der Einzelmessungen in den Kreislagen Ost und West.

Die Ergebnisse der Messungen der Inklination, bezogen auf das Ostsystem, enthält Tabelle 11. Aus diesen Messungen wurden die Basiswerte der Tabelle 14 festgelegt.

Tabelle 11

Absolute Messungen der Inklination, bezogen auf das Ostsystem

Hilfsbasen: H = 80, Z = 100, TH = 100

1951 Tag		Weltzeit	Instrument	Inklinationsmittel	Abweichung vom Basiswert	Beobachter
Januar	4	15.4^h	Sch. I	67° 13'.35	−0'.02	Ri./Kr.
	12	13.9	,,	13.27	0.02	Wi./Kr.
	12	15.0	M. & W.	13.46	−0.17	,,
	18	15.1	Sch. I	13.23	0.03	,,
	24	16.2	,,	13.29	−0.08	,,
Februar	1	14.1	,,	13.04	0.12	Ri./Kr.
	1	15.0	M. & W.	13.15	0.01	,,
	8	13.9	Sch. I	13.03	0.06	,,
	8	14.7	M. & W.	12.97	0.12	,,
	15	14.5	Sch. I	13.17	−0.12	,,
	15	10.6	M. & W.	13.14	−0.09	,,
	22	15.0	,,	12.99	0.04	,,
März	1	13.8	Sch. I	12.89	0.11	,,
	1	14.8	M. & W.	13.05	−0.05	,,
	9	16.2	,,	12.85	0.12	Ju./Ri.
	15	14.2	Sch. I	13.01	−0.01	Ri./Kr.
	22	16.1	,,	13.07	−0.03	Wi./Za.
	29	14.6	,,	13.13	−0.04	Ri./Kr.
	29	15.3	M. & W.	13.12	−0.03	,,
April	5	14.6	Sch. I	13.03	0.07	Wi./Kr.
	5	15.4	M. & W.	13.14	−0.04	,,
	12	14.0	Sch. I	13.17	−0.06	Ri./Kr.
	12	14.9	M. & W.	13.07	0.04	,,
	17	13.3	Sch. I	13.18	−0.03	,,
	26	15.9	,,	13.25	−0.05	,,
	26	17.4	M. & W.	13.15	0.05	,,
Mai	2	15.6	Sch. I	13.31	−0.07	,,
	11	15.3	,,	13.37	−0.04	,,
	11	17.9	M. & W.	13.21	0.12	,,
	17	16.3	Sch. I	13.46	−0.09	Ju./Ri.
	17	17.6	M. & W.	13.33 [1]	0.04	Ri./Kr.
	24	13.6	Sch. I	13.64	−0.09	Wi./Kr.
	24	12.6	M. & W.	13.51	0.04	Kr./Za.
	31	14.6	Sch. I	13.57	0.02	Ju./Kr.
	31	15.3	M. & W.	13.63	−0.04	,,
Juni	7	14.5	Sch. I	13.57	0.06	Ri./Kr.
	7	15.2	M. & W.	13.57	0.06	,,
	14	12.8	Sch. I	13.82	−0.11	Ju./Ri.
	14	13.9	M. & W.	13.80	−0.09	,,
	21	17.1	Sch. I	13.77	0.04	,,
	28	13.9	,,	13.83	0.06	Ri./Kr.
	28	14.8	M. & W.	13.87	0.02	,,
Juli	5	16.2	Sch. I	13.97	0.02	Wi./Kr.
	5	16.9	M. & W.	14.07	−0.08	,,
	12	14.4	Sch. I	14.01	0.07	,,
	12	15.1	M. & W.	13.99	0.09	,,
	20	14.3	Sch. I	14.30	−0.11	Ju./Kr.

[1] Mai 22: Sprung in H durch Eingriff 0'.14

Tabelle 11 (Fortsetzung)

1951 Tag	Weltzeit	Instrument	Inklinationsmittel	Abweichung vom Basiswert	Beobachter
Juli 20	14ʰ9	M. & W.	67° 14ʹ07	0ʹ12	Ju./Kr.
26	13.6	Sch. I	14.19	0.08	Ri./Kr.
August 2	14.2	,,	14.57	−0.22	Ri./Kr.
9	10.7	,,	14.41	0.03	,,
9	12.8	M. & W.	14.40	0.04	,,
17	14.5	Sch. I	14.47	0.06	Wi./Ri.
23	14.0	,,	14.47	0.12	Ju./Ri.
23	15.1	M. & W.	14.56	0.03	,,
30	13.7	Sch. I	14.85	−0.16	,,
30	14.6	M. & W.	14.77	−0.10	,,
September 6	14.5	,,	15.09	−0.33	Ri./Kr.
13	14.6	Sch. I	14.81	0.04	Ju./Ri.
13	14.5	M. & W.	14.77 [1]	0.08	,,
21	10.0	Sch. I	18.20	0.00	Ju./Kr.
27	16.0	,,	17.91	0.09	Ri./Kr.
27	16.8	M. & W.	18.03	−0.03	,,
28	9.0	Sch. I	17.94 [2]	0.03	Ju./Ri.
Oktober 4	13.3	,,	17.81	−0.03	Ri./Kr.
12	13.7	,,	17.55	−0.06	Ju./Ri.
12	14.3	M. & W.	17.40	0.09	,,
18	12.6	Sch. I	17.33	0.00	Ri./Kr.
25	14.1	,,	17.25	−0.06	Ju./Ri.
25	15.1	M. & W.	17.24	−0.05	,,
November 2	13.4	Sch. I	17.13	−0.02	Ri./Kr.
2	14.1	M. & W.	16.99	0.12	,,
8	14.9	Sch. I	17.05	0.04	Ju./Kr.
15	10.8	,,	17.07	0.00	Ri./Kr.
22	10.6	,,	17.17	−0.11	,,
22	15.3	M. & W.	17.11	−0.05	,,
29	10.8	,,	17.11	−0.05	,,
Dezember 6	10.3	Sch. I	17.02	0.00	,,
13	10.4	,,	17.01	−0.05	,,
13	16.4	M. & W.	16.85	0.11	,,
20	11.1	,,	16.78	0.09	Ju./Ri.
29	10.2	Sch. I	16.95	−0.15	Wi./Ju.

[1]) September 19: Sprung in Z durch Eingriff 3ʹ43

[2]) Oktober 3: Sprung in Z durch Versetzung 0ʹ03

Die absoluten Messungen bezogen auf das Südsystem

Wie schon im Jahrbuch 1938 näher beschrieben, wurden die absoluten Messungen, bezogen auf das West- und Ostsystem, mit Hilfe zehnstündiger Vergleiche auf das Südsystem umgerechnet, um so durch Übereinstimmung der auf beiden Wegen erhaltenen Basiswerte eine durchgreifende Kontrolle aller notwendigen Rechenoperationen zu ermöglichen. Die errechneten Basiswerte X, Y für das Südsystem enthalten Tabelle 12 und 13. Die QHM-Messungen wurden nur auf das Ostsystem bzw. Südsystem reduziert. Δ ist die Differenz zwischen den beiden Basiswerten, gewonnen aus Reduktionen auf das Ostsystem bzw. Westsystem. Aus diesen Messungen wurden durch graphische Ausgleichung die Basiswerte der Tabelle 15 festgelegt.

IV. Basiswerte

Die Basiswerte wurden durch geeignete Ausgleichung der absoluten Messungen gewonnen, und zwar für alle Systeme unabhängig voneinander. Durch tägliche zweistündige Variationsvergleiche der verschiedenen Systeme wurden dann die Basiswerte aufeinander bezogen und zur Übereinstimmung gebracht. Den Basiswerten des Ostsystems (Tabelle 14) liegen die absoluten Messungen der Tabellen 9, 10, 11 zugrunde, denen des Südsystems (Tabelle 15) die absoluten Messungen der Tabelle 12 und 13.

Tabelle 12

Absolute Messungen, bezogen auf das Südsystem

Ostkomponente

1951 Tag		Y Süd von Ost	Y Süd von West	Δ	Y	Abweichung vom Basiswert
		γ	γ	γ	γ	γ
Februar 1	M 4	-904	-906	2	-905	2
8	,,	-902	-902	0	-902	0
15	,,	-901	-902	1	-902	0
22	,,	-901	-904	3	-902	1
März 1	,,	-899	-898	-1	-898	-2
8	,,	-901	-902	1	-902	2
7/8	QHM	-901	—	—	-901	1
15	M 4	-896	-898	2	-897	-2
15/17	QHM	-896	—	—	-896	-3
21/22	M 4	-898	-898	0	-898	0
29	,,	-898	-897	-1	-898	0
29	QHM	-898	—	—	-898	0
April 5	M 4	-899	-901	2	-900	3
12	,,	-898	-898	0	-898	1
16/17	,,	-896	-899	3	-898	1
16/17	QHM	-896	—	—	-896	-1
26	M 4	-895	-896	1	-896	0
Mai 2	,,	-894	—	—	-894	-2
10/11	,,	-897	-898	1	-898	3
17	,,	-892	-893	1	-892	-2
17	QHM	-892	—	—	-892	-2
24	M 4	-894	—	—	-894	1
24	QHM	-893	—	—	-893	0
Juni 7	M 4	-890	-890	0	-890	-1
13/14	QHM	-890	—	—	-890	1
14	M 4	-890	-889	-1	-890	1
28	,,	-879	-878	-1	-878	-5
Juli 5	,,	-880	-878	-2	-879	-1
5/6	QHM	-880	—	—	-880	0
12	M 4	-878	-880	2	-879	2
20	,,	-872	-872	0	-872	-1
25/26	QHM	-869	—	—	-869	-1
26	M 4	-869	-868	-1	-868	-2
August 2	,,	-866	-866	0	-866	0
9	,,	-862	-862	0	-862	-1
11/14	QHM	-862	—	—	-862	0
17	M 4	-860	-860	0	-860	1
23	,,	-856	-855	-1	-856 [1]	1
23/24	QHM	-856	—	—	-856	1
30	M 4	-849	-852	3	-850	-2
30/31	QHM	-849	—	—	-849	-3
September 6	M 4	-848	-848	0	-848	0
13	,,	-845	-846	1	-846	0
20/21	QHM	-843	—	—	-843	-1
21	M 4	-843	-842	-1	-842	-2
26/27	,,	-844	-845	1	-844	0
26/28	QHM	-844	—	—	-844	0
Oktober 12	,,	-844	—	—	-844	2
18	,,	-844	—	—	-844	2
25/26	,,	-842	—	—	-842	0
November 2	M 4	-844	-843	-1	-844	2
2/3	QHM	-844	—	—	-844	2
8/9	,,	-875	—	—	-875 [2]	0
15/16	,,	-872	—	—	-872	-3
22/24	,,	-875	—	—	-875	-1
29	M 4	-876	-875	-1	-876	0
29/30	QHM	-876	—	—	-876	0
Dezember 6/10	,,	-876	—	—	-876	0
13	M 4	-877	-878	1	-878	2
20/21	QHM	-876	—	—	-876	0

[1]) August 21: Sprung durch Eingriff $0\overset{\gamma}{.}9$

[2]) November 7: Sprung durch Übergang von TZ auf TX und Ausbau von Z $33\overset{\gamma}{.}1$

Tabelle 13

Absolute Messungen, bezogen auf das Südsystem

Nordkomponente

1951 Tag		X Süd von Ost	X Süd von West	Δ	X	Abweichung vom Basiswert
		Γ γ	Γ γ	γ	Γ γ	γ
Februar 1	M 4	0.18 369	0.18 369	0	0.18 369	0
8	,,	363	365	− 2	364	4
15	,,	367	368	− 1	368	− 1
22	,,	366	367	− 1	366	0
März 1	,,	367	366	1	366	0
8	,,	362	364	− 2	363	1
7/8	QHM	364	—	—	364	0
15	M 4	361	361	0	361	2
15/17	QHM	362	—	—	362	1
21/22	M 4	365	364	1	364	− 2
29	,,	361	360	1	360	2
29	QHM	359	—	—	359	3
April 5	M 4	361	362	− 1	362	− 1
12	,,	362	363	− 1	362	− 1
16/17	,,	359	358	1	358	2
16/17	QHM	359	—	—	359	1
26	M 4	360	358	2	359	0
Mai 2	,,	360	—	—	360	− 2
10/11	,,	359	360	− 1	360	− 3
17	,,	354	355	− 1	354	3
17	QHM	355	—	—	355	2
24	M 4	358	—	—	358	− 1
24	QHM	357	—	—	357	0
Juni 7	M 4	355	353	2	354	3
13/14	QHM	358	—	—	358	0
14	M 4	356	355	1	356	2
28	,,	359	357	2	358	1
Juli 5	,,	361	363	− 2	362	− 3
5/6	QHM	358	—	—	358	1
12	M 4	359	358	1	358	2
20	,,	359	358	1	358	2
25/26	QHM	361	—	—	361	− 1
26	M 4	356	357	− 1	356	4
August 2	,,	359	358	1	358	2
9	,,	362	361	1	362	− 1
11/14	QHM	360	—	—	360 ¹)	1
17	M 4	355	355	0	355	2
23	,,	356	354	2	355	2
23/24	QHM	357	—	—	357	0
30	M 4	358	356	2	357	0
30/31	QHM	357	—	—	357	0
September 6	M 4	359	355	4	357	0
13	,,	353	352	1	352	4
20/21	QHM	352	—	—	352	1
21	M 4	354	352	2	353	0
26/27	,,	350	349	1	350	0
26/28	QHM	349	—	—	349	0
Oktober 12	,,	340	—	—	340	0
18	,,	336	—	—	336	2
25/26	,,	335	—	—	335	− 1
November 2	M 4	333	333	0	333	− 1
2/3	QHM	331	—	—	331 ²)	1
8/9	,,	330	—	—	330	2
15/16	,,	329	—	—	329	1
22/24	,,	326	—	—	326	1
29	M 4	322	322	0	322	3
29/30	QHM	323	—	—	323	1
Dezbr. 6/10	,,	321	—	—	321	0
13	M 4	319	320	− 1	320	0
20/21	QHM	319	—	—	319	− 1

¹) August 16: Sprung durch Eingriff $3^{\gamma}.6$. ²) November 7: Sprung durch Übergang von TZ auf TX und Ausbau von Z. Beide Effekte heben sich auf.

Tabelle 14

Ausgeglichene Basiswerte, Ostsystem

Hilfsbasen: D = 40, H = 80, Z = 100, TH = 100

Tag	-D	H	J	Z	Tag	-D	H	J	Z
		Γ γ		Γ γ			Γ γ		Γ γ
1950 Dez. 28	3° 8'19	0.18 352.4	67° 13'34	0.43 705.8	1951 Juli 6	2° 45'34	0.18 342.0	67° 14'00	0.43 705.4
1951 Jan. 2	8.41	¹) 352.5	13.34	706.4	11	45.27	341.0	14.07	705.4
7	8.42	352.8	13.32	706.3	16	45.20	340.0	14.13	705.4
12	8.43	353.0	13.29	706.0	21	45.13	339.0	14.20	705.4
17	8.43	353.1	13.26	705.4	26	45.06	338.0	14.27	705.4
22	8.43	353.2	13.23	704.6	31	44.99	337.0	14.33	705.4
27	8.44	353.2	13.18	703.3	August 5	44.79	336.2	14.39	705.4
Februar 1	8.59	²) 353.2	13.16	701.8	10	44.37	335.2	14.46	705.4
6	8.60	353.3	13.11	700.6	15	44.20	334.5	14.51	705.5
11	8.61	353.5	13.07	699.7	20	44.20	333.8	14.55	705.5
16	8.64	353.8	13.05	699.3	25	44.20	333.1	14.61	706.0
21	8.67	354.0	13.03	699.3	30	44.20	332.5	14.67	706.8
26	8.71	354.2	13.01	699.3	Septbr. 4	44.20	331.9	14.74	707.5
März 3	8.78	354.5	12.99	699.3	9	44.20	331.3	14.80	708.3
8	8.88	354.8	12.97	699.7	14	43.99	⁵) 331.3	14.85	710.0
13	8.96	355.1	12.99	700.4	19	44.00	332.8	14.80	712.0 ⁶)
18	9.03	355.4	13.02	701.5	24	44.01	335.0	18.10	835.2
23	2° 45.73	³) 355.6	13.05	703.0	29	44.09	337.5	17.94	835.3 ⁷)
28	45.76	355.9	13.08	704.5	Oktober 4	44.28	340.3	17.78	836.4
April 2	45.78	356.1	13.10	706.0	9	44.47	342.1	17.59	836.4
7	45.79	356.1	13.10	706.7	14	44.50	345.7	17.43	836.5
12	45.78	355.9	13.11	706.8	19	44.50	347.6	17.31	836.6
17	45.77	355.8	13.15	706.9	24	44.50	349.3	17.21	836.7
22	45.75	355.2	13.18	706.9	29	44.50	350.3	17.13	836.8
27	45.74	354.6	13.20	706.9	November 3	44.52	350.6	17.10	836.9
Mai 2	45.73	354.0	13.24	706.9	8	44.55	350.8	17.09	837.0
7	45.73	353.5	13.29	706.9	13	44.59	351.1	17.08	837.1
12	45.75	352.8	13.34	706.9	18	44.62	351.3	17.07	837.2
17	45.78	352.1	13.37	706.7	23	44.65	351.6	17.06	837.4
22	45.86	351.3	13.40	706.3	28	44.69	351.8	17.06	837.8
27	45.69	348.7	13.57	⁴) 705.8	Dezember 3	44.73	352.2	17.04	838.0
Juni 1	45.70	348.2	13.59	705.6	8	44.84	352.8	17.00	838.3
6	45.68	347.7	13.62	705.5	13	45.03	353.5	16.96	838.4
11	45.62	347.0	13.67	705.4	18	45.06	354.5	16.90	838.5
16	45.57	346.0	13.74	705.4	23	45.07	355.3	16.84	838.6
21	45.53	345.0	13.81	705.4	28	45.08	355.8	16.81	838.7
26	45.46	344.0	13.87	705.4	1952 Jan. 2	45.08	355.9	16.80	838.8
Juli 1	45.39	343.0	13.94	705.4					

¹) Dezember 31: Sprung in D 0'15
²) Januar 31: Sprung in D 0'14
³) März 18: Sprung in D 23'34
⁴) Mai 22: Sprung in D 0'27, in H 2γ1, in J 0'14
⁵) September 11: Sprung in D 0'21
⁶) ,, 19: Sprung in Z 122γ5, in J 3'43
⁷) Oktober 3: Sprung in Z 1γ0, in J 0'03

In den Tabellen 9, 10, 11, 12 und 13 sind in der letzten Spalte die Abweichungen der absoluten Messungen gegen den ausgeglichenen Basiswert gebildet, um so ein Maß für die wirklich erreichte äußere Genauigkeit zu haben.

Bildet man den Jahresdurchschnitt dieser Abweichungen ohne Berücksichtigung des Vorzeichens, so bekommt man für die äußere Genauigkeit der absoluten Messungen folgende Zahlen:

D: 0'17   H (mit M 4): 1γ3   (mit QHM): 1γ0
I (mit Schulze 1): 0'06   (mit M. & W.): 0'08

Hier fällt besonders die große Genauigkeit der Inklinationsmessungen gegenüber den früheren Jahren (1934—1938) auf, während die Genauigkeit der H-Messungen mit dem magnetisch sehr weichen M 4 nur wenig schlechter ist.

Tabelle 15

Ausgeglichene Basiswerte, Südsystem

Hilfsbasen bis 6. November: X = 100, Y = 40, TZ = 60

Hilfsbasen ab 7. November: X = 100, Y = 40, TX = 120

1951 Tag	X	Y	1951 Tag	X	Y
	Γ γ	γ		Γ γ	γ
Februar 1	0.18 368.7	−903.0	Juli 6	0.18 359.2	−879.8
6	368.2	−902.7	11	359.6	−877.3
11	367.7	−902.2	16	359.9	−874.8
16	367.2	−901.6	21	360.2	−872.3
21	366.7	−901.1	26	260.3	−869.8
26	366.1	−900.5	31	360.4	−867.3
März 3	365.2	−900.0	August 5	360.5	−864.8
8	364.2	−899.5	10	360.7	−862.3
13	363.3	−899.1	15	360.7	−859.8
18	362.6	−898.6	20	357.4	[1] −857.3 [2]
23	362.1	−898.2	25	357.3	−854.1
28	361.7	−897.8	30	357.3	−852.0
April 2	361.3	−897.4	September 4	357.1	−849.5
7	361.1	−897.3	9	356.6	−847.1
12	360.8	−897.3	14	355.5	−845.3
17	360.4	−897.0	19	353.6	−844.4
22	359.6	−896.5	24	351.1	−843.9
27	358.6	−896.0	29	348.3	−843.4
Mai 2	357.9	−895.5	Oktober 4	345.3	−842.9
7	357.3	−895.0	9	342.3	−842.5
12	356.8	−894.5	14	339.5	−842.4
17	356.7	−894.0	19	337.0	−842.3
22	356.8	−893.5	24	335.1	−842.2
27	357.0	−893.0	29	333.6	−842.2
Juni 1	357.1	−892.5	November 3	332.1	−842.1 [3]
6	357.3	−891.5	8	331.7	−875.2
11	357.5	−890.0	13	330.9	−875.3
16	357.8	−888.2	18	329.6	−875.4
21	358.1	−886.2	23	327.4	−875.5
26	358.5	−884.2	28	325.0	−875.7
Juli 1	358.9	−882.2	Dezember 3	323.3	−875.7
			8	321.9	−875.8
			13	320.4	−875.9
			18	318.9	−876.0
			23	317.4	−876.1
			28	315.9	−876.1
			1952 Jan. 2	314.3	−876.1

[1] August 16: Sprung in X = 3.6 γ durch Eingriff

[2] „ 21: Sprung in Y = 0.9 γ durch Eingriff

[3] November 7: Sprung in X und Y durch Übergang von TZ auf TX und Ausbau von Z Süd. Bei Y Sprung = 33.1 γ. Bei X heben sich beide Effekte auf.

Va. Bemerkungen zu den Tabellen und zu den zeichnerischen Darstellungen

Die Anordnung der Tabellen ist die gleiche wie in früheren Jahrbüchern. Im besonderen ist zu den Tabellen folgendes zu sagen: X ist nach Norden, Y nach Osten und Z nach unten positiv gerechnet. Dementsprechend ist eine östliche Deklination positiv ebenso eine nördliche Inklination. Zur Zeit ist die Deklination in Niemegk westlich, also negativ. Alle Zeitangaben beziehen sich auf Weltzeit (MGZ), 0 Uhr ist Mitternacht. Der jährliche Gang aller Elemente und Komponenten ist in Tabelle 16 angegeben. Die in dieser Tabelle abgedruckten Zahlen — die Abweichungen der Monatsmittel vom Jahresmittel — enthalten auch noch den Anteil der Säkularvariation.

Die Tabellen der Aktivitätszahlen enthalten unter n die in Niemegk geschätzten Charakterzahlen der Skala 0, 1, 2, unter f die Charakterzahlen in der fünfstufigen Skala 0, 0.5, 1, 1.5, 2. γ sind die inter-

Tabelle 16

Abweichung der Monatsmittel vom Jahresmittel

1951	Januar	Februar	März	April	Mai	Juni	Juli	August	Septbr.	Oktbr.	Novbr.	Dezbr.
D	− 3′.46	− 2.30	− 1.98	− 1.52	− 0.94	− 1.13	+ 0.04	+ 0.65	+ 1.92	+ 2.22	+ 3.00	+ 3.44
J	− 0′.38	− 0.14	− 0.20	− 0.07	− 0.50	− 0.93	− 0.56	− 0.23	+ 0.99	+ 0.95	+ 0.55	+ 0.52
H	− 2γ.0	− 5.9	− 3.4	− 2.2	+ 4.3	+ 11.7	+ 8.4	+ 5.4	− 8.5	− 7.2	− 0.9	− 0.2
F	− 17γ.3	− 19.7	− 15.2	− 8.0	− 5.4	− 0.3	+ 3.3	+ 6.5	+ 10.8	+ 12.7	+ 16.0	+ 16.5
X	− 2γ.9	− 6.5	− 3.9	− 2.6	+ 4.0	+ 11.4	+ 8.4	+ 5.6	− 7.9	− 6.6	− 0.1	+ 0.7
Y	− 18γ.3	− 12.0	− 10.4	− 8.0	− 5.2	− 6.6	− 0.2	+ 3.2	+ 10.7	+ 12.2	+ 16.1	+ 18.4
Z	− 18γ.0	− 18.9	− 15.0	− 7.7	− 7.7	− 5.2	+ 0.2	+ 4.7	+ 15.3	+ 16.8	+ 17.8	+ 18.2

nationalen Charakterzahlen. K_1 sind die dreistündigen in Niemegk geschätzten Kennziffern, ΣK_1 deren Tagessummen. K_2 sind die vier Ziffern für jedes Dreistundenintervall zur morphologischen Beschreibung des Kurvenverlaufs nach G. FANSELAU[1]). Dabei charakterisiert die erste Ziffer die Größe der Elementarwellen, die zweite die Bays, die dritte den Z-Störungsgang und die vierte den allgemeinen Störpegel. Im einzelnen haben die Ziffern folgende Bedeutung:

	0	1 bis	2 bis	3 über
Elementarwellen	fehlt ganz	2 γ	10 γ	10 γ
Baystörungen	,, ,,	20 γ	100 γ	100 γ
Z-Störungsgang	,, ,,	20 γ	100 γ	100 γ
Allgemeiner Störpegel . .	,, ,,	20 γ	100 γ	100 γ

Die Aktivität als interdiurne Veränderlichkeit von X^2) ergibt:

1951	Januar	Februar	März	April	Mai	Juni	
u	0,75	1,00	1,09	1,17	1,30	1,01	
1951	Juli	August	September	Oktober	November	Dezember	Jahr
u	0,82	0,86	1,54	1,45	1,09	1,79	1,16

Der Reduktionsfaktor hat für Niemegk mit den geomagnetischen Koordinaten $\Phi = 52° 15'$, $\Lambda = 96° 34'$, $\Psi = -18° 48'$, den Wert 0,01725.

Die nach dem caractère magnétique als ruhig bezeichneten Tage tragen in den Tabellen das Kennzeichen *, die als gestört bezeichneten Tage das Kennzeichen †.

Von einer Ableitung des Mondeinflusses wurde abgesehen, da dieser durch die Berechnungen der Jahre 1900—1944 genügend gesichert ist. Der Mondeinfluß wird in einer besonderen Abhandlung von G. FANSELAU behandelt werden.

Von der üblichen Ableitung der täglichen Gänge an den fünf ruhigen und gestörten Tagen eines Monats wurde abgegangen. Außerdem wurde auf die bisher in den Jahrbüchern veröffentlichte harmonische Analyse der täglichen Gänge verzichtet. Dafür wurden die täglichen Gänge an ruhigen, mäßig gestörten und stark gestörten Tagen berechnet, wobei das ganze Tagesintervall einen gleichmäßig ruhigen oder gestörten Charakter zeigen muß, der nach den dreistündigen Kennziffern bestimmt wird. Es sind natürlich in den einzelnen Gruppen ganz verschieden viele Tage vorhanden, aber bei einer Bearbeitung mehrerer Jahre werden sich auf diese Art ganz charakteristische Gänge herausarbeiten lassen[3]).

In den diesbezüglichen Tabellen (S. 60—64) ist die mittlere Züricher Sonnenfleckenrelativzahl — SFR — für diese Tage angegeben und bei den ruhigen Tagen außerdem die Differenz der Tagesmittel zum Mittel aus den sechs Nachtstunden (21 Uhr — 3 Uhr MGZ) — Δ —, da häufig die Abweichung des täglichen Ganges vom Nachtniveau bei der Darstellung bevorzugt wird. Unter n ist jeweils die Anzahl der zur Mittelbildung verwendeten Tage angegeben. Das Auswahlprinzip für die Gruppen von Tagen ist in Tabelle 17 aufgeführt. Ungefähr die Hälfte aller Tage entspricht dieser Auswahl. Eine gesonderte Tabelle 18 zeigt, welche Tage 1951 den obigen Bedingungen entsprachen.

[1]) G. FANSELAU, Zeitschr. f. Meteorologie 1949, S. 238. (Die in obiger Art und Weise geschätzten zweiten Kennziffern K_2 der Jahre 1935—1944 werden in einer gesonderten Abhandlung des Geophysikalischen Instituts Potsdam Nr. 15 von H. JUST behandelt werden.)

[2]) AD. SCHMIDT, Ergebnisse der magnetischen Beobachtungen in Potsdam und Seddin im Jahre 1921.

[3]) H. WIESE, l. c.

Tabelle 17

Auswahlprinzip für tägliche Gänge an ruhigen und gleichmäßig gestörten Tagen durch dreistündige Kennziffern

Gruppe I: Sehr ruhige Tage

$K = 0, 1$ kein $K \geqq 2$

Gruppe II: Ruhige Tage

$K = 0, 1, 2$ kein $K \geqq 3$

Gruppe III: Leicht gestörte Tage

Mindestens viermal $K = 2$ oder 3
höchstens zweimal $K = 4$ kein $K \geqq 5$
höchstens einmal $K = 1$ kein $K = 0$

Gruppe IV: Gestörte Tage

Mindestens viermal $K = 4$ oder 5 kein $K \geqq 6$
höchstens einmal $K = 2$ kein $K \leqq 1$

Gruppe V: Stark gestörte Tage

Mindestens viermal $K = 5$ oder 6 oder 7 kein $K \geqq 8$
höchstens einmal $K = 3$ kein $K \leqq 2$

Die Tagessummen der dreistündigen Kennziffern sind also von folgender Größe:

Gruppe I $\Sigma K_1 = 0$ bis 8
II $\Sigma K_1 = 0$ bis 16
III $\Sigma K_1 = 15$ bis 26
IV $\Sigma K_1 = 27$ bis 40
V $\Sigma K_1 = 35$ bis 56

Tabelle 18

Verwendete Daten zur Berechnung der täglichen Gänge

Gruppe	Januar	Februar	März	April	Mai	Juni	Juli	August	Septbr.	Oktbr.	Novbr.	Dezbr.
I	—	—	—	—	—	—	—	—	—	—	—	26.
II	7.	3. 16.	5.	30.	20. 21. 28.	—	14.	18.	2.	6. 24. 25. 31.	10.	25. 26.
III	1. 3. 11. 12. 13. 14. 19. 24. 27. 29.	14. 21. 25.	1. 6. 25. 26. 27. 30.	9. 10. 14. 15. 28.	6. 7. 11. 14. 15. 18. 19. 20. 24. 25.	2. 5. 7. 11. 12. 13. 15. 16. 21. 22. 26. 28. 29. 30.	4. 5. 6. 10. 12. 13. 14. 19. 20. 21. 25. 27. 29. 30.	4. 5. 9. 10. 11. 12. 14. 19. 28. 29. 31.	6. 9.	2. 12. 15. 21.	2. 5. 9. 16. 30.	1. 2. 5. 12. 16. 20. 23.
IV	31.	9. 22. 24. 28.	9. 10. 12. 14. 22. 23.	5. 6. 7. 21. 22. 25.	3. 17.	25.	3. 22. 26. 28.	20. 22. 24. 25. 26.	15. 17. 23. 24. 27.	9. 10.	4. 15. 29.	4. 9. 10. 11. 19. 31.
V	22.	23.	—	—	—	—	2.	—	16. 20. 21. 22. 23.	8. 17. 19.	—	28.

Das Jahrbuch bringt eine Reihe Reproduktionen typischer erdmagnetischer Variationen (Sonneneruptionseffekte — sfe —, Baystörungen, plötzliche Einbrüche usw.). Außerdem sind im Jahrbuch wieder Kopien erdmagnetisch besonders interessanter Tage wiedergegeben. Es sind dies in der Hauptsache die international zur Reproduktion vorgeschlagenen gestörten Tage. Die Kurven wurden auf einen einheitlichen Maßstab umgezeichnet, nachdem der durch Kriegseinwirkungen verlorengegangene Pantograph nach AD. SCHMIDT durch einen gleichartigen von der Firma Mating & Wiesenberg in Potsdam gebauten ersetzt werden konnte.

Vb. Diagramme der Zeiten des Sonnenauf- und -unterganges und der Tageslänge in verschiedenen Höhen über Niemegk

Für viele erdmagnetische Probleme können die Zeiten des Sonnenauf- und -unterganges in den verschiedenen Schichten der Ionosphäre von Bedeutung sein. Die Berechnung der nachfolgenden Diagramme geschah mit Hilfe folgender Gleichungen [1] [2]:

Der Höhenwinkel der Sonne h bei ihrem Auf- bzw. Untergang in der Höhe H über dem Erdboden ist (siehe untenstehende Abbildung):

$$\cos h = \frac{1}{1 + \frac{H}{R}} \qquad R = \text{Erdradius}$$

Der Höhenwinkel ist positiv über dem Horizont und negativ unter dem Horizont zu rechnen. Berücksichtigt man außerdem die horizontale Refraktion (34′) und den Halbmesser der Sonne (16′), so ist der wahre Höhenwinkel der Sonne h* zur Zeit des Sonnenaufganges

$$h^* = h - 50'.$$

Der Stundenwinkel τ der Sonne bei ihrem Aufgang ist

$$\cos \tau = \frac{\sin h^* - \sin \varphi \sin \delta}{\cos \varphi \cos \delta},$$

τ wird vom wahren Mittag an gezählt, φ = geographische Breite (52° 4.3′), δ = Deklination der Sonne.

Beim Übergang von der wahren Zeit auf die mittlere Ortszeit muß die Zeitgleichung ε berücksichtigt werden. Als mittlere Ortszeit des Sonnenaufgangs in der Höhe H ergibt sich:

$$t = 12^h + \varepsilon - \tau$$

und des Sonnenuntergangs

$$t = 12^h + \varepsilon + \tau.$$

Die nachfolgenden Diagramme der Sonnenauf- und -untergangszeit und der Tageslänge sind mit obigen Formeln und entsprechenden Tabellen [3]) berechnet. Man sieht, daß schon in 200 km Höhe über Niemegk zur Zeit der Sommersonnenwende die Sonne über drei Wochen lang nicht untergeht.

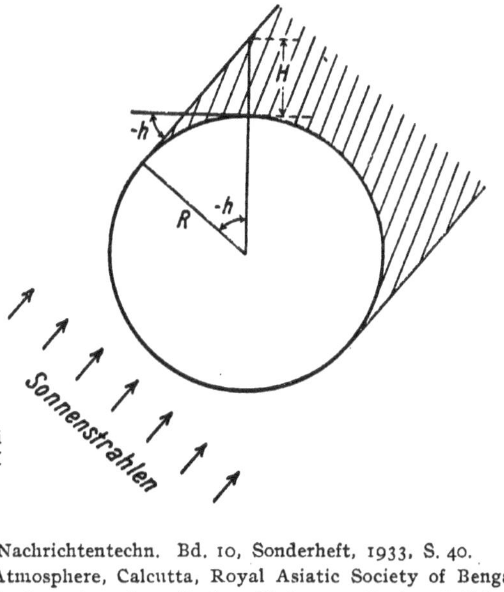

Höhenwinkel der Sonne h bei ihrem Aufgang in der Höhe H über dem Erdboden

¹) J. BARTELS, Elektrische Nachrichtentechn. Bd. 10, Sonderheft, 1933, S. 40.
²) SK. MITRA, The Upper Atmosphere, Calcutta, Royal Asiatic Society of Bengal, 1948.
³) Meteorologisches Taschenbuch, 4. Ausgabe. Akadem. Verlagsges. Becker & Erler, Leipzig 1943.

Zeit des Sonnenaufgangs in verschiedenen Höhen über Niemegk

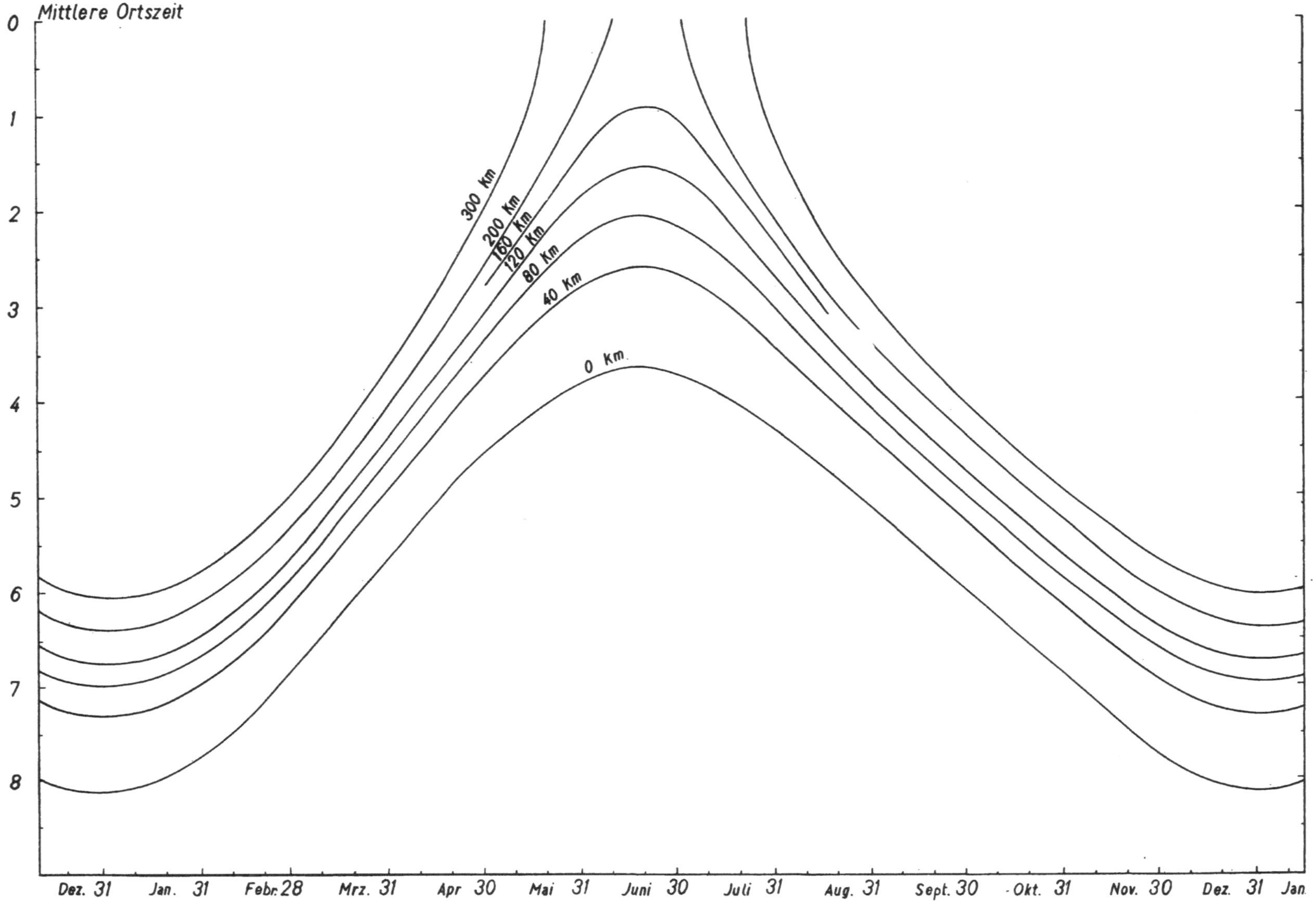

Zeit des Sonnenuntergangs in verschiedenen Höhen über Niemegk

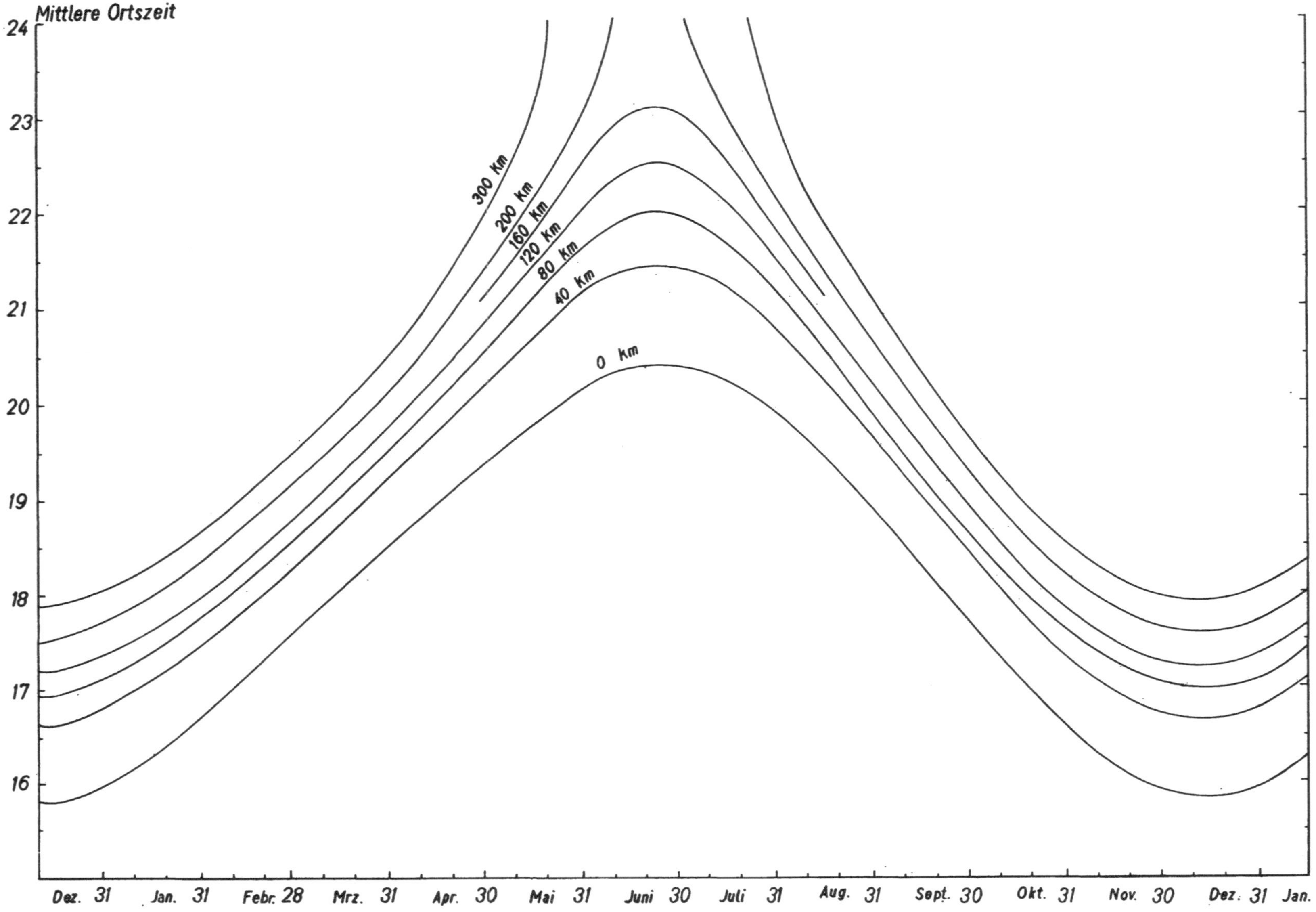

|=|

Tageslänge in verschiedenen Höhen über Niemegk

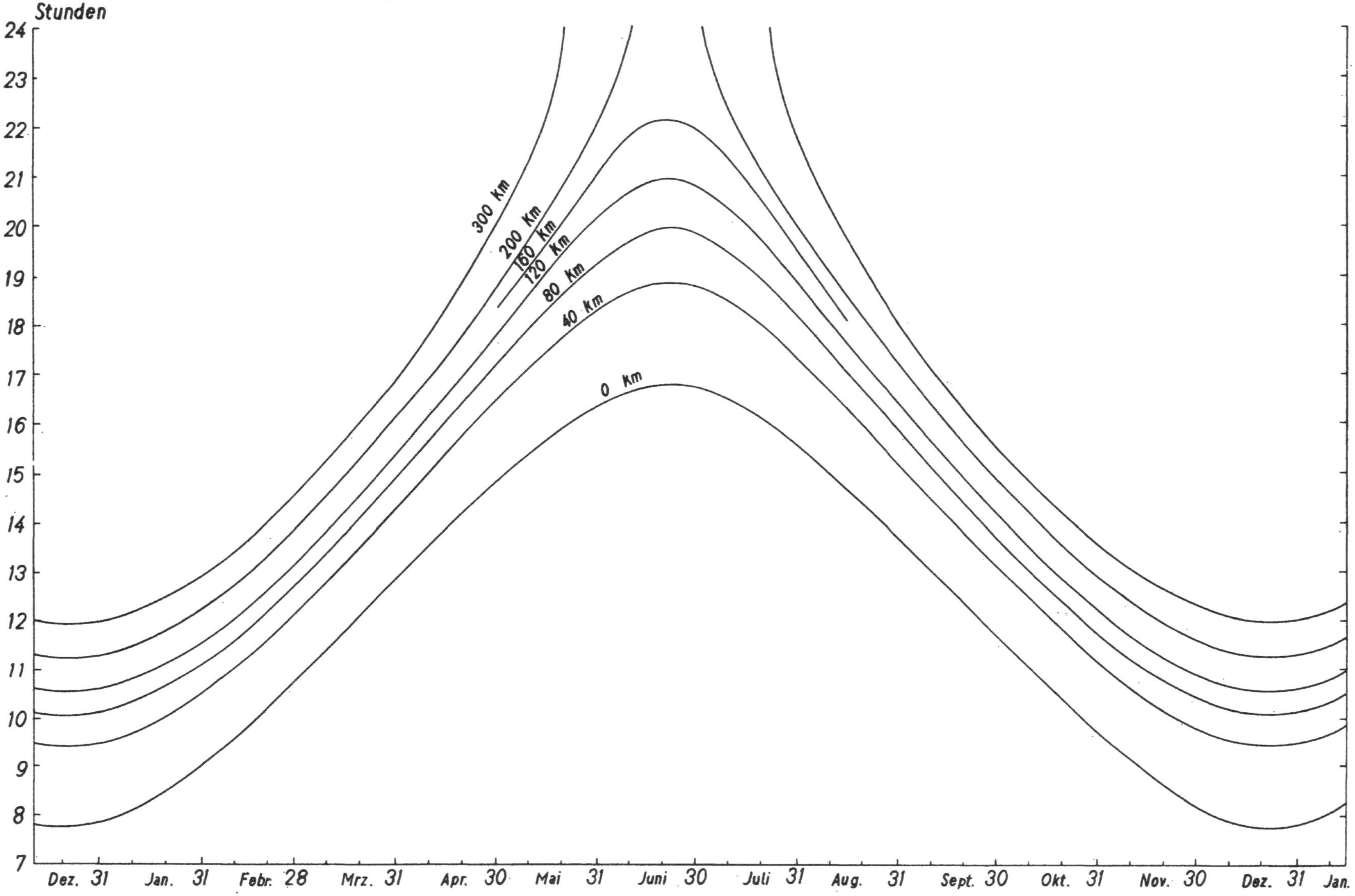

VI. Tabellen

enthaltend die

Ergebnisse der Beobachtungen im Jahre 1951 in Niemegk

Astronomische Koordinaten: $\varphi = 52^0 4'.3$, $\lambda = 12^0 40'.5$ E. v. Grw.
$= 0^h\ 50^m\ 42^s.0$ E. v. Grw.

Geomagnetische Koordinaten: $\Phi = 52^0 15'$, $\Lambda = 96^0 34'$, $\psi = -18^0 48'$

Höhe über N.N.: 78 m

Niemegk **Monats- und Jahresmittelwerte** 1951

1951		Jan.	Febr.	März	April	Mai	Juni	Juli	Aug.	Sept.	Okt.	Nov.	Dez.	Jahr
D	-2^0 −	48'.78	47.62	47.30	46.84	46.26	46.45	45.28	44.67	43.40	43.10	42.32	41.88	45.32
J	$+67^0$+	12'.04	12.28	12.22	12.35	11.92	11.49	11.86	12.19	13.41	13.37	12.97	12.94	12.42
H	0.18+ Γ	404.0 γ	400.1	402.6	403.8	410.3	417.7	414.4	411.4	397.5	398.8	405.1	405.8	406.0
F	0.47+ Γ	493.8 γ	491.4	495.9	503.1	505.7	510.8	514.4	517.6	521.9	523.8	527.1	527.6	511.1
X	0.18+ Γ	381.8 γ	378.2	380.8	382.1	388.7	396.1	393.1	390.3	376.8	378.1	384.6	385.4	384.7
Y	−0.00− Γ	903.1 γ	896.8	895.2	892.8	890.0	891.4	885.0	881.6	874.1	872.6	868.7	866.4	884.8
Z	0.43+ Γ	782.9 γ	782.0	785.9	793.2	793.2	795.7	801.1	805.6	816.2	817.7	818.7	819.1	800.9

Nordkomponente

Niemegk — $X = 0.18\,300 + \text{Tafelwert}$ (Γ) — 1951

Weltzeit: 0h 1h 2h 3h 4h 5h 6h 7h 8h 9h 10h 11h 12h 13h 14h 15h 16h 17h 18h 19h 20h 21h 22h 23h 24h

Januar

Tag	0h–1h	1h–2h	2h–3h	3h–4h	4h–5h	5h–6h	6h–7h	7h–8h	8h–9h	9h–10h	10h–11h	11h–12h	12h–13h	13h–14h	14h–15h	15h–16h	16h–17h	17h–18h	18h–19h	19h–20h	20h–21h	21h–22h	22h–23h	23h–24h	Tagesmittel (γ)	Max.	Min.
1	75	71	78	87	90	91	91	99	103	104	106	106	104	94	82	79	80	80	88	88	83	81	80	77	88.2	106	71
2†	85	83	81	78	81	89	112	103	101	93	92	96	96	104	81	77	71	74	74	100	99	72	76	96	88.1	112	71
3	86	84	84	86	83	104	92	93	88	85	88	92	94	88	80	76	76	80	88	101	83	86	94	86	87.4	104	76
4*	79	78	77	81	84	84	85	84	84	83	86	90	93	94	92	88	87	96	95	89	89	100	89	89	87.3	100	77
5	88	88	88	93	98	98	99	99	96	88	88	93	100	97	97	95	97	86	82	79	90	111	91	82	**92.6**	111	79
6*	81	82	83	89	92	90	90	89	82	76	78	88	90	93	89	86	88	90	89	84	92	86	86	87	86.7	93	76
7*	87	88	89	96	99	98	97	93	84	73	70	74	85	95	89	88	88	87	92	91	89	84	86	83	87.7	99	70
8	85	92	94	99	103	105	106	101	86	81	85	83	86	81	69	73	89	94	97	97	94	88	86	88	90.1	106	69
9*	90	91	90	99	102	107	102	99	97	84	76	76	84	98	98	90	94	91	92	91	91	88	85	84	91.6	107	76
10	85	88	87	91	92	97	94	91	88	81	80	87	94	97	99	97	75	46	24	64	69	56	59	68	79.5	99	24
11	65	70	70	68	65	71	73	72	82	78	81	82	80	81	84	86	87	75	78	64	63	66	97	70	75.3	97	63
12	78	74	74	86	88	86	74	72	68	59	58	68	73	79	64	56	64	69	84	84	92	86	84	76	74.8	92	56
13	79	80	76	98	86	76	83	71	76	76	74	81	87	90	89	84	85	84	82	71	71	66	79	74	79.9	98	66
14	75	73	74	82	76	84	88	84	80	76	69	68	68	62	73	82	72	71	68	71	87	98	76	73	76.2	98	62
15	83	88	67	77	85	81	89	88	86	84	86	86	76	87	82	79	76	85	67	87	78	74	88	88	82.0	89	67
16	83	67	72	78	82	82	82	89	86	83	80	81	73	66	83	77	68	67	63	86	100	99	83	72	79.2	100	63
17	75	82	86	92	77	97	88	86	76	75	73	76	81	84	84	88	87	83	86	89	90	88	84	83	83.8	97	73
18*	83	83	83	89	92	96	98	98	90	85	83	87	89	86	79	86	88	87	88	92	92	104	108	95	90.0	108	79
19	86	93	95	90	91	91	99	95	92	89	91	86	75	77	95	110	108	105	106	95	87	80	51	57	89.3	110	51
20	68	87	71	70	77	83	89	90	86	80	80	83	89	89	82	92	93	94	91	90	87	87	86	87	84.6	94	68
21†	91	93	94	96	97	100	101	101	100	98	105	101	102	100	86	33	24	45	41	66	52	90	67	69	81.3	105	24
22†	72	82	89	104	75	81	46	62	66	61	62	69	44	36	15	70	88	80	64	68	84	103	54	74	68.7	104	**15**
23†	70	81	81	83	80	83	72	77	75	64	51	70	73	65	58	65	67	74	88	94	64	88	101	84	75.3	101	51
24	85	80	82	86	86	90	86	84	78	75	75	69	60	74	77	76	81	85	87	83	91	87	84	81	80.9	91	60
25	81	81	81	84	88	92	94	90	79	77	80	77	80	76	76	81	84	88	90	90	93	94	87	81	84.3	94	76
26	83	83	85	90	92	93	97	101	96	90	89	96	96	99	94	84	75	72	38	30	41	63	72	72	80.5	101	30
27	79	75	76	76	73	79	77	72	85	82	82	81	82	80	80	85	85	78	74	82	72	78	93	75	79.2	93	72
28	76	83	79	80	78	81	79	82	83	80	76	84	84	81	84	70	73	72	96	72	64	69	68	73	77.8	96	64
29	74	77	76	80	74	78	78	74	72	78	74	67	75	79	84	81	82	72	68	72	72	88	86	91	77.2	91	67
30	85	81	83	82	83	78	82	93	92	91	90	92	89	86	86	89	76	62	68	73	70	61	64	75	80.5	93	61
31†	79	83	82	135	121	85	70	22	27	21	21	41	47	47	42	56	39	22	32	30	69	87	55	44	**56.5**	**135**	21
Mittel	80	82	82	88	87	89	88	86	83	79	78	82	82	83	80	80	79	77	77	80	81	84	81	78	81.8	101	61

Februar

Tag	0h–1h	1h–2h	2h–3h	3h–4h	4h–5h	5h–6h	6h–7h	7h–8h	8h–9h	9h–10h	10h–11h	11h–12h	12h–13h	13h–14h	14h–15h	15h–16h	16h–17h	17h–18h	18h–19h	19h–20h	20h–21h	21h–22h	22h–23h	23h–24h	Tagesmittel (γ)	Max.	Min.
1	54	113	97	79	45	51	44	45	35	42	39	49	52	66	74	75	77	79	77	71	83	82	63	64	64.8	113	35
2*	68	71	70	71	73	79	78	73	71	72	73	74	78	82	82	80	79	83	86	86	84	86	76	76	77.1	86	68
3*	81	81	80	80	84	86	87	84	76	73	75	80	85	89	88	88	88	90	89	91	93	86	81	88	84.3	93	73
4	88	91	92	93	93	94	93	91	84	79	73	61	71	62	55	53	45	51	72	85	80	78	83	81	77.0	94	45
5	80	81	83	87	100	99	94	100	97	91	91	87	91	84	71	73	87	87	83	62	42	72	67	54	81.8	100	41
6	48	92	102	92	99	60	62	69	53	57	41	52	57	65	71	71	65	68	73	77	85	87	87	86	71.6	102	41
7	87	76	78	75	79	82	86	81	73	68	66	69	79	84	88	86	83	83	79	80	82	85	85	86	80.0	88	66
8	76	79	82	86	88	92	91	85	79	74	68	68	75	85	84	62	36	34	46	43	59	82	74	64	71.3	92	34
9	65	69	71	78	80	86	81	79	79	73	66	62	58	53	60	51	44	69	63	54	46	105	71	62	67.7	105	44
10	76	60	67	77	79	75	75	67	74	74	70	62	67	71	75	79	77	76	78	77	74	75	130	76	75.5	**130**	60
11	73	66	85	84	80	79	72	73	72	67	68	66	68	71	75	68	60	61	57	52	73	83	83	128	73.5	128	52
12	89	86	66	104	79	55	75	72	75	70	69	63	60	67	54	51	62	74	119	82	74	84	98	111	76.6	119	51
13	78	62	73	72	83	79	67	73	71	74	76	64	56	71	68	83	73	67	73	95	89	69	90	87	74.7	95	56
14	81	75	79	77	80	81	79	76	78	75	72	70	71	75	80	77	83	89	112	94	90	98	89	80	81.7	112	70
15*	81	83	83	88	88	84	83	83	81	79	81	83	82	82	87	84	86	84	84	80	84	83	90	93	84.0	93	79
16*	82	85	85	86	86	87	88	85	83	81	82	83	83	88	91	92	90	94	94	92	93	90	90	88	87.4	94	81
17	88	88	88	89	91	92	93	94	90	84	79	79	82	83	87	90	90	90	83	86	79	79	82	79	86.0	94	79
18	100	86	84	92	98	104	110	112	106	95	82	65	62	69	63	61	72	70	66	78	90	88	94	87	84.8	112	61
19	90	94	94	100	103	103	107	107	100	95	68	77	90	90	93	90	86	83	85	86	90	88	93	86	**91.6**	107	68
20*	78	81	84	89	91	97	96	90	82	75	72	74	81	82	82	83	87	92	95	95	95	94	94	92	86.7	97	72
21	92	89	88	94	102	105	101	101	94	81	82	80	81	83	88	89	94	90	82	67	76	78	90	94	88.4	105	67
22†	101	115	96	96	101	101	113	111	110	96	70	74	52	42	42	30	64	66	67	94	103	104	86	88	84.2	113	**30**
23†	89	87	50	70	63	80	85	54	48	70	70	42	37	37	37	63	63	53	112	115	99	55	97	78	68.9	115	37
24†	58	54	46	69	54	67	65	47	43	36	49	51	50	58	62	75	46	87	71	90	81	80	79	84	**62.6**	90	36
25	82	66	73	70	74	68	74	69	60	60	55	61	73	78	78	77	78	73	75	85	82	102	100	78	74.6	102	55
26	76	78	84	90	89	94	93	92	78	70	73	76	85	82	56	59	62	91	89	75	87	77	79	83	79.9	94	56
27†	96	121	90	54	65	68	68	63	51	53	50	56	60	65	66	90	82	78	90	100	104	105	97	102	78.1	121	50
28†	87	86	98	86	85	130	69	58	75	70	59	54	60	68	77	65	71	70	73	74	79	58	78	86	75.7	130	54
Mittel	80	83	81	83	83	85	83	80	76	73	68	67	70	73	73	73	72	76	81	81	82	84	87	84	78.2	104	56

Nordkomponente

Niemegk — $X = 0.18\,300 + \text{Tafelwert}$ (Γ) — 1951

Weltzeit

Tag	0h–1h	1h–2h	2h–3h	3h–4h	4h–5h	5h–6h	6h–7h	7h–8h	8h–9h	9h–10h	10h–11h	11h–12h	12h–13h	13h–14h	14h–15h	15h–16h	16h–17h	17h–18h	18h–19h	19h–20h	20h–21h	21h–22h	22h–23h	23h–24h	Tagesmittel	Max.	Min.
März																									γ		
1	74	75	90	72	69	69	73	74	70	69	65	64	62	67	69	65	66	78	81	81	81	82	81	85	73.4	90	62
2*	83	83	83	83	83	85	86	84	80	73	70	67	65	67	64	74	79	75	79	84	86	87	87	101	79.5	101	64
3	87	84	85	87	91	94	89	93	82	76	78	74	84	82	82	74	76	85	86	88	89	89	89	90	84.8	94	74
4*	89	89	89	91	92	90	86	92	87	84	84	81	77	77	80	81	80	85	92	95	95	99	117	93	88.5	117	77
5*	92	92	93	96	95	92	93	107	105	100	97	96	94	92	86	84	79	86	87	92	94	96	97	97	93.4	107	79
6	98	99	98	98	98	89	93	109	123	114	105	96	88	88	80	69	83	88	84	86	106	100	103	92	**95.3**	123	69
7†	102	100	89	90	89	87	93	102	110	112	109	88	67	54	37	59	39	30	40	39	60	80	84	81	76.7	112	30
8	72	68	67	70	73	75	69	74	83	50	61	62	67	65	59	69	49	84	122	62	89	102	80	80	73.0	122	49
9	63	77	75	84	75	80	78	80	72	64	68	68	62	57	71	68	71	76	84	102	112	100	65	76	76.2	112	57
10†	88	68	60	63	84	80	67	54	73	75	71	69	67	63	80	78	79	79	102	102	84	97	104	88	78.1	104	54
11	104	114	84	84	90	78	60	75	72	69	56	55	54	54	48	41	78	68	80	113	78	77	84	94	75.4	114	41
12	83	89	76	94	83	94	94	90	84	44	52	70	75	59	62	68	60	68	76	88	84	71	79	81	76.0	94	44
13†	90	89	81	80	87	99	93	84	74	68	43	38	46	67	56	37	44	39	78	30	126	23	55	44	65.5	**126**	**23**
14†	64	66	67	62	65	70	73	64	76	67	46	48	52	52	45	50	47	58	50	71	70	53	61	55	**59.7**	76	45
15	53	70	83	72	60	70	74	73	70	61	61	67	69	74	80	83	82	85	90	87	90	92	92	91	76.2	92	53
16	91	90	90	90	98	100	100	91	86	70	55	72	80	86	96	96	92	85	87	92	114	102	98	82	89.3	114	55
17	86	82	88	92	97	104	102	83	50	39	37	73	79	75	70	69	69	84	84	89	91	90	96	104	80.5	104	37
18	88	91	87	86	92	92	90	91	75	44	57	70	76	81	78	80	82	90	95	91	98	92	100	81	83.6	100	44
19	84	92	98	87	91	98	90	80	79	73	66	68	73	78	82	83	83	89	92	94	95	93	93	97	85.8	98	66
20	92	89	90	91	94	94	92	89	86	80	83	69	43	65	73	76	77	82	86	90	90	89	89	89	83.2	94	43
21*	87	86	91	93	97	102	104	94	89	82	81	82	87	90	89	90	89	93	96	98	99	114	125	114	94.7	125	81
22†	105	98	98	105	105	103	114	110	100	90	73	47	43	63	90	74	69	51	50	51	90	98	78	70	82.3	114	43
23	79	66	72	62	78	78	70	65	57	49	54	42	52	46	64	57	66	71	66	96	125	115	82	66	69.9	125	42
24	82	84	84	74	78	76	79	69	62	60	64	72	56	74	79	71	84	78	75	96	62	64	85	98	75.2	98	56
25	90	97	102	85	83	81	78	73	68	50	32	30	64	74	76	78	92	91	90	93	93	94	105	118	80.7	118	30
26	89	83	83	82	89	94	96	82	72	69	62	54	59	66	77	70	73	85	95	119	85	84	113	90	82.1	119	54
27	88	98	95	77	90	93	96	91	74	57	58	61	86	97	99	96	82	86	89	83	88	90	90	83	85.3	99	57
28*	82	85	89	88	88	89	92	89	80	69	64	65	75	83	94	95	93	95	96	95	100	97	100	100	87.6	100	64
29	98	98	99	99	93	115	119	92	57	62	61	61	61	56	43	51	41	58	76	70	74	81	92	74	76.3	119	41
30	77	100	90	80	84	79	78	77	72	74	79	74	84	88	89	93	98	98	101	103	104	105	106	109	89.2	109	72
31	104	99	98	100	102	104	105	106	90	76	73	68	68	69	70	78	82	73	85	95	94	96	97	95	88.6	106	68
Mittel	86	87	86	84	87	89	88	85	79	70	67	66	68	71	73	73	74	77	84	86	92	89	91	88	80.8	107	54
April																									γ		
1*	95	98	98	96	98	99	97	96	91	77	69	74	78	83	88	93	96	102	103	106	108	127	113	114	95.8	127	69
2	101	89	90	95	112	105	97	99	87	85	77	79	88	77	81	80	56	43	78	97	83	90	76	86	85.5	112	43
3†	89	101	104	80	85	77	70	72	60	52	43	28	65	53	64	81	68	101	71	71	106	112	104	89	76.9	112	28
4†	64	69	75	76	65	54	61	36	46	50	47	41	34	49	50	65	92	80	77	81	97	101	132	109	68.8	132	34
5	70	84	105	95	58	69	70	54	38	26	27	61	67	75	85	64	73	80	93	97	117	92	82	70	73.0	117	26
6†	74	80	88	84	77	94	66	65	51	35	40	46	26	38	60	67	88	79	92	99	76	69	74	69	68.2	99	26
7	87	87	86	69	76	84	65	66	54	50	46	39	61	76	85	82	77	86	74	79	72	82	88	92	73.5	92	39
8	101	106	88	99	86	85	83	59	45	56	52	54	59	74	81	74	77	69	107	103	84	101	94	89	80.2	107	45
9	79	88	93	91	79	92	81	66	58	58	58	58	41	73	85	78	80	82	79	96	86	94	84	91	77.9	96	41
10	85	70	96	98	97	99	81	78	76	60	54	64	58	74	74	76	87	95	104	94	82	86	94	91	82.2	104	54
11	89	90	97	91	88	87	83	78	80	74	65	61	70	72	75	92	98	96	100	101	103	106	106	82	86.8	106	61
12	119	88	85	84	90	89	89	84	78	65	54	60	66	75	72	76	83	98	96	108	105	101	122	181	90.3	**181**	54
13†	108	97	86	86	97	104	94	93	83	71	70	61	02	32	42	65	73	81	80	88	93	96	91	77	77.9	108	02
14	98	84	82	84	92	91	79	64	64	53	49	63	70	75	84	86	95	100	96	100	96	104	101	96	83.6	104	49
15*	94	91	92	90	91	93	93	85	73	61	57	65	62	76	92	97	98	102	95	97	97	98	100	99	87.4	102	57
16*	100	98	97	99	100	99	96	89	80	73	72	76	80	84	86	90	98	99	103	106	108	110	108	93	93.5	110	72
17	97	107	96	97	101	104	100	93	81	73	70	68	66	72	75	80	89	99	107	108	105	105	107	107	92.0	108	66
18†	108	104	104	104	108	112	112	124	130	123	108	66	−02	36	64	69	46	67	70	92	120	92	68	103	88.7	130	−02
19	111	92	84	82	77	68	62	58	61	65	78	72	86	78	79	84	93	92	94	93	97	92	96	109	83.5	111	58
20	92	94	92	89	85	75	76	74	68	68	61	63	72	57	72	87	94	111	86	70	78	49	53	52	75.8	111	49
21	55	89	82	70	65	84	46	50	52	39	−06	13	45	33	39	53	62	71	76	83	85	87	90	99	**60.9**	99	**−06**
22	98	101	88	84	82	72	70	32	40	40	44	69	74	87	112	75	90	95	78	85	80	76	72	74	75.8	112	32
23	80	82	80	84	88	85	72	72	65	61	55	56	59	70	79	79	83	88	86	87	88	96	91	86	78.0	96	55
24	85	84	84	91	94	100	115	102	52	46	39	37	42	52	75	75	74	95	91	72	69	76	84	110	76.8	115	37
25	106	98	103	94	73	63	62	59	49	40	38	51	47	51	57	68	82	100	81	62	58	50	52	56	66.7	106	38
26	71	80	81	85	82	76	68	61	55	50	49	53	58	64	75	88	94	94	100	96	92	90	92	92	76.9	100	49
27	92	94	93	97	101	102	103	99	83	83	81	79	76	74	85	92	89	83	107	110	110	114	112	104	94.3	114	74
28*	102	114	100	103	103	107	106	98	94	87	86	84	83	92	98	99	95	106	105	108	107	103	104	102	99.4	114	83
29	98	95	87	92	103	105	103	95	80	72	70	76	83	71	94	106	101	94	106	106	102	100	106	106	93.8	106	70
30*	105	102	99	102	104	103	99	91	86	84	82	88	91	98	98	99	102	105	106	105	107	112	115	114	**99.9**	115	82
Mittel	92	92	91	90	89	89	83	76	69	63	58	60	60	67	77	81	84	90	91	93	94	94	94	95	82.1	112	46

Nordkomponente

Niemegk — X = 0.18 300 Γ + Tafelwert — 1951

Tag	0h–1h	1h–2h	2h–3h	3h–4h	4h–5h	5h–6h	6h–7h	7h–8h	8h–9h	9h–10h	10h–11h	11h–12h	12h–13h	13h–14h	14h–15h	15h–16h	16h–17h	17h–18h	18h–19h	19h–20h	20h–21h	21h–22h	22h–23h	23h–24h	Tagesmittel (γ)	Max.	Min.
Mai																											
1†	114	130	108	110	120	98	69	74	59	42	51	82	74	66	74	87	91	111	105	57	26	111	55	51	81.9	130	26
2†	31	34	48	52	57	52	45	38	32	23	34	22	20	34	68	70	61	60	76	95	108	119	91	57	**55.3**	119	**20**
3	67	82	81	74	74	73	64	48	43	61	66	67	81	96	95	69	91	99	146	88	86	92	92	100	80.6	146	43
4	85	99	80	78	82	78	74	70	64	39	50	70	85	81	70	66	86	99	94	106	90	88	93	84	79.6	106	39
5	84	84	86	89	84	85	81	78	68	64	64	66	71	85	96	99	95	96	98	102	97	99	95	110	86.5	110	64
6	111	87	87	93	82	90	78	63	71	70	66	65	69	80	88	77	93	103	100	115	109	97	94	90	86.6	115	63
7	85	92	88	85	90	90	86	80	58	53	52	56	62	64	76	78	88	96	102	104	97	97	106	93	82.4	106	52
8*	90	89	91	96	97	95	88	77	68	62	62	67	81	85	96	94	101	99	109	102	102	100	100	98	89.5	109	62
9†	100	97	97	105	109	106	103	89	69	61	62	77	80	88	78	84	92	101	125	134	120	131	161	141	**100.4**	**161**	61
10†	107	103	99	92	81	72	43	54	46	58	49	59	60	92	57	69	77	92	92	92	100	92	93	95	78.1	107	43
11	90	94	92	92	98	90	78	55	55	40	45	54	55	75	81	84	82	88	80	97	102	108	98	94	80.3	108	40
12	85	100	88	90	86	79	76	79	76	64	70	74	75	76	88	108	127	130	112	87	84	91	94	92	88.8	130	64
13*	91	90	90	93	93	95	92	85	78	70	72	72	76	83	95	99	99	97	100	103	106	101	105	110	91.5	110	70
14	111	107	100	94	112	112	104	92	81	74	75	63	68	74	82	90	104	109	89	107	96	113	89	102	93.7	113	63
15	97	102	89	109	115	108	96	91	84	80	84	84	90	90	112	114	108	104	106	104	100	93	97	105	98.4	115	80
16	108	110	100	103	86	72	78	71	62	52	42	52	69	84	90	91	92	96	107	100	101	100	97	102	86.0	110	42
17	98	98	116	105	87	70	78	70	62	54	63	70	96	71	87	93	91	124	111	99	86	71	74	83	85.7	124	54
18	101	94	89	92	93	88	85	72	55	58	60	80	87	90	89	98	93	96	96	96	106	98	94	105	88.1	106	55
19	96	86	97	96	100	89	84	78	62	70	82	85	96	91	72	84	92	91	101	108	108	101	94	91	89.8	108	62
20*	91	94	93	101	101	95	89	70	64	64	74	78	88	96	95	97	96	102	109	107	102	103	99	96	91.8	109	64
21*	94	97	98	102	100	93	85	75	64	64	72	84	97	100	102	100	105	111	116	116	113	112	109	112	96.7	116	64
22*	109	103	112	115	113	107	98	87	80	77	78	84	84	83	96	100	104	107	117	116	112	106	102	100	99.6	117	77
23	98	107	107	102	100	97	89	87	86	71	56	42	44	50	80	86	96	101	108	122	124	113	109	102	90.7	124	42
24	87	94	104	100	92	85	90	87	69	61	66	74	75	90	96	108	90	114	102	100	104	109	113	103	92.2	114	61
25	98	97	99	102	101	97	88	81	84	82	78	66	66	74	88	100	100	108	114	130	122	123	115	119	97.2	130	66
26†	125	110	109	110	117	110	99	92	82	79	84	87	75	94	88	137	118	143	112	102	75	50	75	53	96.9	143	50
27	78	93	88	65	86	72	63	48	37	33	31	48	59	71	75	81	85	92	98	97	96	95	95	85	73.8	98	31
28	85	88	100	97	101	104	96	84	76	76	83	87	92	96	93	100	106	107	103	104	103	102	101	99	95.1	107	76
29	103	101	100	103	107	102	83	89	97	95	86	83	65	60	72	89	105	114	110	109	108	111	125	114	97.1	125	60
30	104	102	102	105	106	102	95	91	88	66	80	82	103	80	93	90	96	98	102	104	104	108	101	104	96.1	108	66
31	102	102	106	104	107	107	102	96	86	92	85	81	78	72	82	94	102	106	110	112	119	110	115	118	99.5	119	72
Mittel	94	96	95	95	96	91	83	76	68	63	65	70	75	80	86	92	96	103	105	104	101	100	99	97	88.7	118	56
Juni																											
1	120	125	120	120	112	107	113	111	106	100	100	99	97	107	93	78	79	110	113	123	110	95	99	99	**105.7**	125	78
2	100	100	98	101	76	80	91	84	77	71	68	69	71	75	92	94	93	112	108	112	106	110	98	100	91.1	112	68
3	130	95	97	98	98	86	71	65	61	66	75	84	86	90	106	99	98	101	104	104	102	100	103	103	92.6	130	61
4	102	101	105	105	105	96	89	82	77	80	81	88	93	91	110	124	109	109	107	116	115	128	121	112	101.9	128	77
5	113	112	129	121	109	99	92	88	86	81	85	90	85	86	96	104	105	114	118	121	128	122	118	121	105.1	129	81
6†	120	124	125	124	125	125	84	70	93	97	73	42	38	29	66	90	107	110	104	105	106	110	109	108	95.2	125	29
7	102	103	104	102	103	113	104	90	71	58	62	65	70	69	101	108	112	110	114	108	112	114	112	109	96.5	114	58
8	103	109	111	98	121	102	89	87	76	63	60	64	73	101	101	133	137	117	101	107	112	104	113	104	99.4	137	60
9	103	103	109	114	113	103	94	88	70	58	54	68	81	97	126	125	100	106	103	103	102	105	104	106	97.3	126	54
10*	107	108	108	112	112	111	106	100	93	88	90	96	86	87	105	108	123	111	121	113	114	108	104	110	105.0	123	86
11	114	107	104	104	116	114	102	85	76	86	76	82	89	92	92	116	82	113	124	116	124	122	120	117	103.0	124	76
12	112	109	114	115	104	103	97	75	64	57	65	71	83	81	86	100	99	113	121	118	113	101	104	94	95.8	121	57
13	98	107	109	109	105	97	85	81	82	94	83	77	89	69	67	103	106	105	114	120	120	111	117	103	98.0	120	67
14	98	97	100	107	107	102	91	78	68	65	72	77	90	105	108	105	100	112	149	140	149	103	111	110	101.8	149	65
15	92	91	93	89	80	62	54	55	60	74	70	66	56	89	112	118	105	103	123	122	129	94	97	108	89.2	129	54
16	101	113	101	105	96	83	65	49	51	51	63	77	75	70	93	82	86	93	111	126	120	119	106	100	89.0	126	49
17†	99	98	104	110	110	101	86	71	55	52	56	68	82	90	101	110	110	147	150	140	153	155	126	52	101.1	**155**	52
18†	49	74	77	47	62	54	43	34	36	28	54	64	66	69	88	83	90	98	96	100	99	97	97	115	**71.7**	115	**28**
19†	118	116	108	82	51	86	66	67	48	49	53	53	46	65	62	89	111	79	93	99	93	101	99	97	80.5	118	46
20*	94	86	95	97	98	91	82	75	70	69	72	74	79	86	90	96	101	105	105	105	106	110	102	98	91.1	110	69
21	100	102	107	100	104	99	83	92	94	85	71	62	58	75	88	84	102	101	100	101	104	103	104	105	92.7	107	58
22*	103	100	105	112	114	112	104	93	78	55	46	61	73	80	77	86	101	108	111	112	114	118	106	106	94.8	118	46
23*	106	109	122	122	122	113	98	70	55	57	56	59	66	75	89	99	107	115	115	116	112	110	110	105	96.2	122	55
24*	103	102	106	107	104	95	85	81	76	70	71	66	67	85	94	102	109	114	122	113	113	118	118	112	97.2	122	66
25†	109	102	107	118	127	119	83	89	81	67	44	48	51	82	138	113	75	87	114	97	92	96	98	102	93.3	138	44
26	96	118	124	116	110	92	82	84	80	82	65	64	60	72	87	96	100	110	110	107	112	104	102	100	94.7	124	60
27	97	97	95	99	108	95	81	78	90	92	90	85	77	78	83	97	120	116	126	131	124	123	120	110	100.5	131	77
28	117	115	110	106	107	103	106	98	95	99	94	85	82	73	91	104	110	118	123	120	121	114	116	116	105.1	123	73
29	119	118	117	101	104	104	100	98	90	83	85	87	70	71	84	98	98	111	126	114	101	102	102	98	99.2	126	70
30	110	103	100	103	100	87	95	101	98	95	91	81	85	88	90	100	103	112	114	115	113	99	97	98	99.1	115	81
Mittel	104	105	107	105	103	98	87	81	75	72	71	72	74	81	94	102	103	109	115	114	114	110	108	104	96.1	125	62

Weltzeit

Nordkomponente

Niemegk — $X = 0.18\,300 + \text{Tafelwert}$ (γ) — 1951

Weltzeit

Tag	0h–1h	1h–2h	2h–3h	3h–4h	4h–5h	5h–6h	6h–7h	7h–8h	8h–9h	9h–10h	10h–11h	11h–12h	12h–13h	13h–14h	14h–15h	15h–16h	16h–17h	17h–18h	18h–19h	19h–20h	20h–21h	21h–22h	22h–23h	23h–24h	Tagesmittel	Max.	Min.
Juli																									γ		
1	98	109	99	97	97	94	94	84	81	86	96	96	83	89	89	90	84	102	127	95	94	98	122	133	97.4	133	81
2†	41	57	77	10	37	23	47	60	65	25	06	39	42	69	77	69	78	92	104	109	110	111	102	85	**64.0**	111	**06**
3†	85	90	94	89	82	62	67	72	62	46	38	34	67	71	76	96	102	114	92	106	98	102	103	102	81.2	114	34
4	86	91	77	90	78	51	81	75	64	54	59	59	69	70	78	91	92	94	98	103	103	94	89	104	81.2	104	51
5	91	88	87	87	84	82	75	74	78	68	61	65	57	78	90	94	98	103	102	98	107	102	101	102	86.3	107	57
6	100	94	98	103	99	92	85	73	66	64	62	68	82	89	95	101	129	112	115	114	108	98	94	96	93.2	129	62
7	100	96	98	102	100	95	88	84	80	75	68	66	71	80	92	109	119	108	115	113	113	108	106	103	95.4	119	66
8	102	98	99	98	96	92	84	74	68	67	73	75	80	88	91	104	105	122	127	116	114	115	98	113	95.8	127	67
9	109	98	98	110	110	106	93	85	71	56	60	72	72	79	93	101	103	124	131	107	104	98	98	98	94.8	131	56
10*	101	102	94	100	99	92	83	70	67	64	75	79	75	78	85	92	96	112	118	124	112	102	98	97	92.3	124	64
11	101	102	103	108	112	109	101	87	78	61	55	68	68	91	96	88	95	107	122	118	111	103	105	108	95.7	122	55
12*	102	97	103	106	107	97	89	78	64	56	60	71	76	84	82	91	111	118	106	106	111	111	107	112	93.5	118	56
13*	115	115	96	100	103	104	100	91	76	62	59	72	78	90	96	104	108	104	110	107	111	103	103	103	96.2	115	59
14*	109	107	106	107	104	100	95	96	94	84	75	65	78	84	91	87	94	106	110	112	114	109	111	112	97.9	114	65
15	109	101	106	108	113	103	85	68	65	55	70	71	78	90	103	114	114	116	123	113	124	110	104	91	97.2	124	55
16	96	99	105	106	115	104	86	81	81	65	47	31	64	68	101	97	113	123	120	117	115	115	113	110	94.7	123	31
17	110	114	112	118	125	122	120	109	79	50	74	91	91	95	87	85	102	116	125	103	99	101	102	101	101.3	125	50
18	103	101	103	102	107	101	100	88	68	65	70	68	75	78	88	90	100	108	103	99	106	115	104	93	93.1	115	65
19	92	96	99	105	105	97	82	59	62	47	61	71	73	81	92	99	117	108	121	117	124	112	107	107	93.1	124	47
20	108	106	100	115	112	103	84	76	74	68	61	57	64	78	97	103	102	107	112	111	114	112	113	113	95.4	115	57
21	112	104	96	107	114	110	98	79	65	74	69	77	83	81	89	110	117	112	115	111	109	109	111	109	98.4	117	65
22	112	112	116	111	104	117	86	57	27	52	70	72	70	66	70	69	104	94	115	125	120	124	133	120	93.6	133	27
23	112	107	120	110	112	97	87	77	46	45	49	72	83	77	88	97	98	105	110	104	103	103	101	103	91.9	120	45
24*	105	104	103	105	101	94	86	82	71	71	68	77	71	88	92	108	106	109	111	107	111	113	112	109	96.0	113	68
25	111	112	109	112	120	112	96	90	91	84	75	65	80	92	99	96	110	114	117	104	105	124	110	110	**101.6**	124	65
26†	108	120	110	118	113	82	65	76	83	80	81	62	71	65	76	108	120	102	103	107	106	104	104	117	95.0	120	62
27	136	101	91	99	100	103	93	79	57	35	59	83	97	104	107	109	103	100	99	110	113	117	120	127	97.6	136	35
28†	125	138	131	136	151	128	95	84	71	65	45	59	55	73	87	109	119	114	113	100	116	97	96	98	100.2	**151**	45
29	103	94	101	105	83	88	90	80	63	70	83	89	81	88	90	105	106	110	109	108	101	99	96	100	93.4	110	63
30	106	96	96	106	97	94	89	82	77	76	62	75	82	95	93	109	97	100	101	112	102	103	98	103	93.8	112	62
31†	105	125	132	122	123	93	63	54	53	63	64	73	63	101	80	124	101	76	64	61	51	70	73	106	85.0	132	51
Mittel	103	102	102	103	103	95	87	78	69	62	63	68	74	83	89	98	105	108	111	108	107	106	104	106	93.1	121	54
August																									γ		
1†	91	91	100	93	84	81	74	64	62	59	66	76	87	92	99	111	113	127	96	126	130	104	134	86	93.6	134	59
2	82	84	92	135	118	97	68	42	49	54	59	63	68	80	83	83	90	89	111	97	100	102	106	94	85.2	135	42
3*	95	95	90	97	100	99	90	78	62	58	53	54	74	80	88	96	94	105	108	109	109	109	106	104	89.7	109	53
4	106	104	96	108	108	99	93	83	75	72	77	88	89	89	106	92	92	100	121	101	110	107	115	92	96.8	121	72
5	99	107	117	112	101	94	80	75	66	66	72	79	80	81	89	92	99	116	106	109	117	114	103	100	94.8	117	66
6	100	106	107	108	108	101	92	80	67	71	73	78	84	97	101	109	100	103	106	110	109	112	99	101	96.8	112	67
7	101	103	104	104	113	100	87	86	83	69	62	61	74	72	76	92	103	118	115	109	110	112	114	102	94.6	118	61
8*	104	106	106	104	103	98	86	79	70	64	66	71	78	80	85	98	105	112	118	112	111	105	94	101	94.0	118	64
9	108	104	100	101	103	94	79	60	52	56	52	43	64	64	80	97	98	104	105	113	111	109	105	103	87.7	113	43
10*	104	98	100	104	108	104	84	81	83	75	75	74	87	75	94	101	108	113	113	118	116	108	119	112	98.1	119	74
11	105	112	114	111	111	114	110	99	96	93	74	72	81	66	70	94	104	109	108	109	121	116	110	103	**100.1**	121	66
12	125	115	110	110	110	99	87	72	55	43	53	55	50	73	84	95	88	98	99	111	123	135	100	101	91.3	135	43
13†	104	101	102	109	99	109	76	82	79	74	71	72	54	67	59	54	64	72	112	82	85	86	88	87	82.8	112	54
14	91	91	90	90	88	86	82	77	72	71	64	54	73	87	94	92	92	94	96	98	110	112	92	89	86.9	112	54
15	91	96	89	98	100	95	79	60	72	79	81	83	83	91	89	95	109	100	109	112	139	128	112	109	95.8	**139**	60
16	110	112	109	112	116	106	112	103	72	33	30	60	94	84	78	80	78	86	92	91	91	89	99	100	89.0	116	30
17	100	98	101	96	96	92	84	73	70	71	76	86	100	108	96	115	98	71	81	84	77	82	89	90	88.9	115	70
18*	89	84	87	92	95	86	72	69	68	69	68	68	76	85	97	106	108	108	109	112	113	112	110	112	91.5	113	68
19	107	104	104	102	109	108	97	79	57	49	62	71	82	84	76	99	96	98	97	104	113	115	116	118	93.6	118	49
20†	117	125	137	132	85	84	65	94	81	68	53	40	51	49	70	86	98	101	92	111	116	132	107	102	91.5	137	40
21†	95	94	126	106	104	96	67	44	29	35	22	52	74	60	72	89	109	129	80	82	73	74	97	106	79.8	129	**22**
22	80	129	111	113	76	80	69	54	37	25	29	33	40	60	57	77	76	83	92	96	107	98	98	102	**75.9**	129	25
23	88	92	88	93	96	94	85	78	66	64	81	68	72	76	70	88	99	85	105	105	98	97	128	104	88.3	128	64
24	85	95	92	82	78	82	64	74	73	48	39	62	62	81	75	85	88	96	92	106	98	107	114	101	82.5	114	39
25†	111	107	104	102	100	109	93	82	23	27	47	44	52	62	62	77	88	96	92	131	108	100	98	98	83.9	131	23
26	96	98	90	81	74	70	70	60	22	39	42	57	69	77	83	70	86	100	110	134	117	101	134	118	83.2	134	**22**
27	100	94	92	90	95	83	68	68	52	69	73	72	87	82	94	81	85	106	105	97	115	131	91	91	88.4	131	52
28	97	91	98	99	85	91	86	79	56	69	87	91	101	104	92	88	90	97	99	107	135	123	97	95	94.0	135	56
29	98	94	96	88	90	83	73	73	66	60	68	81	79	92	86	101	92	98	94	98	101	111	109	111	89.2	111	60
30*	100	98	98	98	98	97	91	81	73	73	79	88	91	92	100	105	97	100	97	104	102	96	107	97	94.2	107	73
31	100	96	102	105	101	93	83	62	68	83	86	97	101	101	106	93	85	98	100	103	103	98	119	114	95.7	119	62
Mittel	99	101	102	102	98	94	82	74	63	61	63	68	76	80	84	92	95	100	102	106	109	107	107	101	90.3	122	53

Nordkomponente

Niemegk — $X = 0.18\,300 + \text{Tafelwert}$ (Γ) — 1951

0h 1h 2h 3h 4h 5h 6h 7h 8h 9h 10h 11h 12h 13h 14h 15h 16h 17h 18h 19h 20h 21h 22h 23h 24h Weltzeit

Tag	0h–1h	1h–2h	2h–3h	3h–4h	4h–5h	5h–6h	6h–7h	7h–8h	8h–9h	9h–10h	10h–11h	11h–12h	12h–13h	13h–14h	14h–15h	15h–16h	16h–17h	17h–18h	18h–19h	19h–20h	20h–21h	21h–22h	22h–23h	23h–24h	Tagesmittel	Max.	Min.
September																									γ		
1*	90	92	96	97	93	83	68	58	54	61	72	81	94	102	102	103	100	98	101	104	105	111	112	100	90.7	112	54
2*	98	96	94	99	96	89	76	62	55	52	60	77	95	105	105	105	102	108	107	107	110	112	109	112	93.0	112	52
3*	104	112	102	101	97	91	81	70	68	72	80	78	93	104	102	99	102	107	108	110	113	112	112	121	97.5	121	68
4*	105	105	108	108	107	108	94	77	65	62	67	82	97	109	111	110	111	101	109	111	104	102	111	108	**98.8**	111	62
5	101	105	109	110	105	101	87	68	52	55	65	72	93	99	105	108	107	113	106	100	117	117	111	107	96.4	117	52
6	126	104	109	113	109	103	98	81	62	67	63	83	97	98	100	101	102	104	117	108	92	101	111	95	97.7	126	62
7	93	104	95	95	97	96	90	80	64	71	71	76	88	98	97	100	101	103	97	104	101	104	107	105	93.2	107	64
8	104	102	104	105	100	98	93	82	61	52	55	71	85	100	98	113	103	101	115	101	105	105	109	115	94.9	115	52
9	109	104	95	110	104	104	89	78	67	54	53	68	90	83	76	68	82	92	89	85	99	108	104	101	88.0	110	53
10	102	85	89	107	116	102	91	49	42	48	42	61	60	72	72	57	59	61	73	83	92	93	93	95	76.8	116	42
11	95	99	102	92	100	92	86	78	60	82	85	80	66	68	81	66	64	84	84	72	55	93	107	65	81.5	107	60
12	63	66	66	76	76	73	67	53	40	35	40	49	66	74	62	44	67	84	91	95	96	88	84	81	68.2	96	35
13	91	95	88	91	74	82	74	70	71	70	71	64	74	78	71	47	49	64	71	76	81	70	55	79	73.2	95	47
14	86	99	85	103	97	98	79	52	42	45	55	59	84	75	92	92	88	90	84	84	77	86	96	91	80.8	103	42
15	95	105	103	102	100	80	89	60	24	45	55	47	42	57	60	72	58	78	83	84	88	91	92	95	75.2	105	24
16†	94	103	112	121	93	55	60	76	59	-24	-28	-01	28	38	51	37	54	44	67	75	92	122	74	95	62.4	122	-28
17	104	83	58	65	65	59	52	36	27	27	30	39	54	65	72	103	53	72	89	88	96	108	127	77	68.7	127	27
18	75	79	98	113	102	90	98	91	82	64	70	81	92	94	87	81	90	98	112	71	74	78	85	90	87.3	113	64
19	90	93	94	95	92	89	88	81	69	66	69	65	78	85	101	103	94	45	25	27	37	60	47	52	72.7	103	25
20†	51	50	54	72	49	44	46	13	-09	-60	-19	12	33	28	57	37	94	68	93	71	52	62	85	58	43.4	94	**-60**
21†	72	62	76	57	31	36	43	45	-09	-45	-29	08	30	32	56	69	68	69	69	108	104	102	123	100	53.2	123	-45
22†	62	81	95	86	42	41	56	39	24	40	43	08	13	28	72	86	80	62	133	82	62	72	64	80	60.5	**133**	08
23	90	68	71	96	103	80	55	66	38	44	47	46	53	57	55	78	73	80	87	87	127	116	81	101	75.0	127	38
24	99	85	80	89	67	59	55	64	54	60	33	55	52	78	70	65	69	64	74	76	108	89	83	75	71.0	108	33
25†	81	86	97	91	86	80	91	70	60	58	39	22	28	40	63	64	69	27	10	-10	-46	-37	-35	-17	**42.4**	97	-46
26	-05	14	05	85	39	14	19	24	20	21	24	40	50	56	58	58	66	59	68	70	68	70	62	60	43.5	85	-05
27	94	99	106	84	98	100	108	104	66	50	72	28	56	57	60	76	88	80	87	80	82	82	85	87	80.4	108	28
28	90	76	80	80	77	80	80	75	71	65	62	68	71	73	72	73	79	85	88	89	89	89	86	85	78.4	90	62
29	82	89	88	85	89	92	91	85	78	76	72	71	77	80	72	47	84	68	62	86	98	89	86	79	80.2	98	47
30*	80	84	78	88	79	79	77	64	64	52	53	58	62	63	73	75	78	87	90	90	94	96	98	100	77.6	100	52
Mittel	87	88	88	94	86	80	76	65	51	46	49	55	67	73	78	78	81	80	86	84	86	90	89	86	76.8	109	32
Oktober																									γ		
1	102	95	86	88	92	95	95	90	79	72	72	79	84	87	88	89	97	87	91	86	91	96	94	94	88.7	102	72
2	89	97	106	88	86	87	67	73	61	62	71	78	82	86	87	83	86	89	90	92	94	104	86	87	84.6	106	61
3	90	93	90	86	87	86	83	75	66	62	66	75	74	88	86	86	85	89	92	94	102	97	91	91	84.8	102	62
4*	91	92	90	89	91	93	89	76	62	55	63	73	86	93	96	93	93	96	98	102	99	99	93	100	88.0	102	55
5	90	93	94	93	93	96	89	81	73	69	71	83	92	97	99	95	90	93	95	92	89	89	96	96	89.5	99	69
6*	101	102	93	91	93	93	89	81	71	63	62	72	84	93	96	96	98	102	104	104	104	104	105	105	91.9	105	62
7	104	104	107	112	118	120	120	110	99	74	68	67	76	60	64	50	47	58	40	32	56	61	68	48	77.6	120	32
8†	67	73	89	105	73	68	75	38	-06	19	24	59	40	30	51	37	60	54	59	78	81	78	93	124	61.2	124	-06
9	98	77	78	76	70	74	62	58	52	29	56	65	52	26	36	50	69	66	79	80	83	133	100	78	68.6	**133**	26
10	78	78	69	84	87	94	86	71	66	69	51	14	36	50	60	62	62	92	60	70	90	91	66	90	69.8	94	14
11	76	93	83	79	82	87	64	58	62	63	70	52	47	60	53	62	66	57	75	83	86	85	84	84	71.3	93	47
12	84	86	89	91	98	103	95	92	82	77	73	60	71	81	72	74	82	87	87	95	103	97	96	91	86.1	103	60
13	89	88	84	94	112	116	108	98	96	77	58	48	41	47	63	67	80	87	89	84	95	84	84	89	82.4	116	41
14	87	64	73	74	79	87	85	80	64	50	61	69	72	73	76	76	68	63	74	87	90	79	76	74	74.2	90	50
15	84	85	79	84	88	94	88	71	64	56	54	56	65	75	80	82	87	91	87	107	109	97	102	131	84.0	131	54
16	103	98	94	89	107	99	92	81	65	58	56	65	74	71	73	70	66	72	77	73	71	74	106	98	80.5	107	56
17†	79	97	90	104	74	62	66	62	29	37	29	00	18	34	54	54	46	54	73	95	110	86	54	62	61.2	110	00
18†	78	69	67	57	55	64	71	63	30	23	42	48	52	53	60	63	83	124	66	79	105	115	103	90	69.2	124	23
19†	71	119	97	96	81	91	67	61	62	55	61	60	38	60	63	67	76	82	65	57	53	82	86	110	73.3	119	38
20	81	58	72	73	65	72	78	73	61	60	52	55	60	63	80	77	82	89	89	85	108	92	89	92	75.2	108	52
21	83	84	92	84	93	100	104	96	83	64	50	56	61	68	68	67	74	80	88	111	96	95	92	90	82.5	111	50
22	90	100	100	101	106	106	97	90	82	71	61	56	55	53	49	47	52	78	96	80	91	85	103	83	80.5	106	47
23	91	96	89	86	84	87	86	74	68	64	64	66	64	72	70	86	83	91	80	87	92	92	94	84	81.2	96	64
24*	84	87	87	87	88	90	97	90	88	85	84	84	87	90	93	95	99	102	102	102	99	98	99	94	92.1	102	84
25*	93	92	95	99	101	103	101	96	95	90	85	86	87	91	95	100	104	108	108	110	111	112	111	107	**99.2**	112	85
26	107	103	101	106	111	111	106	103	103	91	86	79	83	91	94	98	100	106	104	104	97	90	100	75	97.9	111	75
27	86	98	95	94	103	110	103	94	83	75	74	74	83	81	82	85	92	94	95	96	96	98	99	99	91.2	110	74
28†	99	99	99	101	102	94	98	103	97	82	72	69	82	79	76	44	41	02	-63	-129	-70	-30	-04	-03	47.5	103	**-129**
29	-03	04	18	28	38	42	44	40	36	32	31	34	37	45	48	50	54	57	59	61	61	62	62	62	**41.8**	62	-03
30	61	63	65	68	70	70	62	65	56	38	33	45	55	62	63	68	71	74	78	77	78	78	78	77	64.8	78	33
31*	75	75	77	80	85	89	88	82	72	68	63	65	72	74	77	82	87	90	93	94	93	93	89	92	81.5	94	63
Mittel	84	86	85	87	87	90	86	78	68	61	60	61	65	69	73	73	77	81	78	80	86	88	87	87	78.1	106	42

Nordkomponente

Niemegk $X = 0.18\,300\,\Gamma + \text{Tafelwert}$ 1951

Weltzeit

Tag	0h–1h	1h–2h	2h–3h	3h–4h	4h–5h	5h–6h	6h–7h	7h–8h	8h–9h	9h–10h	10h–11h	11h–12h	12h–13h	13h–14h	14h–15h	15h–16h	16h–17h	17h–18h	18h–19h	19h–20h	20h–21h	21h–22h	22h–23h	23h–24h	Tagesmittel γ	Max.	Min.
November																											
1*	88	87	88	89	92	95	95	89	77	64	63	62	69	75	81	87	91	94	93	93	89	86	84	95	84.4	95	62
2	88	91	96	100	121	112	112	112	98	80	70	63	65	64	57	60	66	76	68	72	80	86	85	73	83.1	121	57
3†	82	83	77	122	108	100	92	94	76	63	82	84	70	37	47	62	75	73	85	77	94	104	70	61	79.9	**122**	37
4	63	55	92	100	82	77	67	72	72	72	76	74	68	58	54	52	52	65	79	78	80	80	85	87	72.5	100	52
5	82	78	85	72	79	93	96	80	79	79	72	60	75	79	80	83	88	83	76	81	79	86	99	116	82.5	116	60
6	87	85	91	91	88	96	84	78	56	47	53	56	61	56	48	45	43	47	47	103	74	81	89	91	70.7	103	43
7	101	82	120	95	92	84	82	77	68	60	55	55	50	64	67	58	50	57	71	83	80	90	91	92	76.0	120	50
8	91	91	106	89	91	96	98	95	91	86	84	87	84	88	89	89	92	92	91	89	92	89	88	88	90.7	106	84
9	88	87	92	91	91	104	109	100	98	104	99	87	91	95	77	76	83	67	87	95	96	93	91	98	91.6	109	67
10*	92	89	92	93	95	97	100	103	103	101	97	94	92	90	90	95	98	99	99	97	98	96	96	95	95.9	103	89
11	95	95	96	97	97	98	98	91	85	80	81	84	87	84	80	87	93	92	94	97	95	96	91	92	91.0	98	80
12	112	108	95	95	99	93	91	83	59	59	65	52	42	43	38	24	45	78	89	89	92	90	81	91	75.5	112	24
13†	85	85	92	99	104	93	99	91	82	31	52	73	66	40	36	18	02	13	11	18	56	33	43	68	**57.9**	104	**02**
14†	55	91	74	75	85	68	81	64	59	64	61	62	51	36	56	66	74	116	90	66	63	64	70	76	69.5	116	36
15†	96	83	70	60	79	85	87	78	83	74	45	49	57	60	65	75	72	88	80	76	89	94	83	90	75.8	96	45
16	110	90	83	81	87	98	94	93	90	82	71	62	59	66	62	70	87	98	87	94	92	86	87	86	84.0	110	59
17	83	86	89	90	96	97	102	97	98	100	95	93	97	96	97	100	102	90	87	111	110	57	56	65	91.4	111	56
18*	71	67	75	83	87	88	91	87	84	81	77	77	81	85	84	85	86	90	90	90	94	90	89	86	84.1	94	67
19*	89	90	92	91	97	96	100	102	96	92	89	87	86	85	89	92	84	88	92	95	101	97	109	110	93.7	110	84
20	81	82	89	99	103	97	98	100	98	95	92	93	95	97	95	83	72	81	89	99	106	75	108	93	92.5	108	72
21	89	89	84	86	98	101	97	101	100	100	100	100	97	97	99	102	102	103	101	94	100	93	85	92	**96.2**	103	84
22	100	96	95	97	99	96	93	100	106	104	104	96	96	95	96	98	100	96	74	81	87	94	100	90	95.5	106	74
23	81	86	88	87	88	86	86	90	92	91	86	90	95	95	83	65	78	88	97	91	92	71	78	81	86.0	97	65
24	86	85	83	85	90	94	91	88	83	79	81	86	88	90	71	62	64	80	83	89	99	93	88	91	84.5	99	62
25	83	84	87	87	90	95	88	90	80	79	75	84	86	85	73	60	87	93	87	95	87	104	108	94	86.7	108	60
26	90	85	85	89	94	94	94	93	89	87	89	93	78	58	66	83	92	92	89	90	80	84	91	92	86.5	94	58
27*	94	93	90	91	94	99	98	101	96	88	81	87	90	93	94	95	99	102	101	102	98	90	105	97	94.9	105	81
28	91	92	94	103	99	100	102	100	98	102	106	108	100	89	70	81	72	81	73	94	78	107	113	96	93.7	113	70
29†	92	89	89	90	101	96	92	98	100	72	88	90	64	64	50	67	79	79	89	93	99	86	92	104	86.0	104	50
30	96	84	87	91	95	96	96	88	94	90	84	85	85	73	56	72	71	64	71	84	85	87	88	88	83.8	96	56
Mittel	88	86	89	91	94	94	94	91	86	80	79	79	78	75	72	73	77	82	82	87	89	86	88	89	84.6	106	60
Dezember																											
1	90	91	88	95	100	103	100	102	101	92	78	64	66	80	75	73	69	79	78	84	89	89	100	101	87.0	103	64
2	96	91	92	96	97	82	99	104	97	84	74	67	63	61	59	62	57	55	56	69	70	70	73	82	77.3	104	55
3	82	100	102	97	96	100	108	105	98	83	80	79	77	77	71	67	65	72	76	77	75	78	91	96	85.5	108	65
4	87	89	95	100	103	103	113	108	103	95	91	81	91	78	45	63	82	81	102	80	81	119	85	81	89.8	119	45
5	82	79	90	92	99	92	93	93	88	85	81	79	81	83	92	96	91	92	90	95	98	101	104	92	90.3	104	79
6*	93	92	95	96	98	96	95	95	96	97	96	97	98	102	103	103	103	104	106	98	90	89	93	95	97.1	106	89
7	94	95	95	103	106	109	110	110	106	105	93	83	90	103	107	96	83	67	72	86	101	100	95	94	96.0	110	67
8†	94	94	128	94	108	107	105	86	82	90	73	40	70	72	74	33	60	70	65	41	92	67	65	94	79.3	128	33
9†	76	77	89	91	78	96	96	91	77	39	34	46	68	42	42	16	49	80	133	63	56	66	78	76	69.1	**133**	16
10	75	75	79	82	89	82	101	94	66	72	58	50	50	60	65	63	66	70	96	92	82	81	106	94	77.0	106	50
11	100	98	75	90	96	88	91	60	49	69	75	77	76	60	64	39	72	72	76	85	73	88	88	97	77.4	100	39
12	83	84	84	91	96	94	101	103	87	75	69	75	76	73	86	90	90	93	94	94	96	97	88	88	87.8	103	69
13*	85	86	93	97	94	108	106	100	95	83	81	84	84	83	87	89	89	95	96	94	94	98	93	87	91.7	108	81
14	92	93	93	91	95	104	108	108	103	92	87	92	97	102	105	106	107	107	107	101	82	79	122	95	98.7	122	79
15	80	65	73	78	77	84	86	94	84	87	87	78	75	83	85	87	90	86	84	60	70	78	86	84	80.9	94	60
16	87	88	79	85	96	106	103	93	90	84	83	83	93	95	92	94	94	100	95	95	94	107	106	92	93.1	107	79
17	91	89	88	97	104	106	106	108	106	102	104	102	90	84	83	77	56	62	63	82	83	78	90	104	89.8	108	56
18	88	79	81	78	97	87	91	95	93	83	83	83	89	84	92	92	91	81	86	80	90	88	85	79	86.5	97	78
19	80	88	83	87	94	91	93	87	79	69	66	87	91	70	81	96	81	83	112	96	86	91	122	113	88.6	122	66
20	82	83	71	87	94	89	90	93	81	58	75	82	87	85	90	88	90	90	99	89	90	91	93	102	86.6	102	58
21	89	85	85	94	95	98	102	102	96	86	88	89	94	99	99	102	102	105	102	99	101	98	118	104	97.2	118	85
22†	85	85	95	77	101	102	91	93	89	83	77	58	54	72	62	60	41	38	58	34	87	70	59	56	72.0	102	34
23	61	66	84	71	75	80	90	85	77	74	55	58	69	77	79	81	74	86	78	84	88	88	88	84	77.2	90	55
24*	86	84	83	89	92	93	96	97	94	87	81	84	89	92	93	95	96	96	93	93	93	91	93	87	90.7	97	81
25*	87	86	90	91	94	96	100	100	91	80	79	86	90	93	92	93	92	92	97	98	97	94	100	92	92.1	100	79
26*	91	94	97	98	100	101	105	107	101	91	90	94	96	96	100	99	99	100	101	101	103	102	102	100	98.7	107	90
27	100	101	104	103	100	118	120	119	112	110	108	108	104	95	100	99	102	104	105	111	113	117	122	131	**108.6**	131	95
28†	112	112	105	113	56	74	63	43	31	-03	10	05	-07	-20	06	09	03	18	28	54	75	61	56	69	**44.7**	113	**-20**
29	71	68	61	67	73	79	79	76	70	64	64	66	67	63	45	70	77	80	80	85	80	80	79	78	71.8	85	45
30	79	81	82	84	90	96	99	96	94	91	80	79	70	78	86	89	93	92	94	99	99	100	84	74	87.9	100	70
31†	85	88	96	93	90	97	86	99	87	75	59	81	74	63	55	52	46	44	68	67	98	122	72	68	77.7	122	44
Mittel	87	87	89	91	93	96	98	95	88	80	76	75	78	77	78	77	78	80	87	83	88	90	91	90	85.4	108	61

Ostkomponente

Niemegk $Y = -0.00900 + \text{Tafelwert}$ (Γ) 1951

0h 1h 2h 3h 4h 5h 6h 7h 8h 9h 10h 11h 12h 13h 14h 15h 16h 17h 18h 19h 20h 21h 22h 23h 24h Weltzeit

Januar

Tag	0h–1h	1h–2h	2h–3h	3h–4h	4h–5h	5h–6h	6h–7h	7h–8h	8h–9h	9h–10h	10h–11h	11h–12h	12h–13h	13h–14h	14h–15h	15h–16h	16h–17h	17h–18h	18h–19h	19h–20h	20h–21h	21h–22h	22h–23h	23h–24h	Tagesmittel (γ)	Max.	Min.
1	18	18	04	-12	-05	-07	-09	-13	-15	-11	-12	-17	-16	-18	-18	-25	-27	-03	-13	-10	-03	18	17	02	-6.5	18	-27
2†	07	09	06	08	07	-07	00	-09	-13	-10	-17	-25	-23	-22	-27	-03	-18	-07	-04	18	02	-05	04	20	-4.5	20	-27
3	07	06	00	-04	-34	-25	-08	-10	-09	-11	-10	-18	-10	00	-03	-09	-08	-06	04	06	-04	01	13	05	-5.3	13	-34
4*	05	01	-04	-06	-03	-02	01	02	00	-04	-13	-20	-20	-16	-13	-16	-16	-07	-14	-12	-04	00	-08	-06	-7.3	05	-20
5	-04	-01	01	-08	-04	-07	-08	-05	-05	-11	-16	-20	-20	-12	-13	-16	-20	-16	-10	-13	05	13	16	05	-7.0	16	-20
6*	00	-04	-07	-09	-12	-07	-01	04	04	-01	-07	-18	-17	-12	-09	-09	-08	-06	-04	00	08	-06	-06	-06	-5.5	08	-18
7*	-06	-08	-11	-12	-09	-07	-04	-01	-01	-04	-13	-21	-19	-10	-06	-07	-07	-04	-03	-02	01	02	03	-04	-6.4	03	-21
8	-08	-12	-09	-10	-10	-09	-06	00	-03	-12	-28	-32	-34	-25	-21	-08	-06	-07	-05	-03	-02	-01	-02	-05	**-10.8**	00	-34
9*	-08	-11	-09	-12	-12	-13	-10	-04	-07	-11	-11	-20	-21	-18	-13	-11	-10	-09	-05	-03	-02	-01	-02	-02	-9.4	-01	-21
10	02	05	-01	01	-03	-03	-04	-06	-07	-07	-12	-22	-25	-24	-19	-26	-27	-05	-14	08	07	14	20	08	-5.8	20	-27
11	18	17	26	10	03	04	02	-01	-03	-08	-12	-12	-15	-09	-08	-13	-17	-19	-21	-16	-03	07	28	18	-1.0	28	-21
12	11	11	-08	04	-06	-14	-17	-06	-09	-16	-18	-24	-20	-12	-08	-02	-02	-05	-03	02	04	01	04	02	-5.5	11	-24
13	00	02	-14	-09	07	07	01	04	-02	-03	-08	-15	-19	-14	-10	-08	-09	-11	-10	38	21	14	13	16	-0.4	38	-19
14	03	00	06	10	09	07	01	-03	-07	-10	-15	-16	-25	-12	-16	-18	-15	00	-05	-06	13	28	20	11	-1.7	28	-25
15	08	08	-13	-15	02	00	00	-03	-05	-08	-13	-24	-14	-15	-14	-11	-07	-07	-10	13	20	25	44	19	-0.8	44	-24
16	13	02	00	02	02	02	02	03	01	-15	-15	-19	-17	02	-09	02	36	10	11	12	18	28	15	03	3.7	36	-19
17	06	-20	00	13	07	-07	-01	-04	-03	-10	-09	-07	-10	-06	-04	-06	-06	-08	-02	01	03	08	04	03	-2.4	13	-20
18*	-03	-04	-03	-06	-03	-02	-02	00	00	-10	-13	-16	-19	-17	-06	00	-05	-06	-04	-02	01	17	11	04	-3.7	17	-19
19	04	-11	-08	12	06	05	04	04	-04	-10	-17	-21	-24	-25	-16	-15	-16	-14	-14	-07	-04	53	54	33	-1.3	54	-25
20	33	18	09	-02	-04	00	01	05	05	-01	-11	-20	-21	-24	-20	-15	-15	-10	-07	-06	-03	-02	00	-02	-3.8	33	-24
21†	-04	-07	-05	-06	-06	-06	-05	-04	-06	-09	-14	-14	-17	-13	02	03	-17	04	09	19	25	72	21	08	1.2	72	-17
22†	-07	-17	-07	20	-04	-09	-31	-47	-24	-11	-14	-16	05	15	13	24	38	34	24	19	85	89	25	-04	**8.3**	**89**	-47
23†	-18	-30	-04	00	-07	-07	-02	03	02	-02	-01	-13	-19	-16	03	-02	05	28	37	24	11	06	-02	01	-0.1	37	-30
24	01	-03	-07	-08	-09	-12	-02	02	-02	-08	-12	-20	-14	-15	-09	-09	-06	00	06	07	13	06	12	02	-3.6	13	-20
25	-04	-04	-03	-05	-04	-04	00	00	01	-05	-15	-21	-22	-15	00	-06	-07	-04	-03	-02	14	19	10	06	-3.1	19	-22
26	00	-02	-03	-07	-06	-08	-08	-07	-09	-09	-10	-17	-13	-13	-15	-12	-24	-39	-10	08	26	12	07	11	-6.2	26	-39
27	01	06	09	05	-12	00	-02	-03	-05	-05	-07	-15	-14	-21	-08	-12	-15	-04	05	-08	01	11	32	20	-1.7	32	-21
28	23	07	18	-01	01	-03	-03	-06	-07	-05	01	-11	-12	-16	-16	-12	-15	09	60	40	12	24	06	04	4.1	60	-16
29	07	00	02	09	-02	-02	01	-04	-15	-15	-15	-12	-07	-08	-04	-08	-12	-08	-11	-05	01	19	00	19	-2.9	19	-15
30	28	20	14	02	05	-02	00	-13	-12	-11	-13	-12	-13	-12	-08	-18	-25	00	10	-16	04	13	32	07	-0.8	32	-25
31†	06	09	24	23	10	-13	-09	-19	-22	-44	-44	-32	-37	-49	-13	-17	-24	-02	-13	-01	28	29	56	48	-4.4	56	**-49**
Mittel	04	00	00	00	-03	-05	-04	-05	-06	-10	-13	-18	-18	-15	-10	-09	-10	-04	-01	03	10	17	14	08	-3.1	28	-25

Februar

Tag	0h–1h	1h–2h	2h–3h	3h–4h	4h–5h	5h–6h	6h–7h	7h–8h	8h–9h	9h–10h	10h–11h	11h–12h	12h–13h	13h–14h	14h–15h	15h–16h	16h–17h	17h–18h	18h–19h	19h–20h	20h–21h	21h–22h	22h–23h	23h–24h	Tagesmittel (γ)	Max.	Min.
1	29	58	53	53	36	32	28	19	14	10	02	-06	-10	-07	-06	-10	-10	-11	-12	-09	32	34	29	09	**14.9**	58	-12
2*	08	09	13	15	10	02	02	01	01	-02	-02	-06	-06	-03	00	-02	-04	-04	-04	-02	01	12	05	07	2.1	15	-06
3*	07	08	06	05	05	04	06	05	02	-03	-07	-14	-14	-10	-04	-04	-07	-07	-05	00	06	05	04	05	-0.3	08	-14
4	-01	-01	-01	00	01	04	07	04	-03	-06	-12	-28	-23	-15	-20	-03	-11	09	06	02	03	04	05	03	-3.2	09	-28
5	05	05	02	01	05	01	00	-02	-05	-07	-18	-12	-15	-20	-23	-18	-17	-15	-11	32	10	51	48	52	2.0	52	-23
6	18	-05	87	48	24	13	22	12	10	02	-05	-11	-07	-02	04	11	12	12	05	05	04	01	01	00	10.9	**87**	-11
7	05	11	17	16	10	13	17	16	08	03	-10	-16	-18	-11	-07	-02	-02	-02	12	36	15	05	05	04	5.2	36	-18
8	05	-10	-01	01	01	01	02	07	04	05	-14	-16	-28	-13	-07	-11	30	30	29	51	46	48	27	20	8.6	51	-28
9	16	06	10	17	08	05	-04	05	-01	05	02	-20	-33	-16	-06	25	-02	00	39	64	36	09	13	21	8.3	64	-33
10	23	02	-05	15	20	08	09	-05	-02	-03	-13	-11	-15	-25	-04	01	01	02	17	37	13	16	41	16	5.8	41	-25
11	18	03	00	22	18	09	09	02	-04	04	03	-08	-21	-18	-14	-14	24	45	-08	25	07	02	09	02	4.8	45	-21
12	10	15	29	58	42	13	13	06	-10	-09	-14	-19	-25	-06	-20	-18	-12	03	87	09	-02	04	24	09	7.8	**87**	-25
13	12	09	00	07	20	16	11	03	-07	-14	-18	-19	-13	-07	-04	01	00	06	04	20	28	12	04	08	3.3	28	-19
14	16	15	10	17	17	13	12	11	04	-04	-09	-11	-15	-14	-10	-06	-03	01	30	07	03	21	10	03	4.9	30	-15
15*	01	00	-03	02	06	04	08	04	-03	-10	-14	-16	-15	-09	-04	-05	-02	-05	-01	00	03	04	08	05	-1.8	08	-16
16*	02	04	04	05	04	05	08	10	06	-02	-07	-14	-16	-15	-10	-07	-07	-06	-06	00	04	03	03	02	-1.2	10	-16
17	01	00	01	00	01	02	06	10	10	-02	-13	-22	-21	-24	-17	-15	-17	-11	-13	-02	12	10	10	10	-3.5	12	-24
18	12	22	06	09	09	19	06	07	-02	-14	-20	-25	-26	-21	-21	-13	-03	06	15	26	10	06	00	-01	0.3	26	-26
19	-02	-05	-05	-06	-09	-07	-05	-01	01	-09	-21	-22	-25	-18	-10	-02	-08	-06	-01	06	02	06	35	13	**-4.1**	35	-25
20*	10	-02	-05	-05	-04	03	07	12	11	04	-04	-06	-13	-13	-08	-04	-04	-04	-02	-01	-01	00	00	00	-1.2	12	-13
21	-01	-01	-09	-04	04	02	01	03	04	-02	-12	-18	-23	-20	-14	-08	-05	-02	41	17	24	11	01	00	-0.5	41	-23
22†	-10	-02	14	13	08	-17	-13	-17	04	-07	-09	-20	-28	-03	-21	-14	34	13	01	38	16	-07	36	33	1.8	38	-28
23†	33	45	11	13	06	-13	-02	00	-13	-09	-11	-26	00	-18	-09	27	01	36	44	20	73	24	34	24	12.1	73	-26
24†	43	38	16	26	21	10	07	00	00	-12	-15	-24	-02	-26	01	15	35	38	01	18	06	13	06	-04	8.8	43	-26
25	11	13	09	11	10	15	14	14	07	-04	-09	-09	-18	-15	-04	07	11	07	11	15	07	02	-03	08	4.6	15	-18
26	08	04	04	04	-01	-01	-02	08	06	05	-06	-13	-17	-24	-10	10	03	34	35	14	10	10	07	02	3.8	35	-24
27†	-46	-38	50	34	26	29	07	22	19	05	-06	-11	-19	-14	-09	-09	-30	-03	-26	-20	-13	-12	-01	06	-2.5	50	-46
28†	07	-02	-17	-40	-54	-50	-17	-22	-12	06	06	07	04	01	-04	03	00	00	00	17	34	22	26	10	-3.1	34	**-54**
Mittel	09	07	11	12	09	05	06	05	02	-02	-09	-15	-16	-14	-09	-02	00	06	10	15	14	11	14	10	3.2	37	-23

Ostkomponente

Γ

Niemegk — Y = — 0.00 900 + Tafelwert — 1951

0h 1h 2h 3h 4h 5h 6h 7h 8h 9h 10h 11h 12h 13h 14h 15h 16h 17h 18h 19h 20h 21h 22h 23h 24h Weltzeit

März

Tag	0h–1h	1h–2h	2h–3h	3h–4h	4h–5h	5h–6h	6h–7h	7h–8h	8h–9h	9h–10h	10h–11h	11h–12h	12h–13h	13h–14h	14h–15h	15h–16h	16h–17h	17h–18h	18h–19h	19h–20h	20h–21h	21h–22h	22h–23h	23h–24h	Tagesmittel γ	Max.	Min.
1	27	20	11	30	20	08	07	16	14	-02	-07	-18	-07	-05	-06	-02	03	-02	00	01	04	07	07	06	5.5	30	-18
2*	06	07	08	09	09	08	11	15	12	07	-03	-12	-14	-07	07	06	04	04	07	04	01	-01	03	02	3.9	15	-14
3	06	05	05	05	06	06	-08	14	13	08	-07	-14	-16	-12	-04	02	01	-04	03	02	01	00	00	02	0.6	14	-16
4*	04	04	04	04	04	-07	00	11	12	08	-03	-12	-19	-12	-11	-02	-01	01	-03	-03	00	04	00	06	-0.5	12	-19
5*	02	02	03	03	04	05	00	-03	00	-02	-11	-14	-14	-19	-15	-07	-11	-07	-04	01	01	01	01	01	-3.5	05	-19
6	01	02	02	-04	05	08	09	-03	-08	-01	-15	-21	-23	-32	-40	-17	-14	-10	00	05	13	06	03	-02	**-5.7**	13	-40
7†	00	-12	09	-01	11	09	09	08	04	-05	-26	-33	-49	-61	-33	-26	-09	-01	19	24	09	07	17	31	-4.1	31	-61
8	17	13	-04	11	11	13	-01	-08	-06	-08	02	-16	-06	-20	09	27	06	31	35	16	18	06	48	33	9.5	48	-20
9	07	20	04	12	24	06	-14	00	-05	01	-04	-12	-12	-19	-08	23	11	29	12	45	32	43	51	56	12.6	56	-19
10†	76	44	28	24	-09	06	-08	-07	06	00	-08	-15	-28	04	-17	01	24	11	44	29	26	17	05	34	12.0	76	-28
11	57	26	22	24	17	15	00	00	11	01	-11	-18	-28	-30	-28	-05	40	07	25	38	32	08	07	07	9.0	57	-30
12	04	-02	-15	09	10	-16	-13	10	-04	04	03	-17	-18	-07	08	-14	03	-01	07	10	18	23	23	18	1.8	23	-18
13†	16	08	18	16	08	13	16	12	08	-05	-10	-27	-24	-25	-22	-04	-02	16	59	90	54	94	88	15	**17.2**	**94**	-27
14†	05	22	32	30	02	-20	07	28	24	09	-03	-15	-12	-24	-48	-23	09	11	35	22	24	61	56	54	11.9	61	-48
15	67	36	77	37	27	14	14	13	05	02	-05	-17	-22	-21	-15	-04	01	00	-04	00	01	02	04	03	9.0	77	-22
16	05	04	04	01	-08	08	14	16	10	00	-25	-36	-35	-27	-18	-05	-05	01	02	00	49	35	22	19	1.3	49	-36
17	08	04	05	05	06	09	20	20	18	-03	-11	-13	-20	-19	-01	12	20	44	08	04	04	04	08	29	6.7	44	-20
18	12	16	10	-07	07	12	20	22	06	-09	-11	-27	-33	-25	-19	-03	01	-03	01	03	24	20	26	00	1.8	26	-33
19	-20	-03	04	05	08	07	08	08	20	10	-02	-16	-21	-22	-16	-04	00	02	04	07	12	04	04	08	0.3	20	-22
20	07	08	08	08	08	12	20	28	25	14	-12	-40	-30	-32	-16	00	13	08	10	14	10	06	02	04	3.1	28	-40
21*	04	06	05	05	06	06	12	13	10	04	-16	-34	-36	-27	-19	-10	-05	-04	-04	-07	-07	-05	-16	06	-4.7	13	-36
22†	07	22	15	08	16	08	16	21	17	06	-16	-32	-46	-27	-26	-24	08	41	74	15	06	49	49	36	10.1	74	-46
23	14	21	29	-05	08	10	15	20	15	05	-11	-27	-33	-37	-35	-15	14	14	22	14	22	26	46	18	6.2	46	-37
24	04	13	18	14	18	18	19	23	22	14	-02	-26	-15	-26	-25	-13	12	10	28	42	58	41	26	34	12.8	58	-26
25	17	34	29	04	22	26	27	29	23	09	-15	-19	-33	-39	-27	-07	10	06	01	02	06	13	15	17	6.2	34	-39
26	24	24	18	02	02	09	22	34	34	20	-01	-25	-38	-39	-29	-19	-06	-04	10	35	26	16	33	14	6.8	35	-39
27	11	19	30	12	02	10	17	28	26	17	-06	-25	-34	-32	-19	-06	01	14	16	14	05	13	22	18	6.4	30	-34
28*	17	05	06	09	11	14	25	35	35	26	07	-15	-29	-25	-15	-08	00	02	02	06	05	06	09	09	5.7	35	-29
29	08	07	06	06	-02	-03	15	32	05	08	09	-25	-48	-59	-71	-53	-36	-11	24	14	20	26	61	52	-0.6	61	**-71**
30	31	08	29	28	28	28	27	24	17	08	-09	-20	-29	-31	-26	-14	-10	-04	-03	-01	01	02	05	08	4.0	31	-31
31	10	09	08	08	08	08	12	21	21	18	09	-06	-23	-27	-22	-15	-07	13	17	02	02	02	04	10	3.4	21	-27
Mittel	15	13	14	10	09	08	10	16	13	05	-07	-21	-26	-25	-20	-07	02	07	14	14	15	17	20	18	4.8	39	-31

April

Tag	0h–1h	1h–2h	2h–3h	3h–4h	4h–5h	5h–6h	6h–7h	7h–8h	8h–9h	9h–10h	10h–11h	11h–12h	12h–13h	13h–14h	14h–15h	15h–16h	16h–17h	17h–18h	18h–19h	19h–20h	20h–21h	21h–22h	22h–23h	23h–24h	Tagesmittel γ	Max.	Min.
1*	06	02	05	12	10	12	21	26	22	10	-03	-18	-22	-20	-14	-09	-06	-03	-02	00	-01	19	15	29	3.8	29	-22
2	22	10	13	04	16	16	18	33	34	15	-01	-19	-46	-51	-47	-58	-51	11	10	01	31	43	24	01	1.2	43	-58
3†	09	16	34	26	26	18	10	09	16	03	-22	-32	-30	-26	-21	-15	16	72	30	17	11	36	41	52	12.3	72	-32
4†	20	05	10	23	06	-06	03	18	20	09	-05	-13	-22	-26	-26	-25	50	00	01	11	-02	-03	-05	15	2.4	50	-26
5	08	10	-12	18	10	-02	18	30	21	06	-06	-07	-29	-08	08	-05	02	03	20	21	50	65	66	30	13.2	66	-29
6†	13	-07	16	22	-07	-20	-10	09	06	-02	-06	-29	-26	-27	-25	-20	33	08	39	66	64	53	23	-31	5.9	66	-31
7	08	45	58	33	18	17	18	26	21	16	-19	-25	-42	-18	-20	-20	-08	09	29	14	41	12	13	-05	9.2	58	-42
8	02	26	35	28	17	13	21	20	22	06	-03	-30	-33	-26	-30	-20	-03	08	47	41	16	20	04	21	8.4	47	-33
9	10	06	19	24	07	12	16	18	15	02	-07	-34	-33	-25	-20	-13	01	11	38	34	18	26	11	13	6.2	38	-34
10	12	-04	-09	32	34	32	33	34	29	12	-09	-37	-48	-46	-35	-17	-05	00	02	14	44	04	12	12	4.0	44	-48
11	03	00	05	17	28	32	30	30	28	19	-04	-21	-33	-39	-28	-13	-08	01	00	01	01	09	39	09	4.4	39	-39
12	48	45	25	20	20	24	31	35	28	15	-02	-17	-35	-39	-28	-08	-02	00	06	18	02	03	01	58	10.3	58	-39
13†	44	23	11	12	12	32	36	40	20	12	-09	-52	-56	-71	-18	-21	00	18	04	04	02	24	59	06	5.5	59	**-71**
14	-09	07	07	10	15	21	29	23	22	05	-10	-29	-34	-33	-26	-12	-01	08	24	14	08	05	04	02	2.1	29	-34
15*	-06	07	14	16	21	27	38	40	34	16	-05	-37	-46	-37	-23	-07	05	18	16	02	00	02	03	05	4.3	40	-46
16*	-04	10	14	15	17	20	26	29	26	14	-01	-22	-34	-29	-20	-12	-03	-01	-01	-01	00	13	17	19	3.8	29	-34
17	-04	18	27	22	24	26	30	31	21	07	-06	-24	-40	-42	-30	-21	-10	04	06	02	02	07	07	06	2.6	31	-42
18†	06	08	10	12	13	22	34	37	31	18	-10	-40	-71	-57	-46	-40	-65	-41	-05	19	54	26	43	47	**0.2**	54	**-71**
19	14	51	39	37	36	41	35	23	14	06	-10	-12	-19	-18	-18	-17	-11	-03	02	03	06	20	16	34	11.2	51	-19
20	38	42	40	27	19	20	16	20	15	06	-01	-11	-24	-23	-33	-25	07	54	53	45	68	65	88	79	**24.4**	**88**	-33
21	29	12	45	40	05	32	32	28	36	23	10	-18	-35	-43	-24	-09	01	24	04	07	12	11	15	20	10.7	45	-43
22	22	24	29	04	26	22	27	27	20	09	-05	-23	-36	-36	-05	-11	04	10	26	32	11	19	14	14	9.3	32	-36
23	16	02	-08	-10	07	14	20	31	30	21	05	-12	-20	-26	-18	-11	02	11	10	09	11	11	20	16	5.5	31	-26
24	12	13	09	09	02	-15	25	36	31	11	16	-07	-22	-50	-31	-31	-16	15	28	46	18	17	17	-02	5.5	46	-50
25	35	45	40	30	31	18	26	39	30	30	10	-15	-25	-31	-37	-43	02	06	02	14	20	35	52	56	15.4	56	-43
26	17	59	46	37	33	31	34	41	37	28	10	-04	-14	-14	-13	-10	-11	-08	-03	04	08	10	12	15	14.4	59	-14
27	16	14	16	15	14	12	20	24	15	14	-03	-18	-35	-39	-40	-35	-29	-11	-04	-04	05	17	16	24	0.2	24	-40
28*	08	13	12	24	28	31	32	31	26	18	04	-16	-28	-26	-20	-14	-07	-02	01	02	01	06	09	10	6.0	32	-28
29	13	17	02	08	19	33	40	37	28	12	-07	-20	-36	-24	-20	09	12	03	00	-01	02	04	04	03	5.8	40	-36
30*	05	07	09	16	25	33	37	34	25	16	01	-16	-23	-19	-09	-03	01	04	04	04	02	00	00	01	6.4	37	-23
Mittel	14	18	19	19	18	19	25	29	24	13	-03	-22	-33	-32	-24	-18	-03	08	13	15	17	19	21	19	7.2	46	-37

Ostkomponente

Niemegk $Y = -0.00900\,\Gamma + \text{Tafelwert}$ 1951

Weltzeit

Tag	0h–1h	1h–2h	2h–3h	3h–4h	4h–5h	5h–6h	6h–7h	7h–8h	8h–9h	9h–10h	10h–11h	11h–12h	12h–13h	13h–14h	14h–15h	15h–16h	16h–17h	17h–18h	18h–19h	19h–20h	20h–21h	21h–22h	22h–23h	23h–24h	Tagesmittel	Max.	Min.
Mai																											
1†	15	29	42	34	42	46	19	14	26	11	00	-13	-22	-15	-11	-11	-07	22	33	71	80	135	131	185	γ **35.7**	**185**	-22
2†	120	15	44	50	52	54	62	48	26	16	-10	-31	-56	-48	-06	-14	00	41	20	20	08	29	50	26	21.5	120	-56
3	-03	20	30	28	29	32	36	35	28	06	-16	-23	-29	-20	-24	-01	01	10	59	15	06	01	21	15	10.7	59	-29
4	05	62	34	44	35	42	39	34	22	04	-11	-32	-28	-28	-19	01	09	35	14	24	20	08	05	09	13.7	62	-32
5	09	09	12	18	24	30	35	34	26	10	-05	-19	-24	-20	-12	-03	07	11	10	06	12	11	29	26	9.8	35	-24
6	16	19	16	30	35	35	50	40	27	10	-10	-28	-32	-27	-21	-02	06	07	08	15	28	20	14	14	11.2	50	-32
7	05	08	18	10	17	24	33	34	23	02	-16	-39	-50	-45	-20	-05	04	08	10	24	11	11	18	16	4.2	34	-50
8*	14	17	18	24	28	31	33	34	25	06	-16	-30	-32	-28	-22	-13	-03	04	06	12	17	09	09	12	6.5	34	-32
9†	19	21	24	13	25	28	32	29	15	-03	-31	-43	-46	-50	-37	-28	-13	-11	-21	-14	15	-06	-03	17	**-2.8**	32	-50
10†	30	26	37	37	32	26	12	04	-08	-07	-19	-21	-17	-30	-26	16	-04	-07	-01	17	24	12	06	10	6.2	37	-30
11	10	02	08	29	38	40	37	36	41	19	-02	-20	-36	-14	-17	-13	-04	02	09	01	00	29	15	29	10.0	41	-36
12	-12	02	09	19	27	22	23	33	24	11	04	-12	-22	-19	-09	-08	-05	38	23	14	12	03	06	08	8.0	38	-22
13*	08	12	15	21	27	30	26	23	23	18	02	-07	-19	-19	-07	-01	03	06	11	06	00	05	04	04	8.0	30	-19
14	12	13	05	03	22	38	42	47	38	26	11	-05	-18	-18	-12	-03	03	11	18	05	08	10	23	17	12.3	47	-18
15	46	24	04	18	36	44	47	46	29	09	-13	-37	-49	-33	-22	-13	-06	01	08	27	32	19	25	27	11.2	47	-49
16	44	32	30	02	21	34	42	50	39	16	-02	-06	-22	-25	-13	02	08	09	07	14	24	14	08	08	14.0	50	-25
17	20	12	13	18	24	22	15	24	24	06	-20	-38	-37	-36	-29	-16	-02	24	15	14	23	19	26	34	6.5	34	-38
18	16	25	19	21	50	51	48	46	32	13	-08	-44	-50	-36	-17	-08	04	08	06	04	06	15	08	09	9.1	51	-50
19	27	15	20	35	38	40	48	48	38	22	00	-20	-29	-23	-06	04	13	15	14	17	21	10	10	10	15.3	48	-29
20*	09	10	10	15	36	43	55	47	33	04	-25	-48	-58	-48	-31	-13	03	11	13	14	13	08	14	16	5.5	55	-58
21*	16	20	26	35	48	58	56	47	31	03	-21	-40	-47	-41	-27	-13	-05	01	05	11	07	08	12	13	8.5	58	-47
22*	22	16	06	24	38	50	50	47	34	-06	01	-19	-38	-42	-38	-24	01	09	06	03	02	07	12	14	7.3	50	-42
23	15	09	28	42	48	39	40	34	21	01	-28	-58	-68	-49	-41	-30	-20	-11	-03	02	58	37	11	01	3.2	58	**-68**
24	-03	22	30	22	17	18	38	37	23	14	03	-18	-26	-26	-26	-20	-10	02	05	10	12	14	20	14	7.2	38	-26
25	12	10	10	21	38	41	44	34	30	20	02	-23	-42	-46	-35	-24	-10	00	04	-01	04	09	14	24	5.7	44	-46
26†	33	34	37	37	33	34	36	39	29	16	-04	-25	-30	-41	-40	-57	-33	14	11	23	32	35	46	26	11.9	46	-57
27	58	82	92	54	46	60	58	54	39	12	-03	-12	-18	-16	-15	-10	-05	00	-01	02	06	08	19	23	22.2	92	-18
28	22	25	18	30	41	42	36	28	14	-02	-06	-14	-18	-21	-15	-11	-07	-02	-02	02	04	06	08	10	7.8	42	-21
29	08	11	16	23	32	36	39	18	17	05	-09	-37	-34	-29	-21	-15	-10	-08	-04	-01	03	02	13	21	3.2	39	-37
30	09	11	14	25	34	37	35	35	21	03	-11	-21	-33	-28	-09	01	07	10	04	01	06	20	10	06	7.8	37	-33
31	12	12	12	11	24	28	34	34	30	18	00	-13	-18	-16	-12	-05	02	06	03	04	05	08	06	08	8.0	34	-18
Mittel	20	20	22	26	34	37	39	36	26	09	-08	-26	-34	-30	-21	-11	-02	09	09	12	16	17	19	21	10.0	52	-36
Juni																											
1	15	18	16	27	32	27	28	28	23	11	-06	-21	-25	-33	-31	-34	-16	-06	-05	-03	14	22	13	12	γ 4.4	32	-34
2	14	22	25	42	30	38	27	36	25	02	-03	-20	-27	-26	-10	-08	-03	11	22	02	33	13	15	08	11.2	42	-27
3	31	22	26	31	36	38	34	26	15	06	-03	-21	-32	-20	-13	-08	-02	-01	02	03	06	08	06	06	8.2	38	-32
4	07	08	12	23	25	25	23	26	21	06	-12	-19	-25	-25	-23	-22	-08	08	02	-01	03	02	05	10	3.0	26	-25
5	12	10	13	26	25	31	33	30	20	-01	-21	-33	-42	-44	-33	-18	-05	-02	00	00	00	19	06	06	**1.3**	33	-44
6†	02	08	09	10	15	20	30	28	06	14	-06	-13	-19	-12	-20	-20	-09	12	12	10	10	12	07	10	4.8	30	-20
7	12	16	19	07	18	30	36	42	42	35	08	-13	-28	-20	-12	-11	-06	00	05	05	06	10	17	19	9.9	42	-28
8	00	08	10	-05	16	31	31	38	32	14	-08	-20	-18	-26	-25	-29	-16	09	04	01	06	01	-02	09	2.5	38	-29
9	11	11	-12	31	32	42	43	42	31	10	-11	-28	-40	-37	-25	-16	02	09	06	04	02	02	02	04	4.8	43	-40
10*	04	06	14	21	27	33	34	34	30	15	-07	-37	-45	-31	-28	-21	-15	-02	01	03	08	05	06	10	2.7	34	-45
11	04	16	19	22	19	28	31	31	24	07	-12	-31	-37	-44	-34	-26	-16	-10	00	16	21	07	08	22	2.7	31	-44
12	23	04	23	24	32	37	42	36	30	18	03	-12	-14	-23	-21	-21	-12	-05	-04	03	22	15	23	23	10.2	42	-23
13	20	25	25	35	46	52	75	55	36	22	03	-21	-41	-41	-21	-17	-07	01	02	07	09	16	28	19	13.7	75	-41
14	19	22	24	36	50	46	40	34	25	09	-11	-28	-36	-35	-26	-15	-02	02	-09	04	48	14	11	48	11.2	50	-36
15	50	36	27	28	32	45	30	20	16	08	-11	-38	-33	-29	-17	-13	-12	-10	-15	-10	06	06	14	16	6.1	50	-38
16	08	24	29	32	37	38	35	28	21	08	-11	-28	-30	-36	-31	-13	-03	07	07	08	13	28	11	15	8.2	38	-36
17†	15	12	15	32	44	56	59	53	45	24	04	-17	-31	-30	-20	-08	04	-04	-04	-17	-16	01	-11	-10	8.2	59	-31
18†	69	77	61	52	48	57	61	64	46	12	-08	-24	-19	-16	-07	-02	12	19	18	19	20	15	13	13	**25.0**	**77**	-24
19†	08	17	20	-02	-10	11	08	20	17	14	06	-03	-09	-16	-15	11	02	11	09	13	13	14	16	17	7.2	20	-16
20*	17	-02	15	33	42	49	45	40	33	17	-03	-23	-31	-29	-22	-13	-05	01	04	06	09	08	08	24	9.3	49	-31
21	21	18	16	28	33	33	33	37	43	37	20	03	-09	-22	-26	-11	-02	07	12	10	08	09	09	05	13.0	43	-26
22*	05	14	16	31	45	50	58	54	50	33	10	-08	-29	-30	-27	-15	-06	00	06	06	04	13	12	11	12.6	58	-30
23*	15	02	25	36	41	50	50	47	40	24	06	-09	-21	-24	-22	-18	-12	-06	-01	02	02	10	20	16	11.4	50	-24
24*	19	20	16	23	33	44	45	45	34	18	-04	-26	-34	-37	-35	-23	-09	02	08	09	06	03	03	15	7.3	45	-37
25†	08	09	13	26	32	48	51	43	31	10	-06	-22	-41	-38	-57	-50	-01	06	17	18	37	16	19	18	7.8	51	**-57**
26	12	07	30	46	50	38	29	35	36	29	12	03	-02	-07	-06	00	04	11	12	07	07	10	13	15	16.3	50	-07
27	20	13	18	14	26	38	45	40	31	23	07	-05	-12	-16	-12	-11	-25	-12	-17	-12	-07	00	08	13	7.0	45	-25
28	09	26	28	28	31	28	37	32	27	13	-03	-16	-28	-23	-20	-13	-06	-08	-10	-06	02	05	05	03	5.9	37	-28
29	27	20	29	36	32	42	44	45	37	17	-02	-22	-34	-27	-22	-24	-14	-08	-07	08	24	12	10	16	10.0	45	-34
30	16	25	32	38	35	31	18	18	30	20	05	-01	-08	-13	-15	-14	-09	-02	07	17	30	23	21	23	13.6	38	-15
Mittel	16	17	20	27	32	38	38	37	30	16	-02	-18	-27	-27	-22	-16	-07	01	03	04	12	11	10	14	8.6	44	-31

Ostkomponente

Niemegk — Γ — Y = — 0.00 900 + Tafelwert — 1951

Weltzeit

Juli

Tag	0h–1h	1h–2h	2h–3h	3h–4h	4h–5h	5h–6h	6h–7h	7h–8h	8h–9h	9h–10h	10h–11h	11h–12h	12h–13h	13h–14h	14h–15h	15h–16h	16h–17h	17h–18h	18h–19h	19h–20h	20h–21h	21h–22h	22h–23h	23h–24h	Tagesmittel (γ)	Max.	Min.
1	23	12	34	40	40	42	40	38	33	23	05	-19	-27	-30	-23	-24	-13	05	12	35	28	23	21	05	13.5	42	-30
2†	-17	77	48	-04	-13	04	14	41	57	44	13	-01	-05	-14	-14	-09	05	-02	01	10	25	47	34	33	15.6	**77**	-17
3†	16	13	32	44	41	49	64	65	59	43	22	01	-14	-25	-14	-10	-07	10	29	27	14	19	40	29	**22.8**	65	-25
4	33	33	27	30	33	20	41	54	53	39	15	01	-04	-05	-08	07	08	11	10	18	18	18	14	-04	19.2	54	-08
5	11	18	26	28	34	28	27	36	40	28	12	-15	-22	-26	-20	-09	03	08	14	12	14	10	09	11	11.5	40	-26
6	20	20	24	32	37	40	49	49	40	25	09	-08	-19	-21	-17	-05	-10	-02	04	13	11	16	15	20	14.2	49	-21
7	26	28	29	35	47	53	54	44	34	19	04	-04	-09	-12	-12	-04	08	13	10	08	07	11	13	39	18.4	54	-12
8	22	24	26	32	40	51	52	49	42	26	08	-12	-21	-21	-11	01	04	00	07	06	11	30	30	30	17.8	52	-21
9	40	16	22	14	36	53	50	52	35	13	-04	-22	-23	-28	-28	-21	-07	-03	09	20	20	14	16	24	12.4	53	-28
10*	18	27	29	35	48	49	56	52	48	37	32	16	01	-09	-10	-10	-05	-01	09	21	26	19	20	23	22.1	56	-10
11	23	22	25	30	38	43	50	38	26	16	06	-10	-18	-22	-18	-05	03	07	07	10	16	12	13	14	13.6	50	-22
12*	25	25	31	35	38	42	45	37	30	14	06	-02	-16	-27	-20	-10	-07	08	11	08	09	10	15	22	13.7	45	-27
13*	18	27	44	40	51	40	37	37	35	24	08	-08	-20	-23	-16	-09	-02	06	08	13	18	13	14	17	15.5	51	-23
14	17	24	22	23	29	38	47	46	39	20	-01	-10	-20	-22	-16	-07	01	04	07	08	10	09	08	08	11.8	47	-22
15*	26	30	28	39	45	48	52	46	37	27	12	-04	-08	-08	-07	-11	-14	-04	-04	00	-01	12	68	41	18.8	68	-14
16	20	11	12	15	44	56	54	53	43	22	00	-15	-30	-38	-29	-26	01	-03	-01	09	11	-04	04	10	9.1	56	**-38**
17	09	13	08	22	38	52	53	53	44	26	09	-09	-26	-38	-23	-18	-10	23	22	17	04	03	06	10	12.0	53	**-38**
18	07	14	24	22	18	37	38	42	21	14	-08	-25	-36	-36	-13	-13	03	32	22	07	04	23	17	13	9.5	42	-36
19	14	13	10	17	34	45	43	39	31	28	16	-05	-14	-15	-13	-05	03	11	10	06	10	16	13	14	13.4	45	-15
20	12	12	03	26	46	47	46	50	47	33	07	-15	-21	-23	-21	-10	08	14	13	08	06	08	11	14	13.4	50	-23
21	24	16	07	15	28	39	46	43	34	19	02	-13	-21	-21	-17	00	08	11	12	12	07	07	08	09	11.5	46	-21
22	05	12	24	16	-15	13	41	34	32	16	08	-06	-20	-24	-21	-15	-08	-11	05	11	09	19	20	36	**7.5**	41	-24
23	16	-07	44	40	38	48	47	46	37	25	00	02	-16	-19	-13	-06	-03	02	05	15	19	18	08	20	15.2	48	-19
24*	17	28	30	25	23	28	36	40	35	17	04	-10	-12	-12	-07	00	02	06	06	07	08	10	15	19	13.1	40	-12
25	21	21	24	29	36	40	31	37	37	21	08	-01	-09	-16	-22	-15	-10	02	32	21	14	19	16	16	14.7	40	-22
26†	16	25	24	38	37	33	31	24	36	22	03	-09	-03	-02	-06	-06	22	06	03	05	06	19	17	-04	14.0	38	-09
27	19	36	13	19	23	40	48	43	36	21	06	-10	-17	-17	-09	08	05	07	11	12	11	07	07	02	13.4	48	-17
28†	14	31	28	15	19	29	29	37	38	28	21	10	01	-12	-13	02	22	23	15	45	26	23	12	07	18.8	45	-13
29	12	17	27	30	39	39	39	39	27	24	14	03	03	-01	-04	02	19	11	09	14	27	26	21	17	18.9	39	-04
30	20	23	26	30	31	34	40	43	40	28	11	-01	-18	-24	-12	03	12	20	34	22	16	28	39	15	19.2	43	-24
31†	24	27	39	42	46	34	36	39	24	06	-06	-24	-36	-19	-22	14	25	39	45	58	53	29	20	20	21.4	58	-36
Mittel	18	22	26	28	33	39	43	43	38	24	08	-07	-16	-20	-16	-07	02	08	12	15	15	17	18	17	15.0	50	-21

August

Tag	0h–1h	1h–2h	2h–3h	3h–4h	4h–5h	5h–6h	6h–7h	7h–8h	8h–9h	9h–10h	10h–11h	11h–12h	12h–13h	13h–14h	14h–15h	15h–16h	16h–17h	17h–18h	18h–19h	19h–20h	20h–21h	21h–22h	22h–23h	23h–24h	Tagesmittel (γ)	Max.	Min.
1†	42	47	43	56	61	61	64	57	40	16	-03	-29	-44	-34	-23	-14	-11	-13	15	-07	01	09	-01	07	14.2	64	**-44**
2	47	48	36	40	42	61	58	48	45	30	09	-15	-20	-19	-10	04	09	17	16	09	09	17	11	16	21.2	61	-20
3*	20	25	29	29	36	36	35	32	25	13	-01	-04	-17	-12	-03	00	03	04	04	06	09	12	20	18	13.3	36	-17
4	21	26	09	10	44	47	50	48	34	17	00	-21	-29	-29	-27	-11	02	03	12	17	12	33	27	32	13.6	50	-29
5	24	18	22	38	44	48	41	36	23	10	-06	-18	-28	-30	-24	-08	02	10	13	08	13	23	20	19	12.4	48	-30
6	07	13	25	31	39	43	44	40	30	18	-02	-22	-32	-36	-29	-10	02	15	07	02	06	10	25	26	10.5	44	-36
7	23	27	30	23	30	42	43	45	36	23	04	-02	-08	-13	-12	-09	-04	06	22	22	12	10	29	34	17.2	45	-13
8*	33	24	31	35	45	41	44	48	46	32	12	-06	-20	-22	-20	-11	00	06	08	12	17	18	22	20	17.3	48	-22
9	17	25	28	29	34	35	37	32	36	28	04	-20	-28	-26	-15	-07	04	11	09	08	17	38	18	20	13.9	37	-28
10*	24	26	28	34	42	51	45	41	35	20	05	-06	-30	-23	-06	01	09	13	12	13	25	14	18	34	17.7	51	-30
11	23	19	22	23	22	33	42	27	17	06	-05	-13	-22	-26	-15	-11	-02	06	05	14	22	07	18	03	**9.0**	42	-26
12	26	28	32	32	39	42	46	47	36	15	-02	-13	-20	-27	-09	-04	07	12	10	11	12	33	35	28	17.3	47	-27
13†	30	32	29	19	-17	22	23	07	08	13	06	-13	-17	-21	-01	03	30	43	52	31	21	18	20	24	15.1	52	-21
14	30	32	36	39	47	49	48	45	39	24	01	-03	-14	-09	01	19	20	17	16	19	20	42	35	25	24.1	49	-14
15	18	13	-03	32	44	46	39	37	35	22	07	-04	-08	-02	05	14	19	21	31	20	09	21	20	26	19.2	46	-08
16	24	28	29	28	34	45	49	44	41	04	-13	-08	-04	-03	16	26	33	32	27	28	26	24	21	23	23.1	49	-13
17	28	27	33	34	41	44	44	36	24	12	-04	-12	-19	-19	-06	00	17	22	19	29	33	41	25	18	19.5	44	-19
18*	18	23	26	36	45	53	56	49	41	25	09	-10	-16	-12	-04	09	17	16	14	13	14	15	16	22	19.8	56	-16
19	25	29	29	30	37	43	46	38	15	04	-09	-14	-21	-17	-13	-06	06	21	19	11	11	13	18	25	14.2	46	-21
20†	22	-04	38	41	26	21	04	09	27	18	10	01	-13	-06	02	03	10	21	23	58	74	31	32	40	20.3	74	-13
21†	27	-22	60	42	57	62	46	49	35	18	10	00	-21	-18	01	21	33	77	57	60	62	12	44	24	**30.7**	77	-22
22	08	36	44	37	06	25	30	42	36	29	13	04	12	09	09	17	10	15	31	59	51	30	32	38	26.0	59	04
23	37	36	35	36	43	46	46	46	28	12	-05	-14	-21	-10	03	09	15	39	22	34	33	16	43	27	23.2	46	-21
24	31	37	27	02	07	28	42	51	40	20	06	-07	-16	01	12	20	24	33	44	28	20	20	22	33	21.9	51	-16
25†	31	28	07	09	-04	33	53	45	36	15	08	-05	-03	-04	-04	03	16	80	34	52	21	25	19	17	21.3	**80**	-05
26	13	-18	29	29	40	54	43	48	35	14	04	02	03	00	23	16	18	10	18	19	28	18	-01	21	19.4	54	-18
27	48	44	36	31	32	33	33	27	12	14	-02	-08	-15	-06	-04	29	28	53	25	18	34	40	40	26	23.7	53	-15
28	29	25	25	32	32	33	38	34	18	11	-14	-24	-15	-06	02	11	19	18	16	22	38	21	22	13	16.7	38	-24
29	02	20	30	31	34	41	46	44	34	12	-03	-17	-08	-02	11	35	36	45	18	17	18	21	16	18	20.8	46	-17
30*	24	28	30	33	34	42	42	41	32	16	-03	-21	-30	-17	-05	04	15	17	15	18	13	25	32	32	17.4	42	-30
31	26	31	26	27	31	36	43	33	21	07	-06	-21	-30	-20	03	34	19	21	11	07	16	22	40	27	16.8	43	-30
Mittel	25	24	29	31	34	42	43	40	31	17	01	-11	-18	-15	-05	06	13	22	20	21	22	22	24	24	18.4	51	-21

Ostkomponente

Niemegk — $Y = \frac{\Gamma}{} — 0.00900 + \text{Tafelwert}$ — 1951

0h 1h 2h 3h 4h 5h 6h 7h 8h 9h 10h 11h 12h 13h 14h 15h 16h 17h 18h 19h 20h 21h 22h 23h 24h Weltzeit

September

Tag																									Tages-mittel	Max.	Min.
																									γ		
1*	34	30	28	32	39	48	46	38	23	03	-08	-12	-08	03	12	16	18	15	13	16	15	16	23	27	19.5	48	-12
2*	30	35	30	36	43	50	53	45	32	13	-08	-12	-12	-03	05	16	20	16	12	15	15	17	17	21	20.2	53	-12
3*	13	25	40	40	48	49	51	46	26	02	-23	-24	-31	-26	-02	09	14	13	11	12	15	18	20	26	15.5	51	-31
4*	31	25	28	34	40	48	50	41	25	05	-17	-30	-33	-25	-10	09	12	14	07	17	20	10	25	30	**14.8**	50	**-33**
5	29	33	24	37	42	46	48	45	33	14	-10	-19	-18	-12	02	10	14	14	12	13	11	18	40	41	19.5	48	-19
6	36	30	34	41	42	48	60	57	43	07	-02	-21	-25	-23	-09	03	09	09	11	22	39	26	36	37	21.2	60	-25
7	35	26	35	36	37	38	40	34	22	02	-14	-26	-26	-24	-07	03	10	14	16	57	40	27	19	17	17.1	57	-26
8	18	22	22	26	27	32	41	42	32	15	-04	-15	-19	-21	-02	04	07	06	36	15	15	15	21	28	15.1	42	-21
9	34	29	20	26	36	39	42	38	27	08	-18	-25	-30	-09	-12	01	06	12	28	24	16	27	40	23	15.9	42	-30
10	48	34	25	19	23	28	22	24	16	03	-09	-14	-13	-08	18	14	12	33	28	20	16	19	21	24	16.8	48	-14
11	24	09	40	41	44	49	48	39	21	12	00	-18	-16	-11	-11	-07	03	21	47	87	83	46	58	36	26.9	87	-18
12	41	39	46	47	44	41	51	48	32	20	-06	-08	-13	06	18	25	19	17	20	37	33	29	47	45	28.2	51	-13
13	43	44	46	43	12	-05	01	31	35	26	12	-03	-05	-03	01	33	21	29	77	42	52	60	50	82	30.2	82	-05
14	30	18	36	33	29	43	54	49	45	19	00	-14	-14	-05	06	20	36	34	30	41	37	30	18	12	24.5	54	-14
15	02	-13	30	45	46	48	46	35	12	01	-02	-10	-15	-10	-01	35	24	18	19	22	20	50	46	38	20.2	48	-15
16†	26	14	34	15	22	02	-10	30	26	30	16	16	-14	14	40	32	62	34	29	23	19	81	30	17	24.5	81	-14
17	46	44	32	34	26	32	28	39	30	26	13	03	01	-06	21	66	29	31	31	15	21	37	34	39	28.0	66	-06
18	34	09	-08	16	20	19	42	46	39	31	14	-01	-09	-04	06	20	24	58	64	32	39	26	19	25	23.4	64	-09
19	18	33	37	34	37	34	39	43	35	26	09	-06	-21	-24	-31	-17	16	47	31	62	34	73	47	48	25.2	73	-31
20†	28	37	39	20	06	08	09	18	30	11	-06	14	-02	42	56	38	87	42	110	35	49	19	41	13	31.0	110	-06
21†	20	54	56	53	-05	-18	16	37	27	28	11	05	18	14	33	48	73	40	49	38	24	07	26	28	28.4	73	-18
22†	40	18	34	41	05	-24	31	40	32	37	08	04	22	05	32	46	46	24	84	94	27	51	21	00	29.9	94	-24
23	29	18	07	-04	27	42	34	47	46	44	34	26	14	13	45	46	22	22	24	31	65	30	33	18	29.7	65	-04
24	-01	45	50	33	13	-04	33	45	50	42	33	27	13	38	15	26	48	34	29	36	30	30	40	28	30.5	50	-04
25†	02	15	30	26	17	12	12	11	20	40	31	31	16	13	-09	36	88	47	72	61	112	73	120	163	43.3	163	-09
26	160	213	193	104	108	79	71	60	51	46	34	18	12	15	20	29	33	28	27	26	26	37	39	40	**61.2**	**213**	12
27	31	77	96	65	72	58	54	50	42	44	07	06	03	-14	05	18	18	22	21	25	25	37	43	46	35.5	96	-14
28	69	41	26	34	35	34	39	41	39	30	19	08	04	03	03	11	14	16	20	23	24	30	40	41	26.8	69	03
29	23	33	39	34	30	31	37	43	43	35	21	05	-04	-12	-15	02	54	46	25	67	39	43	42	44	29.4	67	-15
30*	44	28	37	37	29	31	38	44	41	31	14	03	-04	01	08	15	18	19	18	22	24	24	25	30	24.0	44	-04
Mittel	34	36	40	36	33	31	38	40	32	22	05	-03	-08	-02	08	20	29	26	33	34	33	34	36	36	25.9	72	-14

Oktober

Tag																									Tages-mittel	Max.	Min.
																									γ		
1	30	34	33	31	30	33	40	45	40	28	09	-09	-10	-07	00	05	08	08	14	21	27	27	29	40	21.1	45	-10
2	37	47	48	48	36	32	27	34	37	34	18	08	00	01	04	11	12	15	19	22	24	31	32	28	25.2	48	00
3	29	31	34	31	31	31	36	38	32	20	03	-15	-12	-02	07	15	15	19	24	22	28	34	27	26	21.0	38	-15
4*	24	27	28	27	28	32	39	42	36	23	06	-05	-09	-04	08	15	16	16	16	27	28	28	24	29	20.9	42	-09
5	23	17	26	28	30	35	40	42	40	29	14	01	-08	-07	02	08	11	09	16	20	28	28	29	28	20.4	42	-08
6*	28	31	34	29	29	33	34	36	35	24	08	-10	-15	-14	-04	08	11	12	13	16	17	20	20	20	**17.3**	36	-15
7	21	24	20	17	19	20	25	36	37	30	00	-16	-33	-40	-33	-22	31	09	25	97	114	88	86	95	27.1	114	-40
8†	33	25	12	31	20	36	42	43	27	20	22	12	03	18	50	12	71	45	26	27	28	33	21	39	29.0	71	03
9	56	56	36	36	39	38	40	40	32	29	17	08	-07	03	16	01	08	09	26	23	33	63	61	45	29.5	63	-07
10	39	28	08	08	33	31	40	38	38	28	04	09	-07	-08	-08	12	41	88	24	35	70	71	43	23	28.7	87	-08
11	04	32	35	36	32	31	24	26	26	28	11	-02	20	04	06	49	40	36	32	35	29	28	29	28	25.8	49	-02
12	28	24	22	16	20	21	25	30	29	21	-09	01	-03	-15	-06	13	16	15	20	28	34	37	36	32	18.1	37	-15
13	35	29	27	17	25	32	35	44	36	26	05	-10	-08	-10	09	18	23	23	21	38	77	68	73	41	28.1	77	-10
14	77	27	28	22	25	31	37	44	40	36	19	04	-03	-01	05	17	48	36	52	21	71	63	40	13	31.3	77	-03
15	22	32	16	19	28	35	44	51	50	32	12	-03	-05	-02	08	14	19	19	21	34	32	28	31	36	23.9	51	-05
16	28	36	36	24	24	24	26	37	39	18	04	-03	-16	-07	-04	12	13	20	42	56	66	65	80	48	27.8	80	-16
17†	54	17	33	13	26	-11	-06	16	20	29	-05	20	05	14	32	114	45	43	31	27	57	69	60	30	30.5	114	-11
18†	05	26	29	09	08	03	27	35	44	42	39	18	10	45	52	20	75	66	41	33	38	39	29	41	32.2	75	03
19†	31	57	29	04	41	19	25	42	41	34	24	17	16	26	16	25	68	82	51	70	65	71	44	79	40.7	82	04
20	74	21	28	33	32	32	34	42	45	29	22	13	09	21	21	17	29	35	32	62	44	50	46	48	34.1	74	09
21	48	32	29	24	04	15	32	45	41	32	26	14	08	08	21	29	33	31	31	44	43	36	36	32	28.9	48	04
22	28	28	24	20	25	26	33	42	36	32	13	05	-03	06	01	29	40	46	57	29	29	39	32	33	27.1	57	-03
23	11	29	32	33	29	33	36	37	30	25	14	09	10	28	17	40	19	31	23	24	25	38	52	45	27.9	52	09
24*	40	34	31	32	32	34	34	37	29	17	14	08	07	10	17	19	18	17	18	16	21	27	34	38	24.3	40	07
25*	31	29	28	29	29	29	32	33	29	21	16	10	08	11	14	17	17	17	20	21	21	21	22	22	22.0	33	08
26	23	25	23	20	22	25	31	37	32	15	02	-14	09	00	04	09	12	13	17	24	32	61	111	55	24.5	111	-14
27	33	30	43	51	42	37	37	44	40	32	20	12	-02	02	13	19	21	23	25	28	30	29	28	29	27.8	51	-02
28†	28	28	25	25	28	29	28	41	48	40	17	02	-35	-73	-101	-60	-32	96	112	148	145	82	56	38	29.8	**148**	**-101**
29	44	41	49	48	48	49	53	57	55	45	34	28	26	32	37	37	36	36	38	41	41	41	42	41	**41.6**	57	26
30	38	38	37	37	39	38	45	52	49	35	26	18	12	17	25	28	29	32	31	33	36	36	36	36	33.5	52	12
31*	34	34	33	33	34	36	41	46	48	35	25	14	13	16	21	23	25	26	28	30	32	33	38	38	30.7	48	13
Mittel	33	31	30	27	29	29	34	40	38	29	14	05	-01	02	08	18	26	31	30	37	44	45	43	38	27.4	64	-06

Ostkomponente

$Y = -0.00900 + \text{Tafelwert}$ Γ

Niemegk 1951

0h 1h 2h 3h 4h 5h 6h 7h 8h 9h 10h 11h 12h 13h 14h 15h 16h 17h 18h 19h 20h 21h 22h 23h 24h Weltzeit

November

Tag	0h–1h	1h–2h	2h–3h	3h–4h	4h–5h	5h–6h	6h–7h	7h–8h	8h–9h	9h–10h	10h–11h	11h–12h	12h–13h	13h–14h	14h–15h	15h–16h	16h–17h	17h–18h	18h–19h	19h–20h	20h–21h	21h–22h	22h–23h	23h–24h	Tagesmittel γ	Max.	Min.
1*	32	29	29	30	32	33	37	44	44	32	20	08	04	09	14	17	21	22	24	29	32	43	50	38	28.0	50	04
2	35	25	28	16	29	25	30	32	37	36	23	18	04	07	16	17	29	53	44	55	51	47	64	67	32.8	67	04
3†	54	50	32	18	30	28	26	28	29	22	25	17	02	18	16	14	21	38	40	36	46	67	102	107	36.1	107	02
4	113	77	41	51	28	12	-04	01	19	25	28	17	13	18	22	69	18	25	28	34	38	66	25	66	34.6	113	-04
5	57	49	44	30	22	29	30	38	46	41	17	22	14	15	18	22	28	30	46	61	37	36	37	38	33.6	61	14
6	40	34	32	29	23	26	29	34	34	23	15	07	05	00	-09	04	17	37	62	57	42	45	34	34	27.2	62	-09
7	51	53	45	65	46	41	43	38	22	27	28	08	26	23	22	27	33	33	29	36	42	40	42	39	35.8	65	08
8	39	34	46	38	33	33	36	42	40	26	16	09	09	17	18	21	20	20	25	27	46	42	34	33	29.3	46	09
9	33	30	33	29	17	19	20	36	36	31	10	16	05	-04	-11	-10	-12	13	11	20	26	29	37	42	**19.0**	42	**-12**
10*	45	34	34	34	33	33	29	29	29	24	20	20	21	23	22	21	22	24	25	27	28	29	29	28	27.6	45	20
11	27	27	26	28	29	32	33	35	33	29	19	16	15	17	24	17	19	21	24	27	48	74	40	49	29.5	74	15
12	34	32	45	34	27	15	21	27	29	20	08	07	19	18	22	49	35	30	30	31	34	37	46	42	28.8	49	07
13†	27	30	28	24	30	26	29	34	30	24	13	00	-05	-02	00	12	06	86	84	86	111	106	120	45	39.3	120	-05
14†	41	60	49	34	24	26	28	34	48	37	28	14	12	20	34	30	43	62	57	95	96	68	80	60	**45.0**	96	12
15†	48	65	45	25	29	21	24	34	38	33	30	21	11	33	58	21	54	48	36	48	50	41	39	24	36.5	65	11
16	44	44	34	26	13	17	27	30	33	34	28	20	24	35	24	25	44	45	25	42	45	39	37	36	32.1	45	13
17	36	30	29	28	24	20	13	19	21	19	16	10	10	09	10	12	11	14	33	102	121	98	60	41	32.8	**121**	09
18*	39	33	28	26	28	29	31	35	33	29	21	17	18	17	20	22	26	28	30	41	56	46	39	30	30.1	56	17
19*	32	33	35	28	30	28	31	32	34	26	20	16	15	18	21	20	23	25	25	29	30	34	53	57	29.0	57	15
20	44	32	22	25	30	29	30	30	24	21	18	16	17	20	13	08	-08	08	13	43	67	44	53	59	27.4	67	-08
21	55	57	48	37	38	32	28	24	24	23	20	16	19	22	22	18	19	21	20	30	48	37	35	53	31.1	57	16
22	72	46	30	29	28	28	28	24	20	18	13	12	12	13	14	15	13	12	41	36	28	31	46	71	28.3	72	12
23	42	33	47	30	30	30	29	27	25	17	16	15	16	14	05	15	31	24	38	47	77	62	43	32	31.0	77	05
24	33	26	31	30	36	34	32	34	31	25	22	14	13	17	07	28	19	25	30	34	33	33	31	31	27.0	36	07
25	29	32	32	32	31	33	32	31	16	07	11	10	06	07	-03	20	23	23	28	46	49	13	60	52	25.9	60	-03
26	34	33	34	36	35	33	33	32	28	19	15	14	14	24	13	16	24	22	43	65	39	44	36	38	30.2	65	13
27*	38	41	36	33	33	32	30	30	31	29	26	19	11	15	21	26	25	25	26	30	35	38	39	43	29.7	43	11
28	39	38	27	40	36	30	30	32	30	23	14	08	08	14	31	16	23	32	44	75	62	75	30	44	33.4	75	08
29†	39	19	07	23	28	26	31	32	26	32	28	17	42	41	29	31	74	26	31	48	64	62	42	54	35.5	74	07
30	46	38	30	30	26	26	26	33	42	33	23	18	12	16	31	18	26	42	38	49	58	48	42	37	32.8	58	12
Mittel	43	39	34	31	29	28	28	31	31	26	20	14	13	16	18	21	24	30	34	46	51	49	48	46	31.3	68	07

Dezember

Tag	0h–1h	1h–2h	2h–3h	3h–4h	4h–5h	5h–6h	6h–7h	7h–8h	8h–9h	9h–10h	10h–11h	11h–12h	12h–13h	13h–14h	14h–15h	15h–16h	16h–17h	17h–18h	18h–19h	19h–20h	20h–21h	21h–22h	22h–23h	23h–24h	Tagesmittel γ	Max.	Min.
1	28	28	13	26	25	29	29	30	34	34	29	20	06	14	18	26	38	33	36	39	60	45	48	60	31.2	60	06
2	46	38	29	26	16	18	14	27	26	25	24	14	10	14	14	34	34	48	60	65	57	68	66	57	34.6	68	10
3	44	20	25	32	28	23	27	26	26	27	17	09	04	01	09	04	14	22	35	43	61	65	73	54	28.7	73	01
4	37	25	24	24	28	31	27	26	21	18	11	20	18	09	09	07	28	44	74	64	63	73	56	46	32.6	74	07
5	40	43	25	32	36	30	28	24	24	20	13	17	16	27	28	29	26	48	37	31	31	44	31	35	29.8	48	13
6*	31	33	30	31	30	31	29	28	27	21	17	14	14	15	16	22	24	24	25	36	52	35	37	37	27.5	52	14
7	33	32	22	32	32	28	30	30	30	25	20	13	08	08	09	09	18	28	37	39	51	56	32	32	27.2	56	08
8†	40	-18	68	37	35	30	19	27	28	22	15	31	20	10	10	53	54	48	75	90	105	59	49	20	38.6	105	-18
9†	35	34	28	03	14	34	28	29	27	28	23	07	22	29	46	24	48	82	88	63	60	46	32	33	36.0	88	03
10	31	29	27	29	16	16	20	20	31	18	24	43	34	19	27	54	72	45	80	61	47	46	26	28	35.1	80	16
11	32	56	13	27	24	24	26	24	02	07	25	20	20	28	41	49	69	39	55	64	54	64	73	29	36.0	73	02
12	35	31	24	24	24	21	24	33	40	36	37	28	20	24	30	28	28	30	40	37	44	49	51	40	32.4	51	21
13*	37	29	28	27	21	23	24	31	35	36	32	24	20	27	26	30	31	31	33	37	39	44	44	39	31.2	44	20
14	36	33	31	32	31	28	27	29	35	29	21	14	13	16	21	25	28	28	28	28	34	53	84	85	32.9	85	13
15	86	76	38	34	32	33	35	37	42	35	24	06	14	13	10	26	24	18	32	119	56	44	39	40	38.0	**119**	06
16	32	40	31	36	28	17	22	28	32	23	24	20	17	19	25	25	29	37	24	28	32	43	43	37	28.8	43	17
17	35	37	30	16	31	28	26	26	27	26	19	11	11	18	18	55	23	26	54	78	44	45	57	74	34.0	78	11
18	59	35	38	30	33	29	31	31	31	29	20	15	10	13	23	21	27	37	48	28	36	83	70	45	34.2	83	10
19	27	40	28	38	33	35	32	31	33	28	35	23	14	23	42	45	25	27	40	35	34	41	57	59	34.4	59	14
20	46	53	27	21	31	33	34	35	28	25	22	13	18	19	27	27	27	33	52	38	35	40	43	45	32.2	53	13
21	44	43	33	34	36	32	33	35	36	32	24	20	16	19	20	20	29	23	28	32	36	36	56	53	32.1	56	16
22†	48	36	48	39	45	43	39	40	38	31	29	29	23	10	09	42	24	58	84	53	109	76	92	63	**46.2**	109	09
23	40	64	65	40	35	36	32	40	42	28	29	27	19	23	26	28	29	35	36	36	37	37	39	36	35.8	65	19
24*	35	36	34	33	34	33	36	40	41	37	32	23	20	24	28	28	30	31	29	33	44	35	40	40	33.2	44	20
25*	39	34	36	35	32	32	32	36	39	31	25	20	23	24	27	27	27	30	31	32	32	34	43	36	31.5	43	20
26*	32	30	30	30	30	30	32	36	40	35	28	20	18	19	24	24	26	25	29	32	32	32	32	30	29.0	40	18
27	28	28	29	31	24	20	26	28	33	31	25	20	17	24	22	26	27	27	28	31	29	28	33	36	**27.1**	36	17
28†	12	15	24	13	-30	-65	24	61	45	24	38	10	22	14	63	55	73	55	80	83	75	71	52	40	35.6	83	**-65**
29	34	40	40	40	40	40	43	45	44	40	35	27	27	30	46	34	31	36	40	40	42	44	40	38	38.2	46	27
30	35	32	31	32	32	32	35	37	36	32	31	27	24	29	32	32	28	28	32	33	33	36	65	67	34.6	67	24
31†	46	48	40	36	32	36	36	33	23	21	22	35	22	20	46	50	77	61	84	82	54	61	55	47	44.5	84	20
Mittel	38	36	32	30	28	26	29	32	32	28	25	20	17	19	26	31	34	37	47	49	49	50	50	45	33.6	67	10

Vertikalkomponente

Niemegk — $Z = 0.43\,700 + \text{Tafelwert}$ (Γ) — 1951

0h 1h 2h 3h 4h 5h 6h 7h 8h 9h 10h 11h 12h 13h 14h 15h 16h 17h 18h 19h 20h 21h 22h 23h 24h Weltzeit

Januar

Tag																								Tagesmittel (γ)	Max.	Min.
1	87	87	86	85	84	83	83	80	80	80	80	78	78	80	84	86	89	90	89	88	90	90	91	91	85.0	91	78
2†	87	87	85	84	83	81	72	77	80	84	83	80	79	78	83	84	90	89	90	85	81	84	85	81	83.0	90	72
3	83	81	80	79	77	67	73	74	80	83	80	79	82	81	80	83	84	85	84	82	83	82	80	82	80.2	85	67
4*	82	82	82	79	81	82	82	81	81	80	76	73	74	77	79	80	81	82	82	83	85	82	83	82	80.5	85	73
5	83	83	82	80	78	78	78	76	79	82	81	80	86	83	78	79	82	84	84	87	85	76	76	78	80.8	87	76
6*	81	81	81	81	80	81	82	83	84	82	81	83	81	80	78	80	82	82	82	83	80	81	80	80	81.2	84	78
7*	81	81	80	79	78	78	79	80	83	86	86	82	79	76	78	80	82	83	82	82	81	81	80	79	80.7	86	76
8	79	79	78	78	78	77	78	79	81	73	72	74	76	80	84	84	83	82	81	80	80	81	80	80	79.0	84	72
9*	80	78	78	76	77	77	77	76	80	83	83	78	72	75	75	78	79	78	78	80	79	80	80	80	**78.2**	83	72
10	80	79	79	78	78	76	76	74	76	76	75	69	70	74	74	77	84	96	109	96	94	99	94	92	82.3	109	69
11	92	86	84	86	87	86	85	83	82	84	81	77	78	80	81	82	83	87	89	97	101	100	89	88	86.2	101	77
12	87	85	84	83	85	86	85	80	83	82	82	84	86	88	88	92	94	95	92	89	88	85	85	86	86.4	95	80
13	85	85	80	72	77	79	83	86	86	88	84	81	80	82	82	83	83	86	88	93	93	92	89	88	84.4	93	72
14	85	83	82	82	83	82	84	82	83	84	81	77	79	85	85	84	90	92	96	96	91	86	86	87	85.2	96	77
15	84	79	85	78	77	79	78	79	79	80	78	78	80	85	87	84	86	86	93	89	92	92	88	84	83.3	93	77
16	85	87	86	86	86	84	83	80	81	83	79	81	84	86	86	89	93	95	96	92	87	79	78	83	85.4	96	78
17	84	82	77	76	80	76	78	79	80	81	85	82	83	88	88	86	86	86	86	86	85	85	84	84	82.8	88	76
18*	84	84	83	81	81	80	79	79	78	78	82	82	81	83	86	85	83	84	85	84	84	79	76	77	81.6	86	76
19	79	78	72	75	78	78	78	79	78	76	76	76	79	80	76	76	77	78	78	81	84	88	90	81	78.8	90	72
20	77	71	76	80	81	81	81	80	79	78	78	80	83	85	85	82	81	82	82	82	81	81	80	80	80.2	85	71
21†	79	79	78	78	77	76	76	76	76	74	72	73	76	78	84	102	119	118	116	102	102	86	86	82	86.0	119	72
22†	81	69	60	66	75	76	83	77	80	80	83	84	97	111	120	108	99	97	97	94	86	77	80	73	85.5	120	**60**
23†	76	64	69	76	80	80	82	81	80	81	80	80	84	94	94	95	95	91	90	86	87	82	75	79	82.5	95	64
24	80	81	82	81	81	79	79	79	79	84	84	85	88	90	91	91	89	88	85	84	83	81	80	81	83.5	91	79
25	82	82	82	82	82	81	81	81	81	84	83	81	82	87	88	88	86	85	85	84	82	81	81	81	83.0	88	81
26	81	81	81	80	79	78	76	74	74	76	76	71	73	77	78	82	84	90	107	117	114	104	95	92	85.0	117	71
27	87	86	85	84	81	78	79	80	81	81	78	76	76	84	84	84	84	88	90	88	91	89	84	86	83.5	91	76
28	83	79	77	75	78	81	81	78	78	80	78	77	76	81	85	84	85	88	87	90	88	84	84	84	81.7	90	75
29	84	82	82	80	82	81	81	81	84	83	83	82	85	88	85	83	84	88	89	91	94	92	87	81	84.7	94	80
30	80	82	82	83	82	82	80	77	79	75	75	75	77	75	73	77	84	88	95	93	97	101	98	94	83.5	101	73
31†	89	85	82	64	52	55	52	68	67	71	74	79	90	98	102	101	107	116	120	125	110	94	91	91	**86.8**	**125**	52
Mittel	83	81	80	79	79	79	79	79	80	80	80	79	80	84	84	86	87	89	90	90	89	86	84	84	82.9	95	73

Februar

Tag																								Tagesmittel (γ)	Max.	Min.
1	94	77	73	69	78	81	85	85	87	89	88	87	87	90	89	89	90	90	92	95	95	95	94	94	87.2	95	69
2*	93	91	91	90	87	86	86	85	89	87	88	88	87	87	85	83	84	85	85	86	87	86	87	86	87.0	93	83
3*	86	86	85	84	83	82	82	81	85	84	82	78	81	83	81	80	81	82	83	84	84	84	84	83	82.8	86	78
4	83	83	82	82	82	82	82	83	84	85	86	89	89	94	95	96	105	104	99	92	90	88	86	86	**88.6**	105	82
5	86	86	84	84	80	81	80	79	81	81	79	73	74	80	82	79	78	82	87	100	105	97	92	87	84.0	105	73
6	85	60	54	62	62	69	76	78	83	88	92	89	92	94	93	91	91	92	88	87	85	82	82	83	81.6	94	54
7	83	84	84	86	85	84	84	84	82	81	81	80	83	86	87	85	85	86	86	87	86	81	79	77	83.6	87	77
8	80	81	82	83	83	83	82	81	81	82	82	80	83	86	88	94	108	115	113	101	96	88	86	88	**88.6**	115	80
9	90	89	83	81	84	83	80	79	80	79	77	76	81	86	102	117	107	97	100	104	101	72	77	81	87.8	117	72
10	76	81	78	76	79	79	78	80	82	85	82	83	82	89	90	89	88	89	91	90	90	86	73	75	83.0	91	73
11	79	81	66	67	73	76	78	78	80	85	87	84	83	83	86	90	96	98	98	101	96	88	85	66	83.5	101	66
12	65	60	66	60	70	74	71	74	77	83	84	86	90	94	100	96	93	92	88	91	86	83	77	73	80.5	100	60
13	78	83	81	80	80	81	84	82	84	85	87	92	91	88	94	90	91	92	93	86	87	88	81	77	85.6	94	77
14	79	81	78	80	82	84	84	82	79	80	82	81	81	81	82	83	83	84	78	82	81	75	79	80	80.9	84	75
15*	82	82	81	80	80	81	80	78	77	77	78	79	81	83	83	84	84	85	85	87	86	86	83	82	81.8	87	77
16*	83	82	82	82	82	82	81	80	80	79	78	79	79	80	81	80	79	79	80	81	83	84	83	82	80.9	84	78
17	82	82	81	81	80	80	80	79	74	72	73	73	73	78	78	79	80	81	86	88	90	92	89	88	80.8	92	72
18	80	81	80	78	77	75	71	68	65	64	67	71	74	80	87	89	87	92	93	91	86	84	80	80	79.2	93	64
19	80	79	78	78	77	76	72	72	71	71	73	70	73	74	77	77	80	82	83	84	83	82	78	77	77.0	84	70
20*	77	78	79	79	78	78	79	80	80	76	73	72	73	77	80	79	78	78	78	78	78	78	77	78	77.5	80	72
21	78	78	77	74	74	75	75	73	72	71	70	72	73	76	81	78	78	81	85	89	88	86	81	79	77.7	89	70
22†	75	62	66	70	71	70	64	59	58	60	65	69	83	96	99	106	106	102	97	89	78	63	63	67	76.6	106	58
23†	66	60	63	61	70	68	65	67	65	66	70	80	90	106	118	123	111	112	92	82	75	83	67	59	80.0	**123**	59
24†	64	66	75	74	79	79	80	82	84	81	75	81	87	92	103	108	109	102	97	88	87	87	84	78	85.1	109	64
25	76	80	81	84	82	82	81	81	80	78	78	77	77	78	83	87	90	90	91	89	88	79	69	76	81.5	91	69
26	80	82	83	82	82	79	79	78	77	73	68	66	67	79	91	94	96	92	92	89	84	83	83	82	81.7	96	66
27†	75	32	32	46	56	64	63	63	72	74	76	80	85	86	96	92	90	91	89	86	85	83	84	83	**74.3**	96	**32**
28†	84	83	79	77	72	49	58	55	53	64	68	73	76	77	82	83	84	84	85	86	90	92	87	81	75.9	92	49
Mittel	80	77	76	76	77	77	77	77	77	78	78	79	81	85	89	90	90	91	90	89	88	84	81	80	82.0	96	68

Vertikalkomponente

$Z = 0.43\,700 + \text{Tafelwert}$ Γ

Niemegk **1951**

Weltzeit: 0h 1h 2h 3h 4h 5h 6h 7h 8h 9h 10h 11h 12h 13h 14h 15h 16h 17h 18h 19h 20h 21h 22h 23h 24h

März

Tag	0h–1h	1h–2h	2h–3h	3h–4h	4h–5h	5h–6h	6h–7h	7h–8h	8h–9h	9h–10h	10h–11h	11h–12h	12h–13h	13h–14h	14h–15h	15h–16h	16h–17h	17h–18h	18h–19h	19h–20h	20h–21h	21h–22h	22h–23h	23h–24h	Tagesmittel γ	Max.	Min.
1	82	81	73	77	80	80	81	82	81	81	81	85	87	91	91	93	90	89	88	89	89	88	88	86	84.7	93	73
2*	86	86	86	86	86	85	87	86	84	81	79	79	85	86	91	90	89	91	88	88	87	86	85	80	85.7	91	79
3	81	83	83	83	82	82	83	81	80	76	73	74	74	79	84	88	86	86	86	86	84	84	83	83	81.8	88	73
4*	83	83	82	82	81	82	79	77	76	72	70	71	74	76	79	82	81	82	82	82	82	80	72	76	78.6	83	70
5*	78	79	79	79	79	78	76	74	71	68	67	69	71	74	78	82	83	83	85	85	83	82	81	81	77.7	85	67
6	80	79	79	78	76	75	74	70	64	64	63	64	70	74	84	87	84	85	87	85	80	79	76	80	**76.5**	87	63
7†	74	71	70	69	69	69	72	69	66	61	59	61	78	96	99	105	117	115	118	115	101	80	80	78	83.0	118	59
8	81	84	83	83	83	82	82	80	75	77	74	77	81	87	109	110	110	97	88	94	85	72	73	69	84.8	110	69
9	73	74	77	70	75	74	74	70	73	71	71	75	83	85	90	100	98	95	93	85	81	80	81	66	79.8	100	66
10†	57	65	77	78	58	65	70	75	74	77	73	75	82	92	96	99	100	98	89	85	85	80	71	70	78.8	100	57
11	66	69	70	73	74	76	80	78	80	78	77	79	86	93	104	109	109	106	100	85	89	87	86	82	84.8	109	66
12	83	79	76	72	76	70	66	69	71	78	80	81	82	93	102	103	108	102	99	94	90	91	90	89	85.2	108	66
13†	86	82	83	84	82	78	83	82	81	82	88	89	94	94	112	131	135	138	117	100	69	70	56	56	90.5	138	**56**
14†	57	77	85	87	86	78	80	85	83	78	78	83	92	106	117	126	133	125	123	106	76	91	92	92	93.2	133	57
15	90	68	79	86	88	85	90	95	98	97	93	90	91	93	95	96	95	92	91	92	91	91	90	91	90.3	98	68
16	90	89	90	89	85	85	87	85	78	82	85	80	82	84	86	90	89	90	90	93	87	87	82	83	86.2	93	78
17	84	86	87	86	85	86	88	87	83	80	84	83	83	92	97	100	101	99	94	92	89	90	87	83	88.6	101	80
18	86	85	86	85	82	86	87	84	82	82	76	75	76	79	85	90	90	86	87	89	88	89	86	86	84.5	90	75
19	78	77	78	82	83	84	88	83	75	75	77	77	78	81	86	91	90	90	90	89	89	88	87	86	83.4	91	75
20	86	87	87	86	86	87	89	84	81	74	66	74	80	84	90	95	94	93	91	91	90	90	89	88	85.9	95	66
21*	88	88	88	86	86	86	88	84	76	66	65	65	70	80	86	89	87	86	87	87	87	84	79	77	81.9	89	65
22†	78	79	79	76	75	78	74	79	78	71	71	78	82	84	87	102	114	149	128	119	98	83	85	80	88.6	**149**	74
23	74	89	89	88	80	79	87	88	86	86	85	92	101	101	107	113	116	113	112	100	83	80	81	90	92.5	116	74
24	81	81	83	86	89	92	96	97	97	88	83	82	86	89	95	109	111	110	109	97	94	94	90	86	92.7	111	81
25	86	82	78	78	76	84	87	88	84	80	81	80	80	84	90	93	94	95	94	91	92	90	86	78	85.5	95	76
26	78	81	84	84	81	86	91	92	88	81	78	80	81	87	97	103	102	97	97	91	93	92	84	85	88.0	103	78
27	85	79	78	81	77	81	83	83	83	80	76	74	74	82	88	95	98	97	98	98	96	94	93	93	86.1	98	74
28*	93	92	89	90	90	94	96	96	94	90	87	84	82	86	92	96	91	91	90	90	89	90	89	88	90.4	96	82
29	88	87	87	87	88	79	79	79	79	76	76	74	76	89	106	116	127	131	130	121	120	113	105	102	**96.5**	131	74
30	100	88	84	90	92	93	93	88	85	80	75	74	77	80	84	87	88	90	90	90	90	90	89	88	86.9	100	74
31	88	89	89	88	87	89	91	89	86	83	75	70	70	76	84	92	98	108	104	98	95	93	92	92	88.6	108	70
Mittel	81	81	82	82	81	82	83	82	80	78	76	77	81	86	93	99	100	100	98	94	89	87	84	83	85.9	103	70

April

Tag	0h–1h	1h–2h	2h–3h	3h–4h	4h–5h	5h–6h	6h–7h	7h–8h	8h–9h	9h–10h	10h–11h	11h–12h	12h–13h	13h–14h	14h–15h	15h–16h	16h–17h	17h–18h	18h–19h	19h–20h	20h–21h	21h–22h	22h–23h	23h–24h	Tagesmittel γ	Max.	Min.
1*	91	86	85	86	88	90	92	90	86	84	78	77	79	82	86	86	86	86	88	88	89	82	80	75	85.0	92	75
2	80	81	79	79	77	81	86	84	83	80	76	74	76	86	101	116	140	141	126	113	113	106	100	95	94.7	141	74
3†	92	72	60	77	84	84	80	81	82	82	80	84	95	98	97	98	122	124	120	113	90	81	78	76	89.6	124	60
4†	82	83	87	86	84	81	81	84	82	80	80	86	98	115	119	118	127	123	109	106	96	91	79	70	93.6	127	70
5	65	62	47	51	58	62	76	83	81	78	80	86	91	102	125	118	108	102	101	98	92	89	85	87	**84.5**	125	**47**
6†	87	84	84	87	83	79	84	84	88	86	87	91	95	100	96	112	123	120	110	97	96	97	97	81	93.7	123	79
7	61	68	70	73	75	83	89	88	79	78	82	84	85	95	96	100	108	118	117	111	107	100	99	94	90.0	118	61
8	80	81	83	80	84	90	94	96	94	85	77	74	77	82	92	106	115	118	109	104	102	89	82	86	90.8	118	74
9	94	91	93	93	92	88	91	94	95	90	85	89	90	94	100	107	115	119	116	108	104	100	98	95	97.5	119	85
10	96	95	74	76	83	89	94	93	88	84	76	76	84	95	100	100	98	99	98	103	106	103	98	98	91.9	106	74
11	97	89	85	84	84	88	90	89	84	78	75	72	74	83	90	95	96	99	96	96	95	93	93	94	88.3	99	72
12	77	82	82	86	90	95	96	94	88	83	81	79	82	91	102	107	104	102	102	98	96	96	88	66	90.3	107	79
13†	64	71	78	83	80	85	87	84	81	70	64	73	92	108	121	124	119	118	113	109	105	104	97	100	92.9	124	64
14	83	92	91	91	92	97	98	101	98	89	84	84	88	92	98	102	102	103	105	104	101	95	94	94	94.9	105	83
15*	91	92	95	96	97	97	95	93	89	82	73	73	81	87	94	99	106	106	106	101	99	97	95	94	93.2	106	73
16*	92	92	94	95	94	94	96	100	96	87	79	75	80	86	90	93	96	95	93	92	93	94	90	90	91.1	100	75
17	86	80	85	86	87	87	90	90	88	81	74	76	78	84	90	92	93	97	96	95	96	95	94	94	88.1	97	74
18†	93	93	92	92	93	93	93	88	78	66	63	82	78	86	104	118	141	132	122	118	103	99	99	84	96.2	141	63
19	74	77	88	94	96	95	94	91	87	81	74	71	75	84	88	91	98	104	104	102	101	101	92	78	89.2	104	71
20	78	83	86	87	84	88	92	91	92	84	76	72	80	90	100	116	140	150	142	121	105	100	76	84	96.5	150	72
21	92	68	66	75	65	69	80	84	83	81	81	82	104	128	131	126	126	119	110	105	106	103	98	90	94.7	131	65
22	78	73	74	68	70	82	90	97	97	93	86	86	96	111	136	132	136	136	125	109	98	100	99	94	98.6	136	68
23	97	95	87	73	68	80	88	93	96	96	92	86	88	96	101	104	104	105	102	101	101	100	100	100	93.9	105	68
24	99	100	101	99	101	97	91	94	99	95	94	91	98	120	140	152	159	145	139	136	124	114	110	94	**112.2**	**159**	91
25	82	77	66	65	81	88	91	96	102	99	91	91	94	100	109	115	135	143	139	134	130	121	111	105	102.7	143	65
26	95	77	92	97	100	103	106	105	101	92	86	81	85	90	92	95	102	107	106	106	105	103	101	101	97.0	107	77
27	101	101	101	99	99	97	95	95	98	91	81	75	75	77	80	92	108	111	105	104	104	100	98	95	95.1	111	75
28*	96	90	94	95	96	94	94	96	94	88	79	71	72	77	84	89	94	97	98	97	98	98	97	97	91.0	98	71
29	97	96	96	89	88	88	88	87	87	78	72	76	85	89	92	106	114	105	98	95	95	95	94	95	91.9	114	72
30*	94	95	96	96	96	96	96	95	88	74	63	63	74	83	89	91	92	91	92	92	92	90	91	91	88.3	96	63
Mittel	86	84	84	85	86	88	91	91	90	84	79	79	85	94	101	107	114	114	110	105	101	98	94	90	93.2	118	71

Vertikalkomponente

Niemegk — $Z = 0.43\,700 + \text{Tafelwert}$ (Γ) — 1951

Weltzeit

Tag	0h–1h	1h–2h	2h–3h	3h–4h	4h–5h	5h–6h	6h–7h	7h–8h	8h–9h	9h–10h	10h–11h	11h–12h	12h–13h	13h–14h	14h–15h	15h–16h	16h–17h	17h–18h	18h–19h	19h–20h	20h–21h	21h–22h	22h–23h	23h–24h	Tagesmittel γ	Max.	Min.
Mai																											
1†	88	79	81	85	83	87	86	76	76	72	69	73	81	90	97	106	120	130	139	125	117	61	53	19	87.2	139	**19**
2†	30	63	92	105	107	107	104	104	98	100	101	107	114	129	131	126	134	145	133	115	98	85	86	96	**104.6**	**145**	30
3	85	87	94	99	101	102	100	98	98	92	86	90	98	110	122	128	115	114	107	106	104	102	100	94	101.3	128	85
4	76	69	75	82	90	91	92	87	83	85	80	77	94	106	106	107	113	113	112	105	104	102	99	100	93.7	113	69
5	101	101	102	102	103	103	105	100	98	90	82	82	87	93	100	105	104	102	99	98	100	101	99	94	98.0	105	82
6	87	90	94	95	100	96	95	94	88	81	78	83	88	96	106	107	108	107	107	99	95	97	96	99	95.2	108	78
7	99	97	98	99	97	96	97	91	86	81	70	66	73	89	97	98	101	102	101	103	102	99	95	94	93.0	103	66
8*	93	96	97	99	100	101	100	98	93	87	82	81	83	85	88	93	99	102	100	101	100	99	98	98	94.7	102	81
9†	97	98	98	97	96	97	96	96	96	86	84	83	88	94	98	105	114	115	114	113	115	105	95	78	98.2	115	78
10†	90	96	100	104	101	98	94	85	80	73	73	73	73	84	121	127	124	114	112	113	110	105	101	99	97.9	127	73
11	99	96	94	98	98	102	104	102	99	93	88	87	96	110	113	112	110	114	113	106	104	99	99	95	101.3	114	87
12	90	83	89	91	95	97	94	94	87	77	72	72	80	90	90	94	106	122	126	116	111	104	101	100	95.0	126	72
13	99	99	100	100	101	100	101	100	94	88	84	79	85	94	94	98	101	102	103	103	100	99	98	95	96.5	103	79
14	94	95	98	95	91	92	94	91	92	90	85	83	87	94	99	106	110	112	113	108	110	99	95	91	96.8	113	83
15	88	89	86	80	84	86	84	83	83	85	78	75	82	86	92	96	99	102	102	104	103	100	96	89	89.7	104	75
16	83	74	75	63	71	81	88	93	92	81	79	69	75	86	98	106	108	108	102	102	100	98	94	88	88.1	108	63
17	87	86	72	77	83	83	78	84	80	73	76	81	102	105	111	114	121	118	116	114	110	108	102	94	94.8	121	72
18	86	87	88	82	91	92	89	88	87	75	59	42	56	80	91	96	99	99	97	97	97	99	98	100	**86.5**	100	42
19	94	95	94	93	94	95	94	90	85	74	71	69	73	92	95	94	97	97	97	98	98	97	96	96	90.8	98	69
20*	96	96	96	93	93	89	85	85	80	78	72	72	76	88	96	102	102	102	103	103	100	98	95	95	91.5	103	72
21*	95	95	96	98	98	95	89	83	78	70	66	68	76	87	96	100	101	100	101	101	97	96	96	92	90.6	101	66
22*	92	93	93	94	96	92	91	88	84	79	67	56	57	69	83	95	100	102	97	93	93	94	94	94	87.3	102	56
23	94	90	89	90	90	89	89	81	70	67	72	68	74	78	81	92	98	98	98	109	104	96	94	94	87.7	109	67
24	95	79	84	95	100	99	100	102	101	92	80	83	88	89	98	105	107	108	108	106	103	99	94	95	96.2	108	79
25	96	97	98	100	103	102	103	98	89	79	75	72	76	78	84	90	96	98	96	94	94	93	93	86	91.2	103	72
26†	81	85	90	91	91	94	95	97	91	78	73	73	74	81	85	94	119	136	135	132	126	119	96	94	97.1	136	73
27	66	61	62	70	63	82	93	97	94	86	76	72	78	92	97	100	103	103	103	103	101	100	99	101	87.6	103	61
28	100	99	94	94	92	90	90	90	86	74	68	64	68	80	85	92	95	96	97	96	96	96	96	96	88.9	100	64
29	95	96	96	96	95	89	83	76	74	73	68	68	78	88	93	98	102	103	100	97	96	96	92	90	89.2	103	68
30	92	94	96	97	98	95	92	90	87	82	73	75	81	90	90	92	96	98	94	96	97	97	95	94	91.3	98	73
31	94	94	95	96	92	90	90	86	80	74	68	70	76	85	88	88	89	91	94	94	93	94	92	92	87.7	96	68
Mittel	89	89	91	92	94	94	93	91	87	81	76	75	81	91	98	102	106	108	107	105	102	98	95	92	93.2	111	68
Juni																											
1	91	90	90	89	92	90	87	83	76	66	66	75	78	87	101	107	100	99	96	95	100	100	96	95	89.5	100	66
2	94	93	92	91	89	81	82	82	77	70	68	76	80	96	98	98	102	104	107	101	99	93	91	86	89.6	107	68
3	75	83	88	89	87	89	92	91	86	80	78	80	86	92	98	99	99	99	99	98	99	98	96	96	90.7	99	75
4	94	96	95	96	96	96	92	85	81	80	78	75	81	90	92	103	113	113	109	101	98	90	88	90	93.0	113	75
5	91	92	91	94	96	92	90	84	84	84	79	79	86	90	96	105	106	100	98	95	94	97	96	95	92.2	106	79
6†	94	93	95	95	95	95	99	98	96	92	94	95	100	105	104	107	113	120	120	112	107	102	98	98	101.1	120	92
7	100	99	99	100	93	94	97	103	102	90	81	82	88	92	96	104	109	107	104	101	97	96	96	94	96.8	109	81
8	89	84	84	80	73	80	84	86	86	82	76	70	72	77	86	94	114	124	116	109	99	94	88	90	89.0	124	70
9	92	94	89	81	85	90	90	87	85	85	79	74	79	86	97	107	110	108	102	95	93	93	93	93	91.1	110	74
10*	94	95	96	97	97	96	98	97	92	85	80	82	90	88	92	88	86	87	93	96	96	95	96	92	92.0	98	80
11	88	87	91	91	84	81	86	88	85	84	79	78	83	92	98	106	111	106	109	106	99	95	93	94	92.2	111	78
12	90	86	80	85	87	88	88	88	87	83	81	80	78	86	91	96	101	101	104	106	105	102	98	98	91.2	106	78
13	98	97	99	99	98	94	94	100	96	94	85	85	86	97	92	93	96	97	96	98	98	98	96	96	95.1	100	85
14	96	97	98	98	95	91	92	92	88	80	71	68	71	79	88	94	96	94	95	102	96	101	96	78	89.8	102	68
15	82	82	92	95	95	93	92	86	78	75	76	81	88	107	129	132	131	118	113	107	100	101	98	96	97.8	132	75
16	95	85	94	100	100	101	101	99	94	93	86	89	92	96	106	111	105	109	105	104	105	101	100	100	98.8	111	85
17†	99	99	97	101	105	105	102	98	88	84	81	81	88	95	102	106	106	101	101	100	97	97	94	73	95.8	106	73
18†	10	34	42	54	74	92	101	102	95	86	80	77	83	92	105	114	116	119	116	112	107	108	106	103	**88.7**	119	**10**
19†	104	102	105	104	88	76	87	82	87	98	101	101	104	113	121	127	142	140	124	117	114	110	109	108	106.8	142	76
20*	108	108	103	106	108	105	105	99	92	87	81	83	86	92	102	106	108	110	107	105	102	102	104	100	100.4	110	81
21	100	101	101	104	104	105	108	100	96	92	81	79	80	91	104	111	118	119	113	108	105	102	101	101	101.0	119	79
22*	100	100	102	106	107	106	114	111	100	94	86	83	89	101	109	107	111	111	109	105	103	100	99	100	102.2	114	83
23*	100	98	91	95	96	96	101	105	97	91	87	86	89	94	98	102	106	105	101	101	101	101	100	98	97.5	106	86
24*	98	100	102	103	104	104	102	101	99	96	91	90	89	90	96	101	102	105	107	108	104	102	100	99	99.7	108	89
25†	100	101	98	98	98	96	96	86	83	80	79	81	87	91	122	152	157	144	141	137	126	110	99	103	**106.9**	**157**	79
26	104	98	95	97	102	106	105	101	101	96	95	93	93	95	100	109	113	114	113	111	108	107	105	104	102.7	114	93
27	105	104	105	104	103	102	100	98	94	88	88	84	88	97	103	104	106	106	105	102	102	102	100	101	99.6	106	84
28	97	94	99	102	102	101	95	91	90	86	82	79	82	88	93	96	98	100	103	102	102	102	98	93	94.8	103	79
29	90	93	94	98	98	98	96	90	82	75	72	71	82	86	88	97	95	98	98	103	105	101	98	98	91.9	105	71
30	91	93	94	95	98	95	93	91	92	94	88	82	81	85	94	95	100	100	104	103	100	99	98	96	94.2	104	81
Mittel	92	93	93	95	95	95	96	94	90	86	82	81	85	92	100	106	109	109	107	105	102	100	98	96	95.7	112	76

Vertikalkomponente

Niemegk — Γ — Z = 0.43 700 + Tafelwert — 1951

Tag	0h–1h	1h–2h	2h–3h	3h–4h	4h–5h	5h–6h	6h–7h	7h–8h	8h–9h	9h–10h	10h–11h	11h–12h	12h–13h	13h–14h	14h–15h	15h–16h	16h–17h	17h–18h	18h–19h	19h–20h	20h–21h	21h–22h	22h–23h	23h–24h	Tagesmittel (γ)	Max.	Min.
Juli																											
1	93	86	87	93	96	93	96	95	92	88	79	83	90	102	112	121	125	128	120	118	115	108	96	53	98.7	128	53
2†	-14	-34	02	07	05	25	40	64	84	92	100	107	116	119	123	133	127	130	126	122	118	109	104	109	**79.8**	133	**-34**
3†	109	101	99	104	102	105	104	106	108	107	105	102	101	106	121	116	120	128	133	124	118	109	101	96	109.4	133	96
4	96	99	102	104	106	101	93	101	102	96	96	89	88	100	106	111	119	120	118	113	112	109	108	96	103.5	120	88
5	94	98	103	103	105	107	108	109	104	97	89	87	87	96	100	100	105	109	111	109	106	105	104	101	101.5	111	87
6	103	105	105	107	109	108	109	107	103	100	94	85	90	101	112	112	111	110	110	110	109	108	105	101	104.8	112	85
7	100	100	104	105	106	106	105	98	88	78	72	69	72	80	86	96	112	114	112	108	104	100	99	97	96.3	114	69
8	96	97	101	106	106	101	101	101	92	81	78	81	84	90	93	98	103	104	107	106	106	101	101	93	97.0	107	78
9	91	88	93	88	89	90	92	93	97	93	86	84	88	92	96	106	106	109	119	117	112	108	104	104	97.7	119	84
10*	101	98	102	105	106	104	100	96	95	88	86	84	84	88	93	97	100	103	108	108	109	106	105	103	98.7	109	84
11	103	102	102	103	105	105	104	105	106	104	94	92	95	102	114	120	115	115	110	111	108	106	103	100	105.2	120	92
12*	100	101	102	103	104	104	105	106	105	100	89	84	81	90	99	100	108	114	115	110	106	104	104	101	101.5	115	81
13*	96	88	92	99	99	96	96	101	100	92	83	80	85	94	100	103	109	108	106	106	104	102	102	102	97.6	109	80
14*	100	98	100	102	103	102	101	102	101	98	90	88	89	97	104	104	104	103	102	100	100	101	100	98	99.5	104	88
15	94	97	99	100	100	102	104	104	103	97	88	87	85	90	95	97	102	104	108	112	108	109	101	100	99.4	112	85
16	103	106	106	102	98	101	104	103	101	98	95	91	86	94	96	114	114	116	120	118	115	110	109	106	104.4	120	86
17	105	103	103	103	102	99	94	92	95	100	94	88	89	102	110	116	122	126	130	126	118	114	111	107	106.2	130	88
18	106	103	105	108	107	105	104	103	102	101	97	94	91	99	106	122	122	129	128	118	113	107	107	107	107.7	129	91
19	107	108	109	107	108	106	106	100	90	89	79	71	76	84	94	102	109	114	110	110	104	101	101	101	99.4	114	71
20	102	102	99	92	92	95	102	99	88	85	78	79	83	90	100	110	113	111	108	105	104	102	101	100	97.5	113	78
21	99	101	102	100	100	101	102	98	90	84	84	82	84	91	100	104	109	108	108	107	104	101	100	100	98.3	109	82
22	98	96	96	100	98	89	94	97	98	97	92	86	86	91	96	105	110	122	119	114	111	106	99	92	99.7	122	86
23	91	76	65	86	91	98	101	102	100	95	97	98	103	103	104	108	111	109	110	111	109	109	104	100	99.2	111	65
24*	100	101	103	105	106	105	102	101	96	91	85	79	84	93	101	103	108	105	106	105	104	102	102	102	99.5	108	79
25	100	100	101	101	102	103	104	100	95	90	93	94	94	97	109	109	112	118	119	118	112	103	101	102	103.2	119	90
26†	100	95	97	97	100	100	96	98	101	98	92	95	103	114	118	133	133	119	113	112	110	108	104	97	105.5	133	92
27	79	85	86	85	90	94	102	104	106	104	95	90	91	99	105	109	112	114	111	107	104	102	102	96	98.8	114	79
28†	87	87	90	76	72	81	90	93	93	91	90	89	94	95	104	117	128	137	129	127	110	108	107	104	100.0	137	72
29	97	101	102	100	103	100	102	106	103	96	86	84	92	104	102	106	105	106	109	109	110	109	106	103	101.7	110	84
30	99	100	102	104	107	106	102	98	93	92	94	91	92	98	106	112	121	118	117	115	111	107	106	99	103.8	121	91
31†	98	93	86	86	84	91	96	95	93	86	87	93	103	123	152	181	201	194	173	156	141	126	121	98	**119.0**	**201**	84
Mittel	95	93	95	96	97	98	99	99	98	94	89	87	90	98	105	112	116	118	117	114	110	106	104	99	101.1	120	78
August																											
1†	93	93	95	104	109	112	111	109	105	96	94	95	96	96	106	115	124	123	123	120	112	106	90	79	104.4	124	79
2	83	85	81	73	84	94	103	104	102	102	95	88	87	95	105	106	114	112	111	109	106	105	103	104	**98.0**	114	73
3*	104	105	105	107	103	101	104	109	109	106	101	100	107	106	108	113	113	110	108	107	108	109	108	105	106.5	113	100
4	101	104	105	96	97	103	102	100	97	92	82	80	85	93	104	111	113	110	112	114	109	109	101	101	100.9	114	80
5	103	101	88	95	99	100	104	104	98	88	80	73	83	94	101	104	108	113	113	108	106	104	104	103	98.9	113	73
6	102	97	99	103	104	103	106	106	103	95	92	90	92	100	113	124	124	119	115	109	106	105	106	105	104.9	124	90
7	104	103	104	103	97	98	96	93	87	83	86	87	89	92	94	98	102	107	112	113	109	106	95	97	98.1	113	83
8*	98	97	96	100	101	107	110	106	102	103	97	92	90	92	98	105	106	105	105	105	104	106	105	103	101.4	110	90
9	98	98	99	103	105	103	106	101	94	90	88	92	91	88	95	104	110	108	106	104	106	106	104	103	100.1	110	88
10*	101	102	103	105	105	107	108	103	97	92	92	89	87	91	94	99	105	101	99	101	101	102	99	97	99.2	108	87
11	99	98	98	101	100	97	98	96	90	88	87	90	95	102	98	101	107	115	116	113	109	108	106	101	100.5	116	87
12	90	96	97	98	101	101	101	101	99	89	87	89	94	103	111	122	125	124	119	112	105	97	95	96	102.2	125	87
13†	100	101	104	102	96	82	96	89	90	85	85	91	99	121	148	171	179	168	144	122	121	122	120	119	**114.8**	**179**	82
14	117	115	113	113	113	114	113	111	106	100	94	87	88	95	110	120	119	115	114	111	108	103	106	107	108.0	120	87
15	108	107	104	102	106	110	113	115	111	106	99	96	102	107	114	113	114	120	114	114	109	109	110	107	108.8	120	96
16	107	106	107	108	106	107	105	102	101	101	99	98	101	108	112	115	115	111	108	108	111	110	107	106	106.6	115	98
17	107	106	106	107	108	108	107	104	97	90	80	77	82	90	100	114	129	128	127	126	124	116	109	107	106.2	129	77
18*	106	109	106	110	111	111	111	108	102	91	86	90	97	102	108	112	109	106	104	105	106	106	106	104	104.4	112	86
19	105	106	106	107	107	105	107	109	104	98	95	96	100	106	108	110	121	124	124	118	111	109	108	106	107.9	124	95
20†	106	92	71	71	86	92	97	90	99	98	95	99	107	112	114	120	119	127	131	123	109	100	99	99	102.3	131	71
21†	99	79	66	87	97	102	107	110	108	103	102	103	107	124	140	149	157	162	157	140	128	108	92	82	112.9	162	66
22	73	60	72	73	83	84	90	98	101	105	104	104	109	123	128	136	133	130	127	122	116	109	107	105	103.8	136	**60**
23	103	106	109	112	113	112	111	108	103	99	96	97	98	102	109	112	127	129	126	122	119	113	94	90	108.8	129	90
24	92	99	105	103	96	104	106	109	107	104	102	100	102	112	122	124	122	123	121	117	114	109	103	104	108.3	124	92
25†	101	100	96	96	90	90	102	105	106	98	96	101	105	110	112	116	123	133	128	112	108	109	110	110	106.5	133	90
26	110	99	97	106	110	112	112	111	107	102	102	103	105	114	122	126	120	115	111	105	102	107	94	87	107.5	126	87
27	95	102	105	107	107	108	109	106	106	98	93	92	97	106	118	133	135	127	121	118	110	102	105	104	108.5	135	92
28	104	108	108	108	111	109	110	109	112	109	103	104	112	116	123	121	118	115	114	113	106	104	106	105	110.3	123	103
29	98	101	105	109	110	111	114	114	109	102	98	99	104	111	119	129	129	123	116	115	114	109	109	106	110.6	129	98
30*	107	109	110	112	113	112	113	114	110	104	95	95	100	99	103	109	120	120	123	121	121	122	118	118	111.2	123	95
31	114	114	113	112	113	115	116	114	106	100	98	91	100	105	117	136	131	126	121	116	115	116	107	102	112.4	136	91
Mittel	101	100	99	101	103	104	106	105	102	97	94	93	97	104	111	118	122	121	118	114	111	108	104	102	105.6	125	86

Weltzeit

Vertikalkomponente

Niemegk $Z = 0.43\,700 + \text{Tafelwert}$ Γ **1951**

Tag	0h–1h	1h–2h	2h–3h	3h–4h	4h–5h	5h–6h	6h–7h	7h–8h	8h–9h	9h–10h	10h–11h	11h–12h	12h–13h	13h–14h	14h–15h	15h–16h	16h–17h	17h–18h	18h–19h	19h–20h	20h–21h	21h–22h	22h–23h	23h–24h	Tagesmittel	Max.	Min.
September																									γ		
1*	107	111	111	112	115	117	119	117	111	102	100	101	105	109	109	109	106	105	108	108	108	106	104	106	108.6	119	100
2*	106	108	110	111	113	113	112	110	108	103	100	98	102	106	110	110	108	103	107	108	108	108	108	107	107.4	113	98
3*	107	104	107	107	111	111	111	111	108	99	99	97	99	101	102	104	105	103	104	105	105	106	106	102	104.8	111	97
4*	103	104	104	107	106	105	104	104	100	98	94	94	101	108	113	110	107	106	105	106	109	108	105	106	104.5	113	94
5	106	107	105	105	107	108	110	110	109	102	99	99	100	105	106	111	109	107	109	110	106	108	107	104	106.2	111	99
6	97	104	105	106	110	112	108	109	104	92	86	85	89	98	102	104	104	103	105	112	117	114	113	109	103.7	117	85
7	106	102	106	108	108	109	108	108	105	95	91	90	92	97	102	105	104	109	115	115	113	109	108	108	104.7	115	90
8	108	108	108	108	109	107	105	104	102	96	87	85	91	96	102	105	107	107	107	112	108	108	107	103	**103.3**	112	85
9	103	103	103	101	103	104	106	106	103	96	96	102	109	126	130	128	119	120	121	121	117	112	108	102	110.0	130	96
10	96	100	100	94	93	97	99	105	108	106	105	115	124	138	154	150	149	145	139	130	124	121	120	118	117.9	154	93
11	115	110	104	110	112	116	114	110	108	97	96	104	112	115	118	129	130	134	143	140	134	104	77	94	113.6	143	77
12	102	97	97	106	113	106	109	111	111	108	107	105	115	124	141	139	133	124	122	122	121	119	116	103	114.6	141	97
13	78	97	107	111	112	102	104	105	105	104	105	109	108	108	123	148	153	147	144	137	128	121	105	93	114.8	153	78
14	106	96	100	97	95	99	108	114	113	112	110	112	114	120	122	125	124	126	127	126	125	120	118	116	113.5	127	95
15	112	101	99	103	109	113	113	115	118	114	116	118	124	129	138	151	148	139	136	135	132	127	125	122	122.4	151	99
16†	116	101	100	100	101	111	108	113	112	119	128	132	138	154	188	201	194	172	153	142	133	102	110	95	130.1	201	95
17	83	95	102	106	112	117	123	126	125	121	121	129	131	133	140	150	158	146	134	130	126	120	105	111	122.7	158	83
18	116	114	100	95	99	106	109	114	114	112	110	108	108	112	120	124	124	127	123	128	128	126	120	119	114.8	128	95
19	117	116	117	117	117	119	119	119	115	105	103	102	104	103	110	152	200	213	199	159	163	147	139	136	133.0	213	102
20†	126	114	110	102	100	110	116	122	124	134	138	139	144	165	173	178	169	161	137	131	133	116	100	101	131.0	178	100
21†	54	76	98	108	108	102	110	117	122	126	128	141	150	149	160	178	171	155	148	129	120	103	82	88	121.8	178	54
22†	102	82	80	91	102	102	102	112	116	110	118	130	141	142	145	157	156	143	122	124	126	113	118	88	117.6	157	80
23	103	104	95	71	85	101	108	109	115	117	125	126	126	129	146	146	137	128	127	128	115	110	109	99	115.0	146	71
24	88	89	100	100	106	110	115	121	121	122	127	133	136	149	151	145	144	138	133	132	119	118	120	121	122.4	151	88
25†	117	111	111	114	117	118	120	121	121	120	126	134	147	163	208	291	252	210	182	139	144	128	67	62	**142.6**	**291**	62
26	00	05	-08	19	54	107	127	132	134	137	134	134	134	134	135	138	139	139	137	137	137	137	139	138	109.1	139	**-08**
27	122	110	108	101	96	109	115	115	124	124	116	123	116	128	132	131	130	129	127	129	130	130	128	121	120.6	132	96
28	112	104	114	118	120	120	122	124	123	118	114	114	113	114	118	120	119	121	122	122	122	122	123	122	118.4	124	104
29	120	114	116	118	117	118	119	117	112	108	106	106	107	110	126	147	156	149	138	132	121	114	113	116	120.8	156	106
30*	112	112	115	114	114	116	118	120	116	116	112	107	110	112	117	122	122	121	122	121	120	120	118	117	116.4	122	107
Mittel	101	100	101	102	106	110	112	114	114	110	110	112	116	123	131	140	139	134	130	126	123	117	111	108	116.2	146	87
Oktober																									γ		
1	116	117	119	118	118	119	122	120	116	111	104	103	105	108	110	112	115	118	118	120	119	116	117	118	115.0	122	103
2	118	115	110	110	112	113	117	114	113	108	103	104	108	113	117	119	119	118	120	120	119	114	118	118	114.2	120	103
3	119	117	117	117	116	119	119	116	114	110	106	109	116	118	120	120	117	117	118	118	115	114	115	116	116.0	120	106
4*	116	115	116	116	116	117	118	117	112	106	102	102	106	112	116	117	114	114	115	115	115	115	116	114	113.4	118	102
5	115	112	113	114	114	116	118	116	114	111	104	101	101	104	108	112	113	114	115	118	118	116	115	114	112.3	118	101
6*	112	111	113	114	114	114	116	114	112	105	99	94	93	96	101	105	108	108	110	110	110	110	109	108	**107.8**	116	93
7	110	109	108	105	102	102	102	104	100	97	92	93	99	104	115	135	157	137	156	153	125	112	87	100	112.7	157	87
8†	102	100	89	78	92	104	111	119	124	119	126	124	129	140	153	146	148	148	140	133	125	125	118	98	120.5	153	78
9	98	101	104	106	112	118	122	120	114	106	102	102	116	132	137	134	128	130	128	128	126	104	103	108	115.8	137	98
10	113	114	113	99	107	112	113	115	108	103	110	119	123	118	129	128	138	133	132	129	123	120	118	106	117.6	138	99
11	105	96	105	110	113	115	121	123	123	117	114	122	128	129	134	139	142	142	135	128	124	123	122	122	122.2	142	96
12	121	119	118	115	114	114	117	116	115	109	109	109	110	116	117	119	120	120	120	119	116	117	117	116	116.0	121	109
13	114	114	114	110	104	103	108	110	105	102	106	113	110	112	118	123	121	118	118	121	121	115	104	77	110.9	123	77
14	80	99	104	109	114	114	118	118	115	109	102	103	106	110	116	120	126	131	126	111	106	110	112	112	111.3	131	80
15	110	113	114	112	113	116	120	122	115	107	105	109	110	114	118	118	117	118	120	115	112	114	112	99	113.5	122	99
16	102	102	106	108	105	108	112	115	112	106	107	110	118	122	126	130	132	132	132	133	128	117	102	99	115.2	133	99
17†	102	88	69	78	90	100	105	110	119	120	124	140	142	142	152	171	166	147	137	120	101	109	113	111	119.0	171	**69**
18†	100	104	114	111	105	110	114	118	120	122	118	123	127	134	142	138	129	127	133	127	118	106	104	107	118.8	142	100
19†	102	87	92	82	96	104	110	115	115	117	116	119	126	129	131	132	134	134	126	120	124	108	102	78	112.5	134	78
20	81	84	100	110	116	117	119	121	117	116	113	118	122	126	129	125	123	124	125	124	116	116	114	110	115.2	129	81
21	111	112	111	114	110	106	111	112	112	110	105	106	109	114	121	125	123	125	123	117	117	116	116	114	114.2	125	105
22	111	104	103	101	105	106	110	110	106	105	108	112	120	125	139	152	149	138	129	127	123	121	112	116	118.0	152	101
23	112	108	111	114	115	116	116	116	109	106	106	110	117	126	129	127	125	122	126	124	122	120	120	119	117.3	129	106
24*	118	118	118	118	118	117	114	108	101	102	108	113	115	118	119	116	115	115	116	117	117	118	118	118	114.8	119	101
25*	118	117	116	115	115	113	113	111	107	103	103	107	111	115	116	114	112	112	113	112	112	111	111	111	112.0	118	103
26	111	111	111	110	110	110	111	106	94	90	96	101	104	107	110	114	113	112	113	115	119	114	109	112	108.5	119	90
27	111	107	107	108	106	104	106	108	104	104	104	106	110	114	116	115	115	116	116	116	116	116	116	115	110.7	116	104
28†	114	114	113	112	112	114	114	113	111	104	102	102	107	114	160	246	297	304	286	229	160	175	164	152	**155.0**	**304**	102
29	151	151	150	149	149	149	148	148	144	142	142	142	143	144	144	140	139	137	138	136	136	136	136	136	142.9	151	136
30	135	135	135	133	133	134	136	135	133	133	131	131	132	134	135	133	131	131	129	129	129	129	128	128	132.2	136	128
31*	128	128	128	127	125	125	126	127	125	119	118	115	119	124	125	125	124	124	123	122	123	123	123	122	123.7	128	115
Mittel	111	110	111	110	112	114	116	117	114	110	109	112	116	120	126	131	133	131	130	126	120	118	115	112	117.7	137	98

Weltzeit

Vertikalkomponente

Niemegk — $Z = 0.43\,700 + \text{Tafelwert}$ (Γ) — 1951

Weltzeit

Tag	0h–1h	1h–2h	2h–3h	3h–4h	4h–5h	5h–6h	6h–7h	7h–8h	8h–9h	9h–10h	10h–11h	11h–12h	12h–13h	13h–14h	14h–15h	15h–16h	16h–17h	17h–18h	18h–19h	19h–20h	20h–21h	21h–22h	22h–23h	23h–24h	Tagesmittel (γ)	Max.	Min.
November																											
1*	123	122	122	122	122	122	122	123	119	115	112	116	120	123	123	122	122	121	122	122	123	126	126	123	121.4	126	112
2	124	119	118	114	108	109	108	107	107	107	109	111	116	125	130	132	132	130	132	130	127	124	120	118	119.0	132	107
3†	111	110	108	96	101	103	107	108	111	106	104	109	117	130	131	130	128	132	129	129	121	102	102	101	113.6	132	96
4	96	102	91	89	99	102	108	108	112	114	115	119	120	127	135	140	141	135	132	130	128	126	121	114	116.8	141	89
5	111	114	113	116	116	117	121	125	122	117	118	119	116	120	121	122	122	124	127	128	126	123	116	110	119.3	128	110
6	112	116	117	117	120	117	122	122	123	122	121	124	128	132	141	146	153	158	157	130	123	127	123	118	127.9	158	112
7	111	112	93	101	106	113	119	122	122	123	124	125	128	132	132	138	141	141	138	134	134	128	125	121	123.5	141	93
8	118	115	107	115	117	117	118	119	116	112	112	113	114	117	119	120	119	120	122	125	127	127	124	122	118.1	127	107
9	120	120	118	118	116	111	108	109	107	106	109	106	108	111	121	126	128	137	134	130	128	129	128	125	118.9	137	106
10*	123	122	120	120	119	117	115	114	112	110	112	116	116	118	117	116	116	116	116	117	117	117	116	117	116.6	123	110
11	117	118	116	117	116	116	117	120	118	113	113	116	118	120	120	121	117	119	118	118	120	121	119	116	117.7	121	113
12	107	98	103	110	111	114	113	112	115	115	120	125	130	136	146	153	150	139	132	129	126	124	124	120	123.0	153	98
13†	119	115	115	115	115	115	114	113	113	120	114	117	121	131	142	160	183	189	176	162	139	129	121	108	**131.1**	**189**	108
14†	105	77	105	116	116	122	120	120	123	120	122	124	131	138	140	137	136	126	128	129	123	98	105	98	119.1	140	**77**
15†	101	103	111	113	115	116	114	112	110	108	115	118	124	128	134	137	133	132	131	132	127	123	122	113	119.7	137	101
16	109	114	117	118	116	114	114	114	111	108	111	117	123	129	131	132	127	125	125	122	122	122	121	121	119.3	132	108
17	121	120	119	119	118	118	115	115	112	110	110	112	113	113	113	115	117	121	123	119	114	114	119	121	116.3	123	110
18*	122	122	122	120	120	120	119	119	116	112	114	116	117	119	119	120	120	120	121	122	120	120	119	119	119.1	122	112
19*	118	117	117	116	114	114	114	112	111	111	113	115	117	118	118	120	121	121	121	120	118	117	115	115	116.4	121	111
20	117	116	115	114	115	115	115	112	111	111	112	114	114	115	117	120	125	126	126	127	124	127	120	117	117.7	127	111
21	116	116	117	115	115	113	111	109	108	108	108	107	110	113	113	113	113	114	116	118	118	119	119	115	**113.5**	119	107
22	114	114	113	113	112	112	112	106	103	102	103	104	107	110	111	112	114	117	128	128	124	124	121	120	**113.5**	128	102
23	122	121	118	117	117	118	117	115	113	111	111	111	113	115	121	126	126	124	123	123	121	123	122	121	118.7	126	111
24	119	116	117	119	118	117	117	117	115	114	114	115	118	119	126	134	134	129	126	124	120	118	119	118	120.1	134	114
25	120	117	116	118	119	118	118	116	114	113	113	112	114	118	125	129	127	125	126	124	125	115	108	113	118.5	129	108
26	115	117	118	118	118	118	116	113	112	112	114	118	125	131	126	123	121	121	123	125	124	123	121	121	119.7	131	112
27*	118	118	117	116	116	116	115	114	114	113	113	110	112	115	118	118	118	117	117	118	118	120	117	117	116.0	120	110
28	117	117	114	111	113	112	112	110	109	109	109	109	110	114	123	123	125	127	129	125	123	108	96	98	114.3	129	96
29†	105	106	103	108	109	112	112	109	108	109	109	111	123	130	133	132	131	127	122	118	117	119	112	101	115.3	133	101
30	104	110	112	114	115	115	113	112	108	106	108	110	116	122	129	129	129	134	131	125	122	120	117	118	117.5	134	104
Mittel	114	113	113	114	114	115	115	114	113	112	113	115	118	122	126	128	129	129	128	126	123	120	118	115	118.7	133	105
Dezember																											
1	117	116	115	113	113	115	115	113	112	110	115	118	117	120	124	128	130	128	128	126	124	119	113	109	118.2	130	109
2	109	113	114	113	114	114	112	112	112	112	117	119	123	127	133	133	138	142	144	138	133	130	124	119	122.7	144	112
3	117	107	106	111	113	113	112	114	117	118	118	117	120	124	126	130	132	133	133	133	131	126	118	113	120.1	133	106
4	113	112	110	112	110	109	109	108	108	111	117	118	118	124	133	134	130	132	129	134	132	122	118	118	119.2	134	108
5	120	122	119	117	115	118	116	115	116	117	118	118	120	123	124	122	123	124	124	123	121	118	117	117	119.5	124	115
6*	118	118	116	115	114	116	115	113	111	107	110	111	112	112	113	114	115	116	116	119	121	119	119	118	114.9	121	107
7	117	116	116	113	113	112	112	110	107	106	107	110	112	110	112	116	121	128	130	127	121	117	117	116	115.2	130	106
8†	112	101	87	103	105	109	110	112	112	109	117	133	127	125	129	142	139	137	139	144	124	121	122	108	119.5	144	87
9†	114	118	113	110	110	111	116	116	112	116	123	131	131	149	158	163	153	143	121	123	130	128	124	122	126.5	163	110
10	123	123	123	122	122	120	117	119	122	124	128	131	133	131	135	140	140	140	126	125	125	123	110	105	125.3	140	105
11	104	104	110	109	110	112	115	121	120	114	118	119	122	130	135	143	139	134	130	130	128	122	118	113	120.8	143	104
12	117	118	120	120	119	119	117	116	117	118	122	121	122	125	123	122	122	122	121	121	119	118	118	119	119.8	125	116
13*	119	119	118	118	118	114	114	112	112	117	118	113	117	122	123	123	121	121	119	120	119	118	119	120	118.1	123	112
14	117	116	116	119	118	116	114	113	112	111	114	111	112	114	117	118	117	117	117	118	124	126	107	111	115.6	126	107
15	107	111	112	115	118	118	118	113	110	105	108	110	113	116	119	123	122	123	125	133	130	124	122	120	117.3	133	105
16	118	114	117	115	114	113	113	114	113	113	114	116	116	116	117	119	120	120	122	119	121	116	115	115	116.2	122	113
17	116	116	117	112	112	112	111	111	111	109	110	113	115	119	124	130	136	142	148	141	136	130	121	116	121.2	148	109
18	118	119	118	114	110	116	117	116	115	115	114	113	113	117	121	121	123	127	127	129	126	126	128	127	119.6	129	110
19	125	122	122	117	115	116	116	118	115	119	116	114	116	126	133	126	127	126	121	121	122	120	112	110	119.8	133	110
20	113	113	116	110	110	114	116	114	114	117	117	116	116	119	120	120	120	121	120	122	121	121	118	117	116.9	122	110
21	118	117	117	114	114	114	113	114	114	110	109	108	108	111	115	115	114	114	116	116	115	115	109	110	113.3	118	108
22†	114	114	112	112	105	109	113	116	117	116	118	122	122	124	131	138	150	160	146	148	134	119	120	123	124.3	160	105
23	124	121	106	115	120	120	120	120	119	116	119	114	118	121	123	122	123	122	125	125	123	122	121	121	120.0	125	106
24*	120	120	119	118	119	118	118	117	116	118	118	115	114	116	117	116	117	118	119	120	120	119	118	120	117.9	120	114
25*	119	119	118	118	116	115	115	117	116	115	116	113	114	115	116	117	116	117	116	116	116	116	114	115	116.0	119	113
26*	114	115	114	113	113	113	113	112	111	112	108	109	112	115	115	114	114	114	114	115	114	113	114	113	113.1	115	108
27	114	112	111	111	111	105	104	105	105	104	103	103	104	112	113	112	110	111	110	109	108	105	101	93	**107.3**	114	93
28†	94	91	97	98	104	74	78	98	104	123	131	151	167	178	185	172	169	160	156	141	126	123	123	117	**127.5**	**185**	**74**
29	113	116	122	124	123	123	124	124	125	125	123	122	125	128	133	128	124	125	125	123	122	121	121	121	123.3	133	113
30	121	120	120	120	121	120	119	117	117	120	120	120	125	125	124	122	121	121	121	119	118	117	121	124	120.5	125	117
31†	124	121	119	119	119	115	116	111	110	114	119	118	123	130	134	139	142	149	140	137	119	109	118	118	123.5	149	109
Mittel	116	115	114	114	114	113	113	114	114	114	116	118	120	123	127	128	128	129	127	126	123	120	117	116	119.1	133	107

Aktivitätszahlen und Kennziffern

Niemegk **Januar** **1951**

Tag	n	f	ν	ΣK_1	K_1	K_2 0—3	3—6	6—9	9—12	12—15	15—18	18—21	21—0
1	0	0.5	0.6	20	4222 2323	1002	1001	2001	2001	2001	2102	1002	1102
2	1	0.5	1.0	28	3333 4354	1002	1002	2002	3001	2012	2002	2201	2201
3	0	0.5	0.7	21	3422 2233	1002	1202	2001	2001	2001	2001	2201	2101
4	0	0	0.2	15	3210 1323	2001	2001	1001	1001	1001	2101	2001	2002
5	1	0.5	0.7	17	2111 2244	2001	1001	2001	1001	2001	2001	2201	2211
6	0	0.5	0.2	11	1211 1131	1001	1001	1001	1001	2001	2001	2201	1001
7	0	0	0.0	11	1121 2112	2001	1001	1001	1001	2001	1001	2001	2001
8	0	0.5	0.5	14	1122 2321	2001	1001	1001	2001	2001	1002	1001	2001
9	0	0	0.2	13	2212 3111	2001	2001	2001	1001	2001	1001	1001	2001
10	1	0.5	1.0	17	1111 1543	2001	1001	1001	1001	1001	2012	1222	2012
11	1	0.5	1.1	22	4222 2334	2212	1001	1001	2001	1001	1002	1012	1212
12	1	0.5	0.9	24	4333 3332	1002	2002	2002	2002	2002	2002	2101	1002
13	1	0.5	0.8	22	3332 2144	1002	1002	2002	1001	1001	1001	1202	1002
14	1	0.5	0.8	24	3223 3344	1001	1001	1002	1002	2002	2002	2002	1002
15	1	0.5	1.0	27	4323 3345	2202	1002	2001	2001	2101	1001	1202	1202
16	1	0.5	1.0	27	4213 4445	1002	1001	2001	2002	2201	2202	2012	1212
17	0	0.5	0.5	15	4321 1121	1201	1002	1002	2001	2001	2001	2001	1001
18	0	0.5	0.3	14	1112 3213	2001	2001	2001	2001	2002	2001	1001	2202
19	1	0.5	1.1	21	3221 3244	1002	1001	1001	2001	2001	2001	2002	1202
20	0	0.5	0.5	14	4211 2211	1202	1001	1001	1001	1001	1001	1001	2001
21	1	1	1.2	23	1113 4445	2001	1001	1001	3002	2012	2012	1212	2212
22	1	1	1.6	37	5443 4566	1202	2012	3002	2002	2022	2212	2302	1302
23	1	0.5	1.1	28	4333 3453	2212	2002	2002	2002	2002	2201	2202	1002
24	0	0.5	0.5	18	2222 3232	1001	2001	2001	2001	2002	2001	2101	1001
25	0	0.5	0.3	14	1121 2133	1001	1001	2001	1001	2002	1001	2201	1002
26	1	0.5	1.1	18	1112 2443	1001	1001	2001	2001	2001	2012	2212	1012
27	0	0.5	0.8	24	3433 2333	1002	2002	2001	2001	2001	2002	1002	1002
28	1	0.5	1.0	25	3223 3453	1002	2001	2001	2001	1002	2002	2202	1002
29	0	0.5	0.6	22	3322 2334	1001	1001	2001	2001	2001	1002	1002	2201
30	1	0.5	0.9	24	3232 2444	1001	2001	2001	1001	2001	1002	1002	2202
31	1	1	1.6	34	4553 4454	1002	1012	2212	2002	2012	1012	1012	1202
Mittel	0.6	0.5	0.8	20.8									
Max.	1	1	1.6	37									
Min.	0	0	0.2	11									

Niemegk **Februar** **1951**

Tag	n	f	ν	ΣK_1	K_1	K_2 0—3	3—6	6—9	9—12	12—15	15—18	18—21	21—0
1	1	0.5	1.2	28	5433 3154	1212	1002	1001	2001	2001	1001	1201	1002
2	0	0.5	0.1	13	2211 1123	1001	2001	2001	1001	1001	1001	2001	2101
3	0	0	0.0	10	1111 1122	1001	1001	1001	1001	1001	1001	2001	2001
4	0	0.5	0.8	15	0013 3332	1001	1001	2001	2002	1002	1012	1002	1001
5	1	0.5	1.2	24	1323 3354	1001	2001	2001	2002	2002	2002	1212	1002
6	1	0.5	1.3	24	6533 1222	2212	1012	2002	2002	1001	1001	1001	1001
7	0	0.5	0.5	18	3221 1243	1002	1001	1001	1001	1001	1001	2201	2001
8	1	0.5	1.2	26	3222 3554	1002	1001	1001	2001	2001	1212	2212	1202
9	1	0.5	1.2	29	2333 5445	1001	2002	2002	1002	2012	1012	1002	1212
10	1	0.5	1.2	26	3333 3245	1012	2002	2002	1002	1002	2001	1202	1202
11	1	0.5	1.2	28	4323 2545	1012	2002	2002	2001	2002	1202	1202	2201
12	1	0.5	1.3	35	5533 4564	1212	1012	2002	2002	2002	1002	1302	2202
13	1	0.5	0.9	26	4323 3344	1002	1002	2001	2002	2002	2002	1002	1202
14	1	0.5	0.7	20	2222 2244	1001	1001	2001	2001	2001	2001	2201	1201
15	0	0.5	0.2	12	2111 1123	1001	1001	2001	1001	1001	2001	1001	1201
16	0	0	0.0	6	1001 0121	1001	1000	1001	1001	1001	1000	2101	1001
17	0	0.5	0.3	10	1000 1143	1001	1000	1001	1001	1001	1001	2201	1002
18	0	0.5	0.6	17	3112 2242	2201	1001	1001	2001	1001	1001	3102	1001
19	0	0.5	0.6	17	1213 2224	1001	1001	2001	1002	2001	2001	2001	2201
20	0	0	0.2	11	3112 1111	2002	1001	1001	1001	1001	1001	1001	1001
21	0	0.5	0.7	18	2221 2333	2001	1001	1001	2001	1001	1002	2202	1002
22	1	1	1.5	34	3444 4555	2002	2002	3012	2012	2012	2202	2212	2212
23	1	1	1.7	40	5454 5566	1212	2012	2002	2012	2022	2022	1212	2212
24	1	1	1.4	30	4433 4543	1012	2002	2002	2002	2012	2212	1201	1002
25	1	0.5	1.0	22	3322 2334	1002	1002	2001	2001	2001	1002	1002	1202
26	1	0.5	0.9	25	2233 4452	1001	2001	2001	2001	2012	1012	1002	1001
27	1	0.5	1.6	32	6433 4444	1212	2012	2002	2002	2002	3002	3002	3002
28	1	0.5	1.6	33	4554 4344	2002	3012	3012	3012	2002	1002	1002	1002
Mittel	0.6	0.5	0.9	22.5									
Max.	1	1	1.7	40									
Min.	0	0	0.0	6									

Aktivitätszahlen und Kennziffern

Niemegk **März** **1951**

Tag	n	f	ν	ΣK₁	K₁	K₂ 0—3	3—6	6—9	9—12	12—15	15—18	18—21	21—0
1	0	0.5	0.8	20	3423 3221	1002	1002	2001	1002	1002	1001	1001	2001
2	0	0.5	0.4	13	0012 3223	1001	1001	2001	2001	1002	2001	1001	2201
3	0	0.5	0.4	16	2232 2320	1001	1001	1202	1001	1001	2002	2001	1001
4	0	0.5	0.4	12	0221 1114	1001	1001	1001	1001	1001	1001	1001	2201
5	0	0	0.1	9	0121 1211	1001	1001	1001	1001	1001	2001	1001	1001
6	1	0.5	0.9	22	1243 3333	2001	2002	2002	1002	1012	1012	2201	2002
7	1	1	1.5	29	3313 5455	1202	1002	1001	1002	2022	2022	1012	1212
8	1	1	1.4	33	3225 5655	1002	1001	2001	2202	2022	2212	1212	1212
9	1	1	1.2	28	4333 3444	1002	2002	2002	2002	2012	1212	1212	2222
10	1	1	1.3	33	5543 4453	1022	2012	2012	2002	2012	1012	1212	2012
11	1	0.5	1.2	28	4332 3553	1002	1002	1002	1002	1012	1212	2212	1002
12	1	0.5	1.2	29	4334 4353	2202	1012	1012	2002	1212	1212	2202	1002
13	1	1.5	1.6	34	2333 4676	1001	1002	1002	1002	1012	1022	2323	2023
14	1	1	1.4	32	4442 4554	1022	1002	1002	1002	2012	1012	2022	1012
15	1	0.5	1.0	20	5422 2221	1212	2002	1001	1001	1001	1001	1001	1001
16	1	0.5	1.0	26	1324 3454	1001	1002	2001	2002	2002	1002	2202	1002
17	1	0.5	0.9	25	2244 3433	1001	1001	2002	2002	2002	1201	1002	2201
18	1	0.5	0.9	26	3324 3344	1002	1101	2001	2002	2001	2002	2201	2002
19	0	0.5	0.5	16	3232 1122	1002	1001	2002	1001	1001	2001	2001	2001
20	0	0.5	0.7	16	1113 4321	1001	1001	1001	2001	2001	1001	2001	1001
21	0	0.5	0.4	11	1111 1123	1001	1001	2001	1001	2001	1001	2001	2201
22	1	1.5	1.5	30	3323 4555	1002	1002	1001	2002	2002	2022	2022	1012
23	1	1	1.2	30	4333 3455	1012	1002	2001	1002	1002	1202	1212	1012
24	1	0.5	1.0	26	3223 3454	1002	1001	2001	2002	1002	2202	1202	1002
25	1	0.5	0.9	21	3423 2313	1002	1201	1001	1002	1002	1002	1001	1202
26	1	0.5	0.9	24	3233 3244	1002	1001	1002	2002	2001	1001	1202	1201
27	0	0.5	0.6	20	3322 2323	1002	1002	1001	1001	1001	1001	1001	1101
28	0	0	0.1	9	3000 1212	1001	1000	1000	1000	1001	1001	1001	2001
29	1	0.5	1.2	26	1343 3444	1001	2002	2002	1002	2012	1012	1012	1012
30	0	0.5	0.7	19	4213 3222	1202	1001	1001	1001	1002	1001	1001	2001
31	0	0.5	0.6	15	1131 1332	1001	1001	2001	1001	1001	1022	1012	1001
Mittel	0.6	0.6	0.9	22.5									
Max.	1	1.5	1.6	34									
Min.	0	0	0.1	9									

Niemegk **April** **1951**

Tag	n	f	ν	ΣK₁	K₁	K₂ 0—3	3—6	6—9	9—12	12—15	15—18	18—21	21—0
1	0	0.5	0.4	14	3112 1123	2101	1001	1001	2001	1001	1001	2001	2202
2	1	0.5	1.3	26	3322 3544	1002	1002	1001	1001	1012	1222	1012	1202
3	1	1	1.5	33	4434 3654	1212	1012	1002	2002	2012	2322	1022	1012
4	1	1	1.5	32	4443 4634	2012	2002	2002	2002	2022	1322	1012	2212
5	1	1	1.3	33	5534 5344	1222	1012	2012	2002	2022	1012	1002	1002
6	1	1	1.4	33	4433 4555	1002	1202	2002	2002	2012	2212	1212	2012
7	1	0.5	1.2	31	5333 4454	1012	1012	1002	2002	1002	1212	1202	2202
8	1	0.5	1.0	28	5333 3344	1212	1002	1002	1001	2012	1012	1211	1211
9	1	0.5	1.0	26	3333 4343	2002	1002	1002	1002	1012	2012	1212	1002
10	1	0.5	1.0	24	4233 3243	2211	1011	1012	1002	1012	1001	2012	2202
11	1	0.5	0.8	18	4311 2214	2201	1001	1001	1001	1002	1001	1001	2212
12	1	0.5	1.1	24	4232 2335	1012	1011	2001	2001	1001	2001	2201	1212
13	1	1	1.4	35	5435 5436	1012	1212	2012	2012	2012	1012	1012	2212
14	0	0.5	0.8	23	4333 2233	1012	2002	2002	2002	2001	2002	1002	2002
15	0	0.5	0.5	20	3213 3332	1002	1001	1001	2002	2002	2202	1002	2002
16	0	0.5	0.3	15	3111 1224	1201	2001	2001	1001	2001	2001	1001	2202
17	0	0.5	0.5	14	4211 2121	1212	1001	1001	1001	1002	1001	1001	1001
18	1	1.5	1.7	35	1246 7555	1001	2001	2012	2023	2023	2222	2212	2013
19	1	0.5	1.0	24	5333 2224	1212	1002	2002	1002	1002	1001	1001	2212
20	1	1	1.5	29	3322 3565	1012	1002	1001	1001	1012	2023	1322	1212
21	1	1	1.4	30	5534 3424	1222	1212	2002	2012	1022	1212	1011	2212
22	1	1	1.2	32	4444 5443	1212	1212	1012	1012	1222	1022	1212	1002
23	0	0.5	0.7	18	4421 2212	1012	1222	1001	1001	1001	1001	1001	2001
24	1	1	1.3	30	1343 5554	1001	1002	2002	2002	2222	1222	1322	1012
25	1	1	1.3	31	4434 3544	1222	2022	1002	2002	1012	2222	1012	1012
26	1	0.5	0.8	18	5221 2321	1212	1001	1001	1001	1001	1002	1001	1001
27	0	0.5	0.7	18	1122 3333	1001	2001	1001	1001	1001	1002	1001	1001
28	0	0.5	0.5	16	3212 2222	1012	1001	2001	1001	1012	1012	1002	2002
29	0	0.5	0.7	18	3212 3421	2202	1001	1001	1001	1012	1012	1001	1001
30	0	0	0.1	9	1111 1112	1001	1001	1001	2001	2001	1001	1001	1001
Mittel	0.7	0.7	1.0	24.6									
Max.	1	1.5	1.7	35									
Min.	0	0	0.1	9									

Aktivitätszahlen und Kennziffern

Niemegk — **Mai** — **1951**

Tag	n	f	ν	ΣK_1	K_1	K_2							
						0—3	3—6	6—9	9—12	12—15	15—18	18—21	21—0
1	1	1	1.7	33	3434 3556	1012	1012	1002	1001	1002	1022	1022	1322
2	1	1	1.6	36	6234 5556	1023	1001	2002	2002	1012	1012	1212	1202
3	1	1	1.2	28	4233 3454	1211	1001	2001	2001	2012	1211	1201	1201
4	1	0.5	1.1	28	5333 3443	1212	1001	2001	1002	1002	1202	1201	1001
5	0	0.5	0.5	16	1122 2224	1001	1001	1001	1001	2001	1001	1001	1201
6	0	0.5	0.7	23	4331 3342	1001	1001	1001	1001	1001	1002	2201	1001
7	0	0.5	0.5	17	2232 2132	1001	1001	1001	1001	1001	1001	2201	1001
8	0	0.5	0.2	11	1101 2231	1001	1001	1001	1001	1001	1001	1101	1001
9	1	0.5	1.4	27	2223 3447	2001	1001	1001	1001	1001	1001	2202	2312
10	1	1	1.4	33	3444 6543	1002	2002	2002	1002	2222	2012	1002	1002
11	1	0.5	1.0	26	3333 4334	1002	2001	2001	2002	1012	1002	1001	1201
12	1	0.5	1.0	25	4322 3551	1202	2001	2001	1001	2001	1212	1012	1001
13	0	0	0.1	14	2121 1223	1001	1001	1001	2001	2001	1001	1001	1001
14	1	0.5	0.8	20	3322 1234	1002	1002	1001	1001	1001	1001	1201	2202
15	1	0.5	1.0	25	4323 3343	1002	1002	1002	1002	1002	1001	1002	1002
16	1	0.5	0.9	24	5423 2233	1202	1002	1001	1002	1002	1002	1002	2002
17	1	0.5	1.1	28	4423 4443	2202	1002	1001	1002	1202	1012	1002	2002
18	1	0.5	0.9	23	4423 2323	1002	1202	2002	2002	1002	1002	2001	2001
19	0	0.5	0.5	19	3322 3222	1001	1002	2001	1001	1002	1001	2001	1001
20	0	0	0.3	15	2221 2222	1001	1002	1001	1001	1001	1001	2001	1001
21	0	0.5	0.1	9	1111 1121	1001	1001	1001	1001	1001	1001	1001	2001
22	0	0.5	0.3	13	3100 3222	2001	1001	1001	1000	1002	2001	1001	1001
23	1	1	1.2	29	4223 4365	2002	2001	1001	1002	1002	1002	1202	1002
24	1	0.5	0.9	24	4322 3433	1002	1001	1001	1001	1002	1202	1001	2001
25	0	0.5	0.7	19	2222 3233	1001	2001	2001	2001	2001	1001	2002	1002
26	1	1	1.5	31	3223 4656	1012	1001	1001	1002	1002	1222	1012	1222
27	1	0.5	1.2	22	5423 2222	1222	1022	1012	1012	1011	1001	1001	1001
28	0	0.5	0.3	13	2222 2111	1001	1001	1001	1001	1001	1001	1001	1001
29	1	0.5	0.7	20	1133 3324	1001	1001	1002	1001	1002	1001	1001	2201
30	0	0.5	0.8	19	1123 4323	1001	1001	1001	2002	1002	1002	1001	2101
31	0	0.5	0.6	18	3213 2133	1002	1001	1001	2101	2001	1001	1001	1002
Mittel	0.6	0.6	0.8	22.2									
Max.	1	1	1.7	36									
Min.	0	0	0.1	9									

Niemegk — **Juni** — **1951**

Tag	n	f	ν	ΣK_1	K_1	K_2							
						0—3	3—6	6—9	9—12	12—15	15—18	18—21	21—0
1	1	1	1.0	24	2322 4443	2001	2101	2001	1001	1012	1012	1002	1001
2	1	0.5	1.0	24	2323 3344	1001	1002	1001	1001	1001	1002	1201	1002
3	0	0.5	0.8	15	4211 3112	1201	1001	2001	1001	1002	1001	1001	1001
4	0	0.5	0.6	17	2111 4323	2001	1001	1001	1001	1012	2011	1011	2101
5	0	0.5	0.6	21	3312 3333	1001	1001	1001	2001	1001	1201	1001	1001
6	1	1	1.1	27	3355 4322	1001	2002	3202	3002	2002	1002	1011	1001
7	0	0.5	0.6	20	3332 3222	1001	1002	2001	1001	1002	1001	1001	1001
8	1	0.5	1.0	25	3422 4433	1002	2002	1001	1001	2002	1211	1011	1001
9	1	0.5	0.7	20	4222 4411	1211	1101	2001	2001	2201	1101	1000	1001
10	0	0.5	0.5	15	1002 4332	1001	1001	2001	2001	2002	2001	1001	1001
11	1	0.5	0.7	21	2233 2432	1001	1001	1001	1001	1011	1012	1101	1001
12	1	0.5	0.7	23	4222 3343	2201	1001	1001	1001	1001	1001	2201	1001
13	1	0.5	0.7	21	2233 4223	1101	1001	1001	1001	1002	1001	1001	2001
14	1	1	1.3	20	1202 1554	1001	1001	1000	1001	1000	2011	2212	2211
15	1	0.5	1.1	26	4333 4333	1212	1002	1001	1001	1012	1012	1012	1011
16	0	0.5	0.8	25	4233 3343	1112	1001	1001	1001	1001	1002	1001	1101
17	1	1	1.4	24	3211 1547	1001	1101	2001	2001	1001	2012	2211	2322
18	1	1	1.6	30	6453 3423	2322	3222	3212	2002	1101	1012	1011	1001
19	1	0.5	1.3	27	3533 3532	1002	2212	2002	2001	1011	2211	1011	1001
20	0	0.5	0.4	16	3212 2114	2001	1001	1001	2001	2001	1001	1001	2002
21	0	0.5	0.6	18	2232 3312	1001	2001	2001	2001	2002	2001	1001	2001
22	0	0.5	0.4	19	2213 3233	1001	1001	2001	2001	1001	1001	2001	2001
23	0	0	0.3	15	3131 1123	1201	1001	1001	1001	2001	1001	1001	2001
24	0	0.5	0.3	17	2213 2133	1001	1001	1001	1001	1001	1001	2001	1001
25	1	1	1.4	31	3434 5543	2001	2002	2002	2002	2321	2012	1112	1211
26	0	0.5	0.7	20	3323 3222	1012	1012	1001	1001	1001	1001	1001	1001
27	0	0.5	0.8	21	2331 2523	1001	1001	1001	1001	1001	1201	1001	2001
28	0	0.5	0.8	20	3232 3223	2001	1001	2001	2001	2001	1001	1001	1001
29	1	0.5	0.7	21	2222 4333	1001	1001	1001	1001	1002	1001	1001	2001
30	1	0.5	0.6	19	3223 2331	1101	1001	1001	1001	1001	1001	3201	1001
Mittel	0.5	0.6	0.8	21.4									
Max.	1	1	1.6	31									
Min.	0	0	0.3	15									

Aktivitätszahlen und Kennziffern

Niemegk **Juli** **1951**

Tag	n	f	ν	ΣK_1	K_1	K_2							
						0—3	3—6	6—9	9—12	12—15	15—18	18—21	21—0
1	1	1	1.2	24	3113 2455	2111	1001	1001	1002	1001	1102	1201	1032
2	1	1.5	1.7	38	6655 4444	1033	2323	2023	1012	1002	1012	1002	1012
3	1	1	1.2	28	4333 4344	1002	1002	1002	1002	1012	1012	1012	1012
4	1	0.5	1.0	24	3433 2333	1002	1002	2002	2001	2001	1002	1201	1002
5	0	0.5	0.6	20	3323 3222	1001	1001	2001	1002	2002	1001	1001	1001
6	1	0.5	0.7	20	2222 3432	1001	1001	2001	1001	1002	1201	2001	2002
7	0	0.5	0.5	15	1121 2323	1001	1001	1001	1001	1001	1002	3001	2201
8	0	0.5	0.5	16	3111 1333	1001	1001	1001	1001	1001	1002	1002	2002
9	1	0.5	0.8	26	3433 3442	1002	1002	1002	2001	1002	1202	1201	1001
10	0	0.5	0.4	17	2321 2232	1001	1002	1002	1001	1001	1002	1202	1001
11	1	0.5	0.4	18	1123 3332	1001	1001	1001	1001	1001	1001	2001	2001
12	0	0.5	0.3	16	2212 2322	1001	1001	1001	1001	1001	1002	1001	2001
13	0	0.5	0.3	19	3323 2222	1012	1002	1001	1002	1001	1001	2001	1001
14	0	0	0.2	15	2221 2222	1001	1001	1001	1001	1001	1001	1001	2001
15	1	0.5	1.0	20	2221 2335	1002	1001	1002	1001	1002	1002	1002	2302
16	1	1	1.1	27	3324 5433	1002	1002	1001	1002	1202	1012	1002	1001
17	1	0.5	1.1	18	3332 2311	1002	1002	1001	2001	1001	1012	1012	1001
18	1	1	1.1	25	3123 4543	2002	2002	1002	2002	1012	1212	1012	2202
19	0	0.5	0.7	19	2223 2332	1001	1002	1002	1002	1001	1002	1002	1001
20	1	0.5	0.6	18	3322 2312	2001	1002	1001	1001	1001	1001	0001	1001
21	0	0.5	0.3	18	3232 2321	1001	1001	1001	1001	2001	1001	1001	1001
22	1	1	1.2	28	2443 3543	1001	1201	1002	2002	2002	1212	1211	1012
23	1	0.5	1.1	25	5333 3233	2221	2011	2001	1002	2001	1001	1001	2201
24	0	0.5	0.3	15	2222 3211	1001	2001	2001	1001	1001	1001	1001	1001
25	1	0.5	0.9	20	1222 3343	1001	1001	1001	1001	2012	2012	1211	1201
26	1	1	1.3	29	3344 4524	1002	3002	3002	1002	2012	2212	1011	1211
27	1	0.5	1.1	20	4221 3323	1211	2001	2001	1001	2001	1002	1001	1012
28	1	1	1.3	32	4535 3453	1012	1212	2001	2002	2002	2012	1212	2011
29	0	0.5	0.7	20	3322 3322	2002	2002	2001	2001	2001	1002	1001	2001
30	1	0.5	0.8	22	2213 3344	2001	1001	2001	2001	1002	1012	3211	2012
31	1	1	1.5	28	3333 4435	1012	1002	2002	2012	2022	1022	3022	1221
Mittel	0.6	0.6	0.8	21.9									
Max.	1	1.5	1.7	38									
Min.	0	0	0.2	15									

Niemegk **August** **1951**

Tag	n	f	ν	ΣK_1	K_1	K_2							
						0—3	3—6	6—9	9—12	12—15	15—18	18—21	21—0
1	1	1	1.5	29	3223 3556	1212	1011	1001	1002	1011	2012	1212	1212
2	1	0.5	1.1	26	5432 3333	1202	1212	1001	1001	1001	1201	1002	2101
3	0	0.5	0.5	15	2213 2212	1001	1001	1001	1001	1001	1001	1001	2001
4	1	0.5	0.8	22	3322 3333	1002	1002	1001	1001	1201	2002	1201	1202
5	1	0.5	0.7	20	4221 3323	1202	1002	1001	1001	2001	2202	1001	1001
6	0	0.5	0.5	18	4012 3323	1201	1001	2001	1001	2111	1111	1001	1001
7	0	0.5	0.5	19	1313 2234	1001	2002	1001	1002	1001	1012	2211	2201
8	0	0.5	0.2	15	2212 1223	1001	1001	1001	1001	1001	1001	1001	2001
9	0	0.5	0.6	19	2122 3324	1101	1001	1001	1001	1002	1002	1001	2201
10	1	0.5	0.5	20	2232 3233	1001	1101	1002	1002	1002	1001	2101	2002
11	1	0.5	0.9	22	2223 4333	1001	2001	1001	1002	1012	1002	2201	1101
12	1	0.5	0.9	25	3323 3344	1012	1001	2001	1002	1012	1012	2012	1002
13	1	1	1.5	32	3543 4562	1001	1012	2012	2002	1022	1022	1322	1001
14	1	0.5	0.6	18	2213 2224	1001	1001	1001	1002	2001	2001	2001	1201
15	1	0.5	1.1	23	3231 2354	1201	1001	2001	1001	2001	2002	1002	1002
16	1	0.5	1.3	25	2345 3323	1001	2001	2002	2002	1001	1002	1001	1002
17	1	0.5	1.0	23	3231 3533	2002	2001	2002	1001	2002	1002	1001	2002
18	0	0	0.2	10	2211 1111	1001	1001	1001	1001	1001	1001	1001	1001
19	0	0.5	0.6	18	1222 3332	1001	1001	1001	1001	1001	2002	2002	1001
20	1	1	1.3	32	5443 3355	2222	1012	2201	1002	1002	1002	1202	1002
21	1	1	1.6	34	6334 4545	1322	1012	2002	2002	2012	2222	1012	1212
22	1	1	1.3	29	5432 4353	1022	2012	2002	1001	1012	1211	1202	1002
23	1	1	1.1	26	3123 3446	1101	1001	1101	2002	2002	1201	1201	2312
24	1	0.5	1.0	27	4433 3244	1002	2002	2002	2002	1002	1001	2201	1201
25	1	1	1.4	33	4554 3552	1002	3002	2002	2202	2001	2302	1301	1001
26	1	0.5	1.3	29	4343 4344	2201	2002	2201	2002	2002	1002	2202	2201
27	1	0.5	1.2	28	2333 3455	2001	1001	1002	2002	2002	1212	1201	1002
28	1	0.5	1.0	25	3333 3244	1001	2001	2001	2002	1001	1001	2201	1002
29	1	0.5	0.8	23	3223 3424	2201	2001	2001	2001	2001	1201	1001	2201
30	0	0.5	0.6	15	1102 2333	1001	2001	1001	1001	1001	1001	1001	1201
31	1	0.5	0.9	21	2132 3334	2001	1001	1002	2001	2001	1201	1001	2201
Mittel	0.7	0.6	0.9	23.3									
Max.	1	1	1.6	34									
Min.	0	0	0.2	10									

Aktivitätszahlen und Kennziffern

Niemegk — **September** — 1951

Tag	n	f	ν	ΣK_1	K_1	K_2 0—3	3—6	6—9	9—12	12—15	15—18	18—21	21—0
1	0	0.5	0.3	13	2121 2203	1001	1001	2001	1001	1001	1001	1001	2101
2	0	0.5	0.1	11	2110 2212	1001	1001	1001	1001	1001	1001	1001	2001
3	0	0.5	0.3	15	3122 2113	2002	1001	1001	1001	1001	1001	1001	2101
4	0	0.5	0.3	15	2211 2223	1001	1001	1001	1001	1001	1001	2002	2002
5	1	0.5	0.8	18	2112 2244	1001	1001	1001	1001	1001	1001	1002	2202
6	1	0.5	1.0	23	4233 2243	1201	1001	1002	1002	1001	1001	3002	1002
7	1	0.5	0.8	17	3112 2242	1002	1001	1001	1001	1001	1101	2201	1001
8	1	0.5	0.6	16	1121 3332	1001	1001	1001	1001	1001	2201	2201	2101
9	1	0.5	0.9	22	3313 3333	1101	1001	1001	2001	1012	1012	1012	1002
10	1	0.5	1.2	26	4443 4331	1002	1002	2002	2002	1022	1211	1001	1001
11	1	1	1.4	27	3232 3446	1201	1101	1202	1002	1012	1212	1012	1322
12	1	1	1.3	30	3333 4446	2002	1002	1002	1002	1012	1212	2201	1312
13	1	1	1.4	31	5432 4346	1002	1002	1002	1001	1002	1022	1212	1312
14	1	0.5	1.1	26	4432 4333	2202	1002	2002	2001	2201	1001	1002	1001
15	1	0.5	1.3	29	4343 4434	1212	1002	1202	1001	1201	1212	1002	1201
16	1	1	1.8	39	4545 5556	1012	2012	2201	2202	2222	2222	1012	1312
17	1	1	1.5	32	5333 5535	1212	2001	2002	2002	2002	1212	1002	2202
18	1	0.5	1.1	30	4333 3653	1002	1012	2001	1001	2001	2001	1301	2101
19	1	1	1.7	33	3133 5774	1101	1001	2001	2002	2002	2322	1322	1212
20	1	1	1.7	43	4455 6676	2212	2002	2002	2012	2312	2312	1312	1312
21	1	1.5	1.7	42	5655 5556	1012	2202	2002	2212	2012	2022	2212	1202
22	1	1	1.7	42	5555 5566	1012	2002	3002	2012	2012	1012	1302	1302
23	1	1	1.5	35	5543 4455	1202	2202	2002	2012	2012	1211	1201	1002
24	1	1	1.3	32	5434 5443	1012	2002	2002	2201	2201	2101	1201	1001
25	2	1.5	1.8	42	4334 5788	1201	1201	1002	1002	1022	2033	1023	2323
26	1	1.5	1.6	29	7533 3323	2333	2023	1022	1002	1001	1002	1001	1001
27	1	1	1.6	33	5555 4333	1012	2211	2212	2002	2002	1101	1002	1002
28	1	0.5	0.6	13	4211 1013	1202	1001	2001	2001	1001	1001	1001	2001
29	1	1	1.2	26	3221 4653	2002	1001	1001	2001	1001	2312	1212	1002
30	0	0.5	0.4	16	4322 2111	1002	1002	2001	1001	1001	1001	1001	1001
Mittel	0.9	0.8	1.1	26.9									
Max.	2	1.5	1.8	43									
Min.	0	0.5	0.1	11									

Niemegk — **Oktober** — 1951

Tag	n	f	ν	ΣK_1	K_1	K_2 0—3	3—6	6—9	9—12	12—15	15—18	18—21	21—0
1	0	0.5	0.3	14	2112 1322	1001	1001	1001	1001	1001	1101	2101	2001
2	0	0.5	0.7	20	3332 2214	1002	1002	1002	1001	1001	1001	1001	2201
3	0	0.5	0.3	14	1112 2133	1001	1001	1001	1001	2001	2001	2201	1001
4	0	0.5	0.2	9	1001 1132	1001	1001	1001	1001	1001	1001	2201	1001
5	0	0.5	0.2	10	3100 1122	2201	1001	1001	1001	1001	1001	1001	1001
6	0	0	0.0	4	2110 0000	2001	1001	1001	1001	1000	1000	1001	1001
7	1	1	1.5	27	2113 3575	3001	2001	2001	1002	1012	1222	1223	1023
8	1	1	1.6	38	6554 5544	1212	2012	2012	1002	2301	1202	1201	2211
9	1	0.5	1.3	28	4234 4335	1002	1001	1001	2201	1012	1002	1002	1302
10	1	1	1.4	34	4435 3555	1201	1002	1002	2002	1002	1201	1201	1201
11	1	0.5	0.9	22	4233 3430	1201	1001	2002	2001	1002	1002	1002	1001
12	0	0.5	0.8	18	2214 3222	1001	1001	1001	1002	1002	1001	1001	1001
13	1	0.5	1.2	27	2334 3255	1001	1002	1001	2002	2001	1001	1201	1202
14	1	0.5	1.0	26	5232 1355	1201	1001	2001	1001	2001	1201	1202	1002
15	1	0.5	0.8	20	3222 1244	1002	1001	2001	1001	1001	1001	2201	2201
16	1	0.5	1.1	27	3333 2355	1001	1001	1001	1001	1001	1002	1202	1202
17	1	1.5	1.7	42	5545 4775	1022	2012	2012	2012	2012	2312	1322	1022
18	1	1	1.5	35	4444 5644	1211	2012	2002	3012	2211	2312	2012	2012
19	1	1	1.5	38	5544 4565	2212	2212	2002	2002	2201	2201	1002	2202
20	0	0.5	1.0	26	5233 3352	1002	1001	1002	2001	2002	2101	1201	1001
21	0	0.5	0.8	21	3324 2232	1001	1101	1001	1002	2001	1001	1201	1001
22	1	0.5	1.0	28	3332 3554	1202	1002	1001	1001	1001	1002	1201	2002
23	1	0.5	0.7	18	3111 3423	1001	1001	1001	1001	1101	2201	1001	1002
24	0	0	0.1	10	2111 1022	1001	1001	1001	1001	1001	1001	1001	2001
25	0	0	0.0	6	2101 0011	1001	1001	1001	1001	1001	1001	1001	1001
26	1	0.5	1.0	21	1123 3236	1001	1001	1001	1002	1001	1001	1001	2302
27	0	0.5	0.5	14	3322 2101	1001	1002	1001	1001	1001	1001	1000	1001
28	2	1.5	1.9	35	1324 6784	1001	1001	1001	2001	3023	2033	2033	1012
29	0	0.5	0.6	15	3222 3111	1001	1001	1001	2001	1001	1001	1001	1001
30	0	0.5	0.5	11	1323 1010	1001	1001	2001	2001	1001	1001	2001	1000
31	0	0	0.0	4	0000 1012	1001	1001	1001	1001	1001	1001	1001	2001
Mittel	0.6	0.6	0.8	21.4									
Max.	2	1.5	1.9	42									
Min.	0	0	0	4									

Aktivitätszahlen und Kennziffern

Niemegk **November** **1951**

Tag	n	f	ν	ΣK_1	K_1	K_2							
						0—3	3—6	6—9	9—12	12—15	15—18	18—21	21—0
1	0	0.5	0.3	12	1012 2123	1001	1001	1001	1001	1001	1001	1001	1002
2	1	0.5	0.8	24	3322 3434	2002	1002	1001	2001	2001	2201	1001	1002
3	1	1	1.2	28	3433 4335	1001	1202	1002	2002	1201	1002	1002	2002
4	1	1	1.1	31	5432 3545	1002	1002	1002	1001	1001	1201	2001	2201
5	1	0.5	0.8	23	3333 1244	1001	1001	1001	1002	1001	2001	2201	2201
6	1	1	1.1	24	2222 3463	1001	1001	1001	1001	1001	1002	2312	2201
7	1	0.5	1.0	25	5333 3332	1202	2002	2001	1002	1002	1002	1001	2001
8	0	0.5	0.4	15	3212 1033	2201	1001	1001	1001	1001	1001	1002	1001
9	0	0.5	0.9	24	1334 3433	1001	1001	2002	2002	2002	1201	1001	1001
10	0	0	0.0	8	2111 1110	1001	2001	1001	1001	1001	1001	1001	1001
11	0	0.5	0.4	13	0001 2244	1001	1000	2001	1001	1001	1001	1001	1201
12	1	0.5	1.1	26	5333 3423	2202	1001	1001	1001	1012	1212	1011	2001
13	1	1	1.6	34	3334 4656	1002	1101	2002	2002	1012	1023	1023	1312
14	1	1	1.6	35	5343 4565	1222	1002	2002	1002	2002	2202	1312	1012
15	1	1	1.2	29	4324 4534	1012	1012	2001	2002	2201	2202	1002	1002
16	1	0.5	0.6	21	3322 3431	1202	1001	2001	1001	1002	2201	1201	1001
17	1	0.5	1.1	24	2222 2365	1001	1001	1001	2001	2001	1002	2302	1002
18	0	0.5	0.4	16	3122 1133	1001	1001	2001	2001	1001	1001	2101	1001
19	0	0.5	0.3	13	1211 1223	1001	1001	1001	1001	1001	2001	1001	2201
20	1	0.5	0.9	23	4211 2355	1002	1001	1001	1001	1001	1002	1202	1202
21	0	0.5	0.5	18	3311 1144	1001	1001	1001	1001	1001	1001	2201	2201
22	1	0.5	0.9	22	4222 2244	1002	1001	2001	1001	1001	2001	1202	1202
23	1	0.5	0.9	26	4213 3454	1201	1001	1001	1001	2001	2202	2201	1002
24	1	0.5	0.9	22	3312 4522	1002	1002	2001	1001	2001	2212	1001	1001
25	1	0.5	1.0	23	2222 3435	1001	1001	1001	1001	1001	1202	1101	2202
26	1	0.5	0.7	19	2211 3352	1001	1001	1001	1001	1002	1001	1201	1001
27	0	0	0.1	13	2211 1123	1001	1001	1001	1001	1001	1001	1001	1001
28	1	0.5	1.0	25	3222 4345	1001	1001	1001	1001	2002	2012	1211	1202
29	1	0.5	1.2	29	4323 4544	1002	1001	2001	2002	1212	1211	2212	1202
30	0	0.5	0.7	22	3222 4333	1002	1001	2001	2001	2211	1012	2012	1001
Mittel	0.7	0.6	0.8	22.2									
Max.	1	1	1.6	35									
Min.	0	0	0	8									

Niemegk **Dezember** **1951**

Tag	n	f	ν	ΣK_1	K_1	K_2							
						0—3	3—6	6—9	9—12	12—15	15—18	18—21	21—0
1	1	0.5	0.8	22	3223 3333	2002	1001	1001	1001	1001	1001	2201	1202
2	1	0.5	0.7	21	3331 2333	1001	1202	1002	1001	1001	1002	2201	1101
3	1	0.5	0.8	19	3211 2334	1002	1001	1001	1001	1001	1001	2002	2202
4	1	1	1.3	30	3323 4555	1002	2002	2001	1002	2002	1002	1202	1202
5	1	0.5	0.7	21	3312 3423	1002	1001	2001	2001	2001	2201	1001	1002
6	0	0.5	0.1	11	1111 1132	1001	1001	1001	2001	2001	2001	2201	1001
7	1	0.5	0.9	21	2112 3444	1001	2001	2001	1001	1002	1002	1002	1201
8	1	1	1.7	35	6334 4564	1302	1002	2002	2002	2012	2212	2312	2202
9	1	1	1.5	33	4434 5553	1002	2002	2001	2012	2022	2022	1212	1002
10	1	1	1.3	30	2344 3554	1001	2001	2002	2012	2022	1222	1012	2012
11	1	1	1.1	32	4344 4535	1202	1002	1002	2002	2012	1212	1211	1202
12	0	0.5	0.5	18	2222 3133	1001	1001	2001	2001	2001	2001	1001	1001
13	0	0.5	0.2	15	2221 2123	1001	1001	1001	1001	1001	1001	1001	2001
14	1	0.5	0.7	16	2211 0145	1001	1001	1001	1001	1001	1001	1002	2202
15	1	0.5	1.2	27	5223 3363	1002	1002	1001	2002	2002	2002	2312	1012
16	0	0.5	0.5	20	3322 2323	1001	1001	2001	1001	1001	1001	1001	1101
17	1	0.5	1.0	24	3312 3444	1001	1002	2001	2001	2002	2212	1012	1012
18	1	0.5	1.1	27	4332 2445	1002	1002	2001	2001	2001	2202	1002	1202
19	1	1	1.2	31	4234 4545	1002	1001	2001	2002	2202	2202	1002	1201
20	0	0.5	0.6	21	4323 2232	1002	1002	1001	2002	2001	1001	1101	1001
21	0	0.5	0.4	14	2211 1214	1001	1001	1001	1001	1001	1001	1001	2202
22	1	0.5	1.4	29	3412 3664	1002	1202	1001	1001	1002	1023	1322	1012
23	0	0.5	0.8	19	4223 2321	1012	1001	2001	2002	1001	1001	1001	1001
24	0	0	0.1	10	2110 0132	1001	1001	2001	1001	1001	1001	2101	1001
25	0	0	0.1	10	2111 1112	1001	1001	1001	1001	1001	1001	1001	2101
26	0	0	0.0	6	1011 1110	1001	1001	1001	1001	2001	1001	1001	1001
27	1	0.5	0.9	18	1312 3125	1001	1101	1001	1001	2002	1001	1001	2012
28	1	1.5	1.8	38	4665 5453	2012	2312	2013	2022	2022	1022	1221	1012
29	0	0.5	0.5	15	3101 3322	1101	1001	1001	1001	1201	1001	1001	2001
30	0	0.5	0.6	14	1112 2124	1001	1000	1001	1001	1001	1001	1001	2002
31	1	1	1.5	31	3234 4555	1002	1001	2002	2202	2211	2022	1012	1202
Mittel	0.6	0.6	0.8	21.9									
Max.	1	1.5	1.8	38									
Min.	0	0	0	6									

Tagesmittel der Elemente

Niemegk Begrenzung der Tage nach Weltzeit **1951**

D = — 3° 0.′0 + Tafelwert

Tag	Jan.	Febr.	März	April	Mai	Juni	Juli	Aug.	Sept.	Okt.	Nov.	Dez.
	′	′	′	′	′	′	′	′	′	′	′	′
1	10.7	**14.5**	12.8	12.7	**18.5**	12.8	14.5	14.6	15.5	15.8	17.1	17.7
2	11.1	12.2	12.5	12.1	15.6	14.0	14.6	15.9	15.7	16.6	17.9	18.3
3	10.9	11.8	12.0	14.1	13.8	13.4	**16.1**	14.4	14.9	15.8	18.6	17.3
4	10.5	11.2	11.8	12.1	14.4	12.6	15.4	14.5	**14.8**	15.8	18.3	18.0
5	10.6	12.2	11.3	14.3	13.7	**12.2**	14.1	14.3	15.6	15.7	18.1	17.5
6	10.9	13.7	**10.9**	12.8	14.0	12.9	14.6	14.0	16.0	**15.1**	16.8	**17.1**
7	10.7	12.8	11.0	13.5	12.7	13.8	15.4	15.2	15.1	16.9	18.5	**17.1**
8	**9.9**	13.3	13.6	13.4	13.1	12.5	15.3	15.1	**14.8**	17.1	17.4	19.1
9	10.1	13.3	14.2	13.0	**11.5**	12.9	14.3	14.5	14.9	17.2	15.5	18.4
10	10.7	12.9	14.2	12.5	13.0	12.5	16.0	15.3	14.9	17.1	17.2	18.4
11	11.6	12.7	13.5	12.7	13.7	12.5	14.5	**13.7**	16.8	16.5	17.4	18.5
12	10.8	13.3	12.1	13.8	13.4	13.9	14.5	15.1	17.0	15.3	17.2	18.0
13	11.7	12.4	**14.9**	12.8	13.4	14.6	14.9	14.6	17.4	17.0	18.9	17.7
14	11.5	12.7	13.8	12.3	14.2	14.1	14.2	16.4	16.4	17.6	**20.1**	18.2
15	11.7	11.6	13.5	12.7	14.1	13.0	15.5	15.6	15.6	16.4	18.6	18.9
16	12.5	11.7	12.1	12.6	14.5	13.4	13.7	16.2	16.3	17.0	17.9	17.3
17	11.5	11.3	13.0	12.4	13.1	13.5	14.2	15.5	16.9	17.3	18.0	18.3
18	11.2	12.0	12.2	**11.9**	13.6	**16.4**	13.7	15.6	16.3	17.7	17.5	18.3
19	11.7	**11.1**	12.0	14.0	14.8	13.1	14.4	14.6	16.5	**19.4**	17.3	18.3
20	11.2	11.7	12.4	**16.4**	12.9	13.6	14.5	15.7	17.3	18.2	17.0	17.9
21	12.0	11.8	11.1	13.6	13.6	14.3	14.2	**17.5**	16.9	17.2	17.8	18.0
22	**13.3**	12.2	13.7	13.5	13.4	14.4	**13.3**	16.7	17.2	16.9	17.3	**20.3**
23	11.8	14.0	12.9	12.8	12.5	14.1	14.7	16.2	17.4	17.0	17.7	18.5
24	11.1	13.3	14.2	12.8	13.2	13.4	14.4	15.9	17.4	16.4	16.9	18.1
25	11.3	12.7	13.0	14.6	13.1	13.4	14.7	15.9	19.6	16.1	**16.7**	17.8
26	10.6	12.5	13.1	14.5	14.2	15.0	14.6	15.4	**22.9**	16.6	17.5	17.4
27	11.5	11.3	13.1	**11.9**	16.0	13.3	14.5	16.3	18.4	17.1	17.6	17.2
28	12.6	11.2	13.0	13.1	13.5	13.1	15.5	15.0	16.8	17.1	18.1	18.2
29	11.3		11.7	13.0	12.6	13.9	15.4	15.8	17.3	19.3	18.5	18.8
30	11.7		12.6	13.2	13.5	14.5	15.5	15.1	16.3	18.0	18.0	18.4
31	10.8		12.5		13.5		15.9	15.1		17.5		20.1
M.	11.3	12.2	12.7	13.2	13.8	13.6	14.7	15.3	16.6	16.9	17.7	18.2

I = 67° 10.′0 + Tafelwert

Jan.	Febr.	März	April	Mai	Juni	Juli	Aug.	Sept.	Okt.	Nov.	Dez.	Tag
′	′	′	′	′	′	′	′	′	′	′	′	
1.7	3.3	2.7	1.2	2.3	**0.6**	1.6	1.9	2.2	2.5	3.1	2.8	1
1.6	2.5	2.3	2.2	**4.5**	1.7	**3.2**	2.3	2.1	2.8	3.1	3.6	2
1.6	1.9	1.8	2.6	2.7	1.5	2.9	2.3	1.7	2.8	3.2	3.0	3
1.6	2.6	1.5	3.2	2.5	1.0	2.8	1.6	**1.6**	2.6	3.8	2.6	4
1.4	2.1	1.2	2.8	2.2	0.8	2.3	1.7	1.9	2.4	3.2	2.6	5
1.7	2.8	**0.9**	3.3	2.2	1.7	2.0	1.6	**1.6**	2.1	4.1	2.0	6
1.6	2.2	2.4	2.8	2.3	1.5	1.6	1.6	2.0	3.3	3.8	2.1	7
1.3	3.0	2.7	2.4	1.9	1.1	1.6	1.8	1.8	4.6	2.5	3.5	8
1.3	3.2	2.4	2.7	1.2	1.3	1.6	2.2	2.5	3.9	2.4	4.2	9
2.2	2.4	2.3	2.3	2.7	0.8	1.9	1.5	3.4	3.9	2.2	3.7	10
2.6	2.6	2.6	1.9	2.7	0.9	1.8	**1.3**	3.1	3.9	2.5	3.6	11
2.6	2.3	2.5	1.8	2.0	1.4	1.9	2.1	3.9	2.7	3.7	2.8	12
2.3	2.6	3.4	2.6	1.8	1.4	1.6	2.9	3.6	2.9	**5.1**	2.5	13
2.5	2.0	**3.9**	2.2	1.7	1.0	1.5	2.5	3.1	3.5	4.0	1.9	14
2.0	1.9	2.6	2.0	1.2	2.0	1.6	1.9	3.7	2.9	3.7	3.2	15
2.3	1.7	1.7	1.6	2.0	2.1	1.8	2.3	4.7	3.1	3.0	2.3	16
1.9	1.8	2.4	1.6	2.1	1.2	1.5	2.3	4.1	4.5	2.5	2.7	17
1.5	1.7	2.0	2.0	1.7	**3.0**	2.0	2.1	2.7	4.0	3.0	3.0	18
1.5	**1.3**	1.8	2.2	1.8	2.9	1.9	2.0	4.1	3.6	2.2	2.8	19
1.7	1.6	2.1	2.9	1.7	1.9	1.6	2.1	6.1	3.5	2.4	2.8	20
2.2	1.5	1.2	**3.8**	1.2	1.9	1.5	**3.1**	5.1	3.0	**2.1**	2.1	21
3.0	1.7	2.2	2.8	**0.9**	1.7	1.7	**3.1**	4.6	3.2	**2.1**	4.0	22
2.5	2.9	3.1	2.6	1.6	1.6	1.9	2.4	3.5	3.2	2.8	3.6	23
2.1	**3.4**	2.9	3.2	1.8	1.5	1.7	2.8	3.9	2.3	3.1	2.6	24
1.9	2.5	2.2	3.6	1.3	2.0	**1.4**	2.7	**6.5**	1.8	2.8	2.4	25
2.3	2.2	2.2	2.8	1.5	1.8	1.9	2.7	5.5	**1.7**	2.8	1.9	26
2.2	2.1	1.9	1.6	2.7	1.3	1.5	2.4	3.4	2.3	**2.1**	**1.0**	27
2.3	2.2	1.8	1.1	1.4	0.8	**1.4**	2.1	3.4	6.4	2.3	**5.9**	28
2.5		2.8	1.5	1.2	1.2	1.9	2.4	3.3	**6.5**	2.8	3.9	29
2.2		1.7	**1.0**	1.4	1.3	1.9	2.1	3.3	4.7	3.0	2.9	30
3.9		1.8		1.1		2.9	2.0		3.4		3.5	31
2.1	2.3	2.2	2.3	1.9	1.5	1.9	2.2	3.4	3.4	3.0	3.0	M.

H = 18 350 γ + Tafelwert

Tag	Jan.	Febr.	März	April	Mai	Juni	Juli	Aug.	Sept.	Okt.	Nov.	Dez.
	γ	γ	γ	γ	γ	γ	γ	γ	γ	γ	γ	γ
1	60	36	45	68	52	**78**	68	65	62	60	55	57
2	60	49	51	57	**26**	62	**35**	56	64	56	53	47
3	59	56	57	48	52	65	52	61	68	56	50	56
4	59	49	60	41	51	74	52	68	**70**	59	42	60
5	**64**	54	65	44	58	77	57	66	67	61	52	61
6	59	43	**67**	40	58	67	64	69	69	63	42	68
7	60	52	49	45	54	68	66	66	64	49	46	67
8	63	43	45	52	61	71	67	65	66	32	62	49
9	**64**	40	47	50	**72**	69	66	59	59	40	63	39
10	51	48	49	54	50	77	63	69	48	41	**67**	47
11	47	45	47	59	52	75	67	**72**	52	42	62	47
12	47	49	48	61	61	68	64	62	39	57	46	58
13	52	47	36	50	63	69	67	54	44	53	**29**	62
14	48	54	**31**	56	65	73	69	58	52	44	39	69
15	54	56	48	59	69	61	68	67	46	55	46	51
16	51	59	61	65	57	61	67	60	33	51	54	64
17	56	58	52	64	58	73	72	60	40	32	61	60
18	62	57	56	61	60	**43**	65	62	58	39	55	56
19	61	**64**	58	54	61	52	64	65	44	43	65	58
20	57	59	55	47	64	63	66	62	14	45	63	57
21	53	60	**67**	**32**	69	64	69	51	24	53	**67**	67
22	41	56	54	48	**72**	66	66	**47**	31	51	66	42
23	47	40	42	50	63	67	63	59	46	52	57	47
24	53	**35**	46	49	64	69	67	53	42	63	55	61
25	56	47	53	38	69	65	**73**	55	**12**	**70**	58	62
26	52	52	54	48	68	66	66	54	**12**	69	57	70
27	51	50	57	66	45	72	69	59	50	62	66	**80**
28	50	48	60	71	67	77	71	65	49	18	64	**15**
29	49		48	66	69	71	64	60	51	**12**	56	42
30	52		61	**72**	68	70	65	65	49	35	55	58
31	**28**		60		71		56	67		52		48
M.	54	50	53	54	60	68	64	61	48	49	55	56

F = 47 450 γ + Tafelwert

Jan.	Febr.	März	April	Mai	Juni	Juli	Aug.	Sept.	Okt.	Nov.	Dez.	Tag
γ	γ	γ	γ	γ	γ	γ	γ	γ	γ	γ	γ	
48	41	42	51	47	60	64	68	71	76	80	78	1
47	46	46	56	54	54	**34**	**58**	71	73	77	78	2
44	44	44	48	60	56	67	68	70	75	**71**	79	3
44	**48**	42	49	53	61	62	66	70	74	**71**	80	4
46	45	43	**42**	59	62	63	63	71	73	77	80	5
45	38	44	48	57	66	69	71	70	71	**81**	79	6
44	44	43	47	54	62	61	62	69	70	78	79	7
44	45	42	51	57	56	62	65	67	70	80	76	8
44	43	**39**	56	**66**	58	62	62	71	69	**81**	78	9
43	42	**39**	53	56	62	62	65	74	71	80	80	10
44	41	43	51	60	61	70	67	72	75	79	77	11
45	40	44	53	58	57	66	65	67	76	78	80	12
45	44	44	52	60	62	63	74	70	70	79	80	13
44	43	45	55	61	58	66	69	71	**66**	72	80	14
45	43	48	56	57	60	65	73	77	72	76	75	15
46	45	49	56	50	61	69	68	80	73	78	79	16
44	43	49	53	56	63	73	68	75	69	77	**82**	17
46	42	46	59	50	**45**	71	67	75	72	78	79	18
43	43	46	50	54	66	64	72	**87**	**66**	79	80	19
43	41	47	54	56	63	62	65	73	70	80	77	20
46	42	49	46	58	65	65	71	68	72	77	77	21
42	39	50	56	55	66	64	61	67	76	76	77	22
41	36	48	53	52	63	63	70	71	75	79	76	23
44	38	50	**69**	61	66	65	67	75	77	79	79	24
45	40	46	57	58	**71**	70	66	82	77	78	78	25
45	42	49	54	63	67	69	67	**51**	74	79	78	26
44	**34**	49	60	**45**	67	65	70	77	73	79	77	27
41	35	53	58	55	64	66	73	75	**97**	77	**70**	28
44		**54**	57	56	59	66	71	78	83	74	76	29
44		50	56	57	61	68	74	73	82	76	80	30
38		52		55		**78**	**76**		81		79	31
44	42	46	54	56	61	65	68	72	74	78	78	M.

Abweichung der fortlaufend gebildeten Tagesmittel vom Normalwert

Niemegk Weltzeit **1951**

Datum I	Datum II	Tagesmitte Uhr	Januar I X	Januar I Y	Januar I Z	Januar II X	Januar II Y	Januar II Z
		0	126	-24	28	12	36	35
		6	114	-34	31	-9	73	45
1	16	12	93	-24	47	-1	63	36
		18	95	-18	45	18	54	20
		0	90	-17	43	7	58	19
		6	83	-14	41	37	31	12
2	17	12	92	-5	26	45	1	9
		18	104	-38	9	52	-8	17
		0	79	-35	6	80	-11	14
		6	75	-9	3	83	-17	8
3	18	12	84	-14	-3	107	-14	-4
		18	66	3	6	115	-2	-18
		0	55	16	8	120	-3	-23
		6	78	-6	-1	143	-27	-38
4	19	12	83	-35	-1	99	9	-33
		18	112	-41	-3	61	28	-31
		0	133	-54	-2	43	38	-26
		6	142	-58	6	30	40	-13
5	20	12	136	-33	1	52	-17	-20
		18	121	-40	1	100	-54	-20
		0	96	-21	9	141	-67	-32
		6	81	-6	5	79	-39	1
6	21	12	77	-19	4	19	32	37
		18	94	-25	1	-9	36	20
		0	89	-35	1	-109	-2	37
		6	87	-32	-3	-133	68	60
7	22	12	86	-29	-2	-107	102	31
		18	95	-31	-5	-117	85	39
		0	116	-47	-21	-99	139	38
		6	99	-67	-16	-70	85	5
8	23	12	110	-74	-20	-42	17	0
		18	110	-77	-21	-29	29	16
		0	107	-70	-13	-5	17	18
		6	133	-62	-26	16	-5	11
9	24	12	125	-61	-29	14	-19	9
		18	109	-33	-27	13	-13	12
		0	104	-31	-40	25	-12	12
		6	84	-49	-32	38	-13	3
10	25	12	4	-26	11	48	-15	3
		18	-51	6	32	56	-16	-2
		0	-73	16	51	86	-24	-20
		6	-79	35	58	101	-50	-33
11	26	12	-39	21	49	10	-47	22
		18	-7	-12	44	-18	-32	31
		0	-36	-35	46	-56	-22	43
		6	-73	-23	68	-68	-6	50
12	27	12	-44	-25	50	-4	-3	6
		18	-40	-27	37	4	12	-6
		0	-14	1	42	6	14	-7
		6	34	-8	22	-5	19	-7
13	28	12	7	25	29	-18	54	-13
		18	-6	42	37	-26	41	-5
		0	-4	31	30	-43	29	4
		6	-42	25	38	-39	35	10
14	29	12	-30	11	36	-24	-17	16
		18	-23	-8	30	-10	5	16
		0	-1	-9	21	30	5	2
		6	23	-2	18	36	-7	-18
15	30	12	27	19	16	8	3	3
		18	20	32	29	47	0	-24
		0				-94	-45	-45
		6				-192	-73	13
	31	12				-232	-34	35
		18				-293	54	54

Datum I	Datum II	Tagesmitte Uhr	Februar I X	Februar I Y	Februar I Z	Februar II X	Februar II Y	Februar II Z
		0	-271	153	100	46	-6	-24
		6	-200	190	67	60	-14	-33
1	16	12	-149	159	38	73	-19	-40
		18	-152	74	66	83	-27	-43
		0	-74	44	67	90	-32	-54
		6	-49	59	57	83	-50	-58
2	17	12	-26	29	35	59	-43	-42
		18	-1	20	22	71	-13	-48
		0	13	18	9	92	-28	-67
		6	31	7	-1	40	-17	-50
3	18	12	45	4	-8	47	-6	-59
		18	70	-10	-13	55	-52	-60
		0	72	-21	-6	48	-56	-50
		6	-8	-28	34	104	-52	-69
4	19	12	-28	-26	49	114	-51	-82
		18	-37	-19	52	87	-38	-82
		0	-4	-21	37	60	-4	-69
		6	61	-40	-8	50	6	-68
5	20	12	20	24	2	65	-23	-78
		18	5	93	-43	86	-25	-83
		0	-89	124	-29	107	-45	-94
		6	-129	181	3	115	-56	-93
6	21	12	-82	109	-23	82	-17	-77
		18	-89	62	25	99	-11	-95
		0	-44	57	19	114	-27	-119
		6	0	27	2	19	-5	-67
7	22	12	1	54	-4	40	4	-89
		18	12	23	-10	-31	41	-100
		0	21	11	-12	-116	41	-84
		6	-32	29	14	-118	64	-56
8	23	12	-86	87	45	-114	106	-56
		18	-108	114	53	-152	131	-36
		0	-118	114	46	-184	138	-7
		6	-135	100	53	-147	148	-32
9	24	12	-122	83	36	-177	72	-6
		18	-128	83	19	-142	37	14
		0	-136	78	27	-105	61	11
		6	-90	76	1	-72	30	-29
10	25	12	-44	57	-13	-57	29	-43
		18	-30	60	-24	-25	8	-42
		0	-32	73	-23	18	2	-56
		6	-50	90	-19	9	5	-50
11	26	12	-65	46	-9	-4	20	-42
		18	-60	86	-29	-11	35	-118
		0	-58	70	-36	-70	51	-123
		6	-73	38	-24	-68	18	-114
12	27	12	-34	75	-40	-23	-44	-117
		18	-47	32	-3	9	-132	-59
		0	-47	27	13	27	-160	-83
		6	-26	52	5	15	-123	-105
13	28	12	-53	29	10	-47	-51	-102
		18	-42	39	10	-98	62	-90
		0	-32	59	-1			
		6	-8	46	-23			
14	29	12	17	44	-38			
		18	31	11	-37			
		0	48	-3	-45			
		6	60	0	-43			
15	30	12	39	-24	-30			
		18	41	-18	-27			
		0						
		6						
	31	12						
		18						

Datum I	Datum II	Tagesmitte Uhr	März I X	März I Y	März I Z	März II X	März II Y	März II Z
		0	-86	80	-40	45	-62	11
		6	-88	70	-17	71	-74	-6
1	16	12	-70	34	-15	85	-24	-16
		18	-49	5	3	81	-14	-22
		0	-30	13	5	43	7	-19
		6	-23	21	1	6	59	2
2	17	12	-9	17	-6	-3	29	7
		18	3	11	-15	-8	34	5
		0	16	1	-27	10	22	-3
		6	41	-13	-42	27	-27	-31
3	18	12	43	-17	-47	28	-21	-35
		18	48	-25	-47	34	-41	-47
		0	57	-21	-56	46	-30	-52
		6	56	-26	-66	46	-21	-48
4	19	12	80	-29	-80	49	-37	-47
		18	88	-27	-89	49	-16	-32
		0	123	-46	-97	67	-13	-35
		6	140	-58	-98	37	-12	-27
5	20	12	129	-60	-90	23	-10	-23
		18	137	-62	-92	25	-18	-22
		0	155	-66	-103	39	-37	-32
		6	145	-92	-98	90	-55	-48
6	21	12	148	-83	-103	138	-89	-64
		18	138	-82	-122	162	-71	-88
		0	127	-84	-127	163	-61	-85
		6	39	-102	-75	101	-50	-35
7	22	12	-39	-68	-39	13	58	2
		18	-94	-49	-8	-62	58	16
		0	-184	-47	24	-144	60	46
		6	-139	47	17	-158	53	60
8	23	12	-76	67	-22	-111	18	40
		18	-64	72	-44	-93	21	45
		0	-51	73	-57	-64	35	53
		6	-46	63	-75	-28	50	32
9	24	12	-44	97	-73	-58	83	41
		18	-49	137	-91	-33	103	29
		0	-58	138	-87	-64	105	11
		6	-41	126	-80	-50	91	-16
10	25	12	-25	90	-84	-3	16	-32
		18	21	87	-72	-11	-6	-28
		0	12	93	-60	32	6	-24
		6	-31	77	-43	13	-13	-11
11	26	12	-53	59	-25	10	21	-8
		18	-68	-12	-13	19	23	-13
		0	-48	-12	-24	20	12	-26
		6	-28	-6	-31	68	37	-40
12	27	12	-47	-15	-22	42	16	-28
		18	-45	22	-6	34	7	0
		0	-59	27	19	43	29	28
		6	-102	15	67	38	29	30
13	28	12	-152	138	30	65	8	14
		18	-207	135	20	99	-4	1
		0	-218	158	12	96	-33	-34
		6	-212	147	10	2	-118	11
14	29	12	-210	84	56	-48	-57	74
		18	-204	162	67	-86	-3	87
		0	-191	146	99	-85	-2	100
		6	-121	157	42	15	66	42
15	30	12	-46	54	26	80	-12	-23
		18	17	-48	39	120	-54	-30
		0				147	-42	-30
		6				101	-28	-21
	31	12				74	-19	-7
		18				64	-21	-9

Einheit der Zahlen: 0.1 γ

Normalwerte für den Jahresanfang: X: 18378.9 γ Y: -904.2 γ Z: 43780.2 γ

Abweichung der fortlaufend gebildeten Tagesmittel vom Normalwert

Niemegk Weltzeit **1951**

Datum I	Datum II	Tagesmitte Uhr	April I X	April I Y	April I Z	April II X	April II Y	April II Z	Mai I X	Mai I Y	Mai I Z	Mai II X	Mai II Y	Mai II Z	Juni I X	Juni I Y	Juni I Z	Juni II X	Juni II Y	Juni II Z
		0	58	-27	-4	98	-35	33	143	10	-80	76	32	-64	236	-39	-92	89	-81	54
		6	100	-24	-14	102	-39	19	105	12	-37	36	66	-54	248	-81	-69	54	-78	18
1	16	12	146	-16	-44	119	-32	2	-1	272	-52	36	39	-59	229	-74	-61	59	-52	17
		18	149	-2	-64	123	-15	-19	-170	325	-52	34	17	-42	167	-59	-62	69	-50	30
		0	157	7	-74	123	-20	-33	-246	347	16	51	-36	-54	97	-57	-61	82	-2	18
		6	109	-63	-9	100	-37	-35	-325	331	81	68	-59	-16	86	-23	-59	141	5	9
2	17	12	43	-43	52	104	-45	-29	-267	129	121	33	-37	7	83	-7	-61	179	-53	-14
		18	20	-23	49	120	-62	-10	-193	46	148	26	-7	23	103	-2	-73	71	26	-139
		0	-63	-63	51	194	-57	-22	-128	27	127	31	25	10	87	-6	-51	17	19	-136
		6	-60	36	40	110	-132	30	-37	35	89	27	24	-52	105	-11	-53	-44	53	-123
3	18	12	-44	67	0	71	-70	51	-14	19	86	57	-12	-77	98	-38	-51	-115	114	-86
		18	-99	37	14	19	-9	38	7	55	51	60	-15	-61	102	-73	-25	-33	-19	28
		0	-117	57	16	-92	-15	50	15	51	26	81	5	-43	133	-78	-32	-1	-56	34
		6	-143	38	44	5	83	0	-3	65	6	70	35	-32	156	-86	-24	-19	-57	83
4	19	12	-125	-33	39	18	39	-20	-24	48	9	74	49	-35	191	-91	-29	-27	-65	94
		18	-93	-44	-27	23	26	-28	-20	-2	63	79	27	-36	220	-84	-36	-27	-19	119
		0	-95	-32	-31	29	21	-24	2	8	85	70	-2	-41	230	-91	-32	17	1	115
		6	-64	-24	-53	21	38	33	25	3	65	90	-48	-33	211	-111	-36	61	-34	55
5	20	12	-83	74	-53	-59	170	52	44	8	51	93	-51	-29	222	-109	-38	79	-45	29
		18	-76	68	13	-93	160	22	60	28	30	97	-18	-23	247	-131	-33	100	-47	19
		0	-65	29	28	-183	187	15	57	31	14	99	-14	-31	221	-118	-2	119	-20	23
		6	-101	17	28	-262	170	39	44	19	23	116	-12	-33	159	-86	26	99	-5	31
6	21	12	-131	0	38	-208	32	33	45	21	22	142	-22	-39	123	-75	50	94	-9	34
		18	-134	68	7	-175	17	37	37	-8	32	173	-42	-46	75	-59	58	108	-4	36
		0	-127	97	-2	-133	-6	61	25	-30	20	198	-29	-41	71	-21	50	87	6	49
		6	-82	80	-20	-37	-1	66	6	-46	-2	181	-29	-63	125	-26	28	94	-12	51
7	22	12	-79	32	0	-59	17	71	3	-50	-1	171	-35	-73	136	-26	6	115	-14	45
		18	-47	8	28	-70	-27	94	15	-29	-1	151	-25	-81	143	-43	-34	135	-11	26
		0	-35	8	36	-34	-10	95	31	-23	20	121	-65	-89	138	-69	-64	117	-27	17
		6	-49	6	31	-65	-5	33	69	-17	16	72	-101	-83	176	-81	-76	128	-25	3
8	23	12	-12	23	7	-38	-22	23	74	-28	15	82	-77	-70	165	-101	-73	129	-27	-3
		18	-30	5	29	-22	-18	63	97	-29	14	62	-108	-66	165	-78	-56	97	-33	12
		0	-18	-6	39	-18	-11	68	112	-51	14	69	-72	-20	162	-78	-49	119	-52	17
		6	-16	4	54	-37	-41	158	98	-89	41	117	-25	11	151	-79	-41	127	-66	12
9	24	12	-35	0	73	-50	-23	205	182	-122	49	96	-38	14	143	-79	-53	139	-70	18
		18	-25	8	57	-50	47	147	157	-98	51	109	-27	32	148	-83	-35	166	-78	10
		0	-11	30	43	-88	50	149	94	-114	25	122	-23	14	207	-90	-21	151	-80	-21
		6	-1	0	23	-91	53	100	62	-65	37	107	-44	-16	201	-105	-44	141	-99	50
10	25	12	8	-23	16	-151	75	109	-41	-33	45	146	-54	-37	220	-101	-45	99	-66	89
		18	7	-28	22	-177	85	153	-40	-58	44	182	-22	-64	220	-100	-67	88	-46	94
		0	19	-20	12	-162	96	153	-32	4	84	200	-29	-68	192	-108	-81	107	-31	130
		6	35	-7	-4	-134	120	101	-24	-2	89	250	-41	-40	177	-118	-54	98	44	76
11	26	12	53	-20	-21	-49	64	51	-19	4	78	143	7	21	200	-102	-44	113	18	46
		18	58	20	-27	-6	7	65	-31	-21	60	60	84	-32	199	-87	-46	86	-4	55
		0	53	23	-13	74	-32	50	16	-33	28	-50	108	-27	167	-59	-43	111	-5	39
		6	39	27	8	85	-82	38	74	-9	-2	-130	159	-34	158	-29	-61	130	-42	31
12	27	12	88	38	-2	124	-79	31	65	-17	14	-88	109	-75	128	-27	-55	171	-76	14
		18	98	18	-23	145	-67	17	75	2	36	-49	20	-6	115	-2	-26	199	-67	2
		0	116	0	-49	156	-49	12	87	3	57	52	-18	-25	145	20	-6	224	-88	-10
		6	43	-15	-10	187	-11	0	64	-2	54	107	-22	-49	135	8	-3	227	-92	-30
13	28	12	-36	-11	23	175	-22	-11	92	-18	28	124	-36	-63	149	6	-17	217	-88	-35
		18	-56	-46	58	155	-32	-16	127	-27	14	141	-58	-64	143	4	-21	219	-73	-45
		0	-98	-49	98	130	-34	-30	135	4	9	154	-68	-76	122	-38	-47	205	-61	-60
		6	-8	-28	58	120	-17	2	126	4	23	117	-86	-57	156	-32	-63	186	-74	-65
14	29	12	21	-46	42	119	-25	-3	114	24	30	144	-83	-61	187	-19	-71	157	-42	-65
		18	29	-34	51	134	-24	5	107	57	8	146	-81	-59	144	-10	-86	132	-52	-67
		0	55	-15	31	148	-21	1	119	24	-12	133	-69	-35	114	-28	-87	140	-64	-45
		6	62	-12	26	166	-19	-29	157	-11	-33	156	-42	-41	99	-29	-11	159	-36	-41
15	30	12	58	-26	24	180	-20	-40	161	12	-42	134	-38	-41	61	-72	8	156	-13	-43
		18	76	-29	21	207	27	-69	144	8	-70	137	-51	-46	99	-93	23	152	-7	-51
		0										154	-34	-59						
		6										143	-30	-71						
	31	12										168	-37	-78						
		18										200	-22	-86						

Einheit der Zahlen: 0.1 γ

Den Zahlen liegt die Annahme eines gleichmäßigen Ganges der Normalwerte während des Jahres zugrunde

Abweichung der fortlaufend gebildeten Tagesmittel vom Normalwert

Niemegk | Weltzeit | 1951

Datum		Tagesmitte Uhr	Juli						August						September					
I	II		I			II			I			II			I			II		
			X	Y	Z	X	Y	Z	X	Y	Z	X	Y	Z	X	Y	Z	X	Y	Z
		0	142	5	-54	117	-6	7	-47	102	226	133	3	44	52	-27	83	-180	-36	165
		6	125	-16	-3	97	-36	27	-12	44	104	105	24	41	58	-15	53	-228	13	256
1	16	12	139	-15	1	108	-75	42	93	-41	26	43	32	33	56	-21	37	-231	14	236
		18	-6	-55	-231	140	-82	42	121	-56	-18	9	40	33	65	-16	32	-291	56	230
		0	-129	-35	-250	195	-74	30	93	-44	-25	30	33	12	60	-2	24	-262	69	244
		6	-175	-5	-221	199	-60	49	36	6	-42	67	-11	4	69	-9	22	-192	58	165
2	17	12	-195	5	-189	174	-47	59	9	28	-39	42	-5	28	79	-15	23	-168	48	161
		18	-88	47	73	139	-55	67	-4	-13	13	21	-7	33	94	-19	17	-117	-4	167
		0	-56	83	133	112	-94	83	21	-44	28	2	22	47	122	-38	15	-2	9	135
		6	-15	74	110	97	-82	85	39	-47	44	-1	28	43	117	-65	5	49	-11	75
3	18	12	-24	76	105	91	-73	73	53	-52	45	68	-3	9	123	-63	-4	18	1	81
		18	-36	68	100	81	-68	78	72	-52	37	110	-6	2	137	-67	-12	16	44	111
		0	-6	47	77	49	-39	50	111	-47	5	110	-43	11	136	-69	-25	-4	34	109
		6	-19	76	57	62	-27	12	124	-74	-12	91	-60	26	149	-73	-12	-19	-18	179
4	19	12	-24	39	45	91	-35	-11	124	-50	-12	88	-60	43	136	-71	-8	-129	17	262
		18	-5	26	46	112	-30	-37	128	-35	-20	107	-80	-6	132	-69	-4	-226	-6	245
		0	7	-5	53	128	-23	-39	107	-52	-22	101	-85	-19	112	-54	11	-416	-35	291
		6	18	-37	33	120	-31	-27	102	-47	-27	68	-65	-7	106	-36	8	-495	87	336
5	20	12	27	-39	24	114	-36	-31	104	-63	-33	67	0	-14	112	-25	8	-422	74	241
		18	55	-27	35	114	-42	-22	104	-78	-24	42	34	-9	126	-17	6	-416	83	193
		0	54	-12	37	132	-57	-18	114	-69	-5	-21	70	14	149	-3	-13	-404	103	181
		6	91	-15	53	149	-52	-23	129	-74	24	11	102	72	139	-22	-29	-401	88	170
6	21	12	95	-13	56	144	-56	-24	124	-83	26	-50	103	91	125	-9	-18	-324	47	148
		18	97	6	49	156	-87	-35	122	-76	26	-63	74	55	90	-19	-16	-294	28	153
		0	115	1	12	115	-89	-25	117	-59	1	-64	72	42	89	-55	-11	-212	40	130
		6	103	25	-20	65	-114	-19	92	-38	-37	-112	63	9	83	-53	-7	-205	19	97
7	22	12	117	28	-30	95	-97	-11	101	-17	-43	-89	55	-1	79	-51	-9	-251	61	105
		18	115	19	-36	89	-45	-40	99	-3	-47	-105	87	87	93	-76	-5	-209	63	105
		0	107	25	-26	94	-32	-28	94	8	-15	-24	70	92	77	-54	-13	-173	96	110
		6	112	12	-21	125	-14	-16	104	-3	-9	16	55	58	82	-52	-13	-150	92	80
8	23	12	121	21	-24	78	-21	-17	95	-17	-11	34	26	48	96	-72	-24	-107	58	78
		18	140	15	-52	59	-33	30	90	-34	-8	19	-16	25	101	-57	-37	-119	65	92
		0	138	-2	-47	92	-48	14	51	-59	-24	-15	0	31	99	-73	-25	-109	65	108
		6	130	-28	-37	103	-35	-4	30	-57	-24	-16	16	43	54	-76	27	-108	69	129
9	24	12	111	-34	-18	119	-43	-15	32	-52	-25	-24	12	42	27	-65	42	-147	65	151
		18	93	-24	14	146	-35	-20	35	-37	-18	26	0	31	17	-68	27	-129	51	191
		0	93	25	16	165	-30	-11	89	-27	-14	8	0	23	-15	-80	39	-121	16	192
		6	79	57	3	172	-50	8	119	-17	-22	-13	5	21	-61	-43	92	-166	23	362
10	25	12	85	62	-9	175	-28	21	136	-15	-35	-10	5	23	-85	-57	120	-433	192	352
		18	105	52	-7	165	-27	13	156	-41	-47	-62	23	48	-94	-45	156	-587	507	139
		0	110	4	16	143	-38	15	186	-68	-60	-73	21	60	-36	-20	152	-667	563	162
		6	113	-4	56	123	-4	49	164	-83	-43	-53	14	61	-16	-52	101	-644	521	-26
11	26	12	119	-25	55	108	-36	43	155	-103	-23	-18	-15	32	-39	43	76	-422	370	16
		18	109	-19	53	99	-46	14	156	-79	-27	1	17	28	-106	64	57	-243	179	211
		0	96	-17	46	82	-31	23	81	-56	-20	48	-12	14	-184	79	66	-126	147	177
		6	103	-25	17	114	-45	-15	66	-44	5	69	-6	20	-197	118	82	-97	112	155
12	27	12	97	-25	17	134	-44	-25	67	-21	-7	34	27	41	-172	55	85	-54	112	130
		18	106	-15	-1	209	-50	-36	48	-56	-6	37	7	51	-130	24	79	-95	45	148
		0	124	-14	-16	214	-42	-59	85	-91	-18	65	2	69	-73	9	71	-98	34	147
		6	132	-11	-13	188	-23	-40	36	-59	68	80	-21	64	-79	11	76	-83	33	122
13	28	12	124	-8	-23	160	10	-14	-18	-44	118	90	-44	58	-122	74	86	-73	24	107
		18	124	-36	-8	62	22	32	-55	5	160	85	-51	52	-102	76	80	-55	4	113
		0	144	-33	4	85	15	45	-69	51	191	65	-29	47	-139	97	95	-33	7	93
		6	127	-31	3	95	18	20	-1	49	91	55	8	51	-81	96	72	-43	15	131
14	29	12	140	-46	-5	92	9	2	23	45	49	42	-4	60	-46	16	72	-56	49	130
		18	143	-20	-10	101	9	8	37	10	29	59	10	72	-39	3	90	-71	56	122
		0	103	-8	-9	95	15	5	51	3	41	86	6	70	-44	-27	100	-115	51	131
		6	134	-5	-21	93	-5	18	66	9	51	101	-49	43	-108	-38	141	-111	45	93
15	30	12	133	23	-7	95	11	22	111	-6	56	91	-39	65	-103	-28	160	-82	-6	85
		18	127	-1	3	139	31	-11	151	11	58	94	-45	73	-106	-47	157	-53	-12	95
		0				101	-5	-19				92	-57	71						
		6				88	3	109				92	-39	98						
	31	12				7	32	173				106	-46	76						
		18				-60	73	201				87	-32	73						

Einheit der Zahlen: 0.1 γ

Den Zahlen liegt die Annahme eines gleichmäßigen Ganges der Normalwerte während des Jahres zugrunde

Abweichung der fortlaufend gebildeten Tagesmittel vom Normalwert

Niemegk Weltzeit **1951**

Datum		Tages-mitte	Oktober						November						Dezember					
I	II	Uhr	I			II			I			II			I			II		
			X	Y	Z	X	Y	Z	X	Y	Z	X	Y	Z	X	Y	Z	X	Y	Z
		0	-3	-19	90	22	-42	14	-22	10	105	-48	44	82	-28	-3	53	-26	-7	29
		6	36	-42	75	0	-57	41	-16	-5	101	-38	32	73	-19	-7	48	0	13	26
1	16	12	28	-36	70	-58	15	57	-23	0	103	-30	25	66	-4	0	40	53	-40	5
		18	26	-12	58	-93	-2	14	6	-11	86	-33	20	77	-9	10	35	67	-43	3
		0	-5	-10	51	-174	-22	37	41	-15	62	6	-11	77	-14	-9	35	105	-49	-5
		6	-13	6	62	-243	76	104	-4	1	76	64	-66	46	-49	-1	55	57	-49	19
2	17	12	-13	4	61	-251	41	94	-36	47	77	43	31	35	-101	33	84	20	11	54
		18	-22	-21	72	-299	19	143	-51	69	51	14	38	40	-91	33	80	-7	31	58
		0	-16	-39	78	-277	74	142	-69	57	49	-23	66	49	-79	33	85	-49	40	68
		6	-18	-40	84	-204	80	91	-79	50	50	-53	93	59	-49	-9	72	-17	31	50
3	18	12	-11	-39	78	-171	157	91	-68	79	22	-30	3	62	-20	-27	57	-14	12	37
		18	-5	-48	74	-102	99	57	-111	125	1	5	4	50	-20	-28	57	-9	2	46
		0	-9	-37	67	-65	90	47	-135	100	14	34	1	42	-4	-32	47	-29	12	49
		6	11	-37	55	-85	75	42	-141	123	26	39	-3	42	1	-7	49	-40	31	62
4	19	12	21	-41	51	-130	141	27	-142	63	53	66	-9	34	23	11	47	7	13	38
		18	26	-44	46	-186	157	46	-134	25	98	64	-11	32	5	26	66	0	17	21
		0	46	-34	49	-181	158	51	-120	70	117	68	-19	32	-25	27	78	-1	7	19
		6	50	-45	38	-154	116	36	-62	54	87	68	-46	33	15	52	63	11	-3	3
5	20	12	35	-47	39	-112	74	53	-43	52	77	54	-26	46	28	-18	49	-13	-10	8
		18	41	-37	37	-64	46	76	-23	32	82	52	9	46	43	-26	43	4	-5	14
		0	29	-53	27	-33	48	56	-61	10	87	61	7	36	67	-22	29	39	5	3
		6	30	-60	10	-47	47	43	-139	-20	142	93	33	19	99	-47	7	69	-5	-13
6	21	12	59	-80	-7	-39	21	42	-161	-13	162	90	10	3	95	-42	2	93	-12	-29
		18	97	-106	-25	-11	21	28	-146	36	136	105	-4	-3	108	-45	-2	93	3	-41
		0	139	-112	-47	-9	9	26	-136	46	136	107	-12	-12	121	-40	-8	63	14	-27
		6	50	-148	10	-44	4	70	-117	92	117	99	-30	-14	93	-55	-1	-51	31	35
7	22	12	-84	17	41	-59	2	79	-108	72	117	83	-19	2	84	-46	4	-160	128	80
		18	-163	32	11	-88	9	98	-112	40	139	55	-28	17	94	-41	-25	-205	137	97
		0	-300	54	67	-103	5	103	-52	41	120	27	-22	37	39	-43	-8	-227	134	99
		6	-335	174	116	-48	15	71	26	16	77	-5	-11	59	-31	5	34	-169	132	59
8	23	12	-248	35	118	-52	9	71	39	6	62	-12	7	53	-83	67	46	-108	23	36
		18	-249	78	149	-56	24	84	34	-20	68	-9	-2	50	-132	49	71	-70	-8	39
		0	-202	78	125	-12	19	77	57	-28	49	-20	10	56	-171	49	80	-28	-3	37
		6	-191	8	89	30	-5	57	38	-80	58	-40	12	71	-205	72	121	12	-3	24
9	24	12	-175	39	70	56	-29	45	47	-98	69	-27	-34	66	-185	40	115	27	-4	14
		18	-168	-8	78	81	-41	40	49	-76	77	-26	-34	67	-195	40	139	34	-3	10
		0	-153	-12	79	91	-40	39	49	-75	91	-31	-55	65	-171	46	150	33	-14	6
		6	-127	25	76	99	-42	-31	80	-13	78	-19	-69	56	-139	46	118	29	-15	5
10	25	12	-163	30	87	127	-53	16	90	-13	45	-6	-47	49	-107	30	102	41	-22	-6
		18	-159	40	81	150	-68	3	98	-31	36	-1	-40	47	-80	42	67	56	-33	-16
		0	-154	22	103	156	-84	-16	65	-25	44	19	-26	47	-88	20	53	78	-30	-27
		6	-161	37	122	151	-99	-24	48	-34	51	13	-11	51	-84	18	46	94	-39	-32
11	26	12	-148	0	132	114	-29	-20	41	4	55	-8	-4	60	-103	38	56	106	-48	-36
		18	-127	-15	156	92	11	-28	51	11	31	2	-1	59	-109	31	83	125	-57	-44
		0	-81	-22	137	65	45	-14	5	-11	32	4	9	57	-72	70	85	162	-69	-61
		6	-30	-79	90	42	57	-3	-100	14	90	47	13	37	-20	34	57	168	-66	-70
12	27	12	0	-78	69	47	3	1	-114	-4	107	76	-11	22	1	1	45	205	-68	-95
		18	13	-64	51	50	-27	16	-132	-13	128	84	-12	15	14	3	42	183	-148	-139
		0	15	-49	38	58	-31	22	-124	-6	124	111	-24	6	30	-4	32	-37	-131	-114
		6	-19	-34	38	-22	-148	248	-164	-38	154	78	-24	16	38	-2	28	-285	-73	40
13	28	12	-38	21	17	-391	22	443	-291	100	187	64	24	4	40	-12	27	-434	16	106
		18	-88	40	1	-586	70	535	-337	129	165	55	-4	-13	42	-1	25	-498	126	174
		0	-120	58	10	-713	110	627	-352	154	181	22	8	-13	59	-12	20	-386	139	198
		6	-102	77	13	-727	280	468	-259	197	132	-16	58	9	99	-26	7	-222	107	86
14	29	12	-120	52	20	-448	139	321	-175	156	66	-14	45	13	109	4	1	-163	41	63
		18	-99	28	44	-336	117	282	-165	156	74	-17	67	24	63	49	-8	-124	25	63
		0	-107	30	49	-302	97	254	-155	152	52	-18	71	24	32	58	-13	-74	10	51
		6	-85	10	43	-260	72	233	-147	162	44	-10	30	17	-17	46	-4	-30	-3	41
15	30	12	-22	-23	41	-218	57	213	-112	70	71	-36	17	34	-69	53	17	-3	4	34
		18	10	-15	21	-183	47	195	-80	47	83	-28	-3	42	-34	5	21	12	22	32
		0				-125	40	166										-10	10	22
		6				-88	32	143										-82	53	55
	31	12				-51	28	127										-105	102	63
		18				-27	20	115										-128	91	59

Einheit der Zahlen: 0.1 γ

Normalwerte für den Jahresschluß: X: 18388.2 γ Y: -865.6 γ Z: 43817.3 γ
(vorläufige Werte)

Monatsmittel des täglichen Ganges, dargestellt durch Stundenmittel

Niemegk Weltzeit **1951**

ΔX Nordkomponente

	0–1h	1–2h	2–3h	3–4h	4–5h	5–6h	6–7h	7–8h	8–9h	9–10h	10–11h	11–12h	12–13h	13–14h	14–15h	15–16h	16–17h	17–18h	18–19h	19–20h	20–21h	21–22h	22–23h	23–24h	T.-M.
	γ	γ	γ	γ	γ	γ	γ	γ	γ	γ	γ	γ	γ	γ	γ	γ	γ	γ	γ	γ	γ	γ	γ	γ	γ
J.	-2.1	-0.4	-0.9	5.6	4.6	**6.5**	5.4	3.5	1.4	-3.0	-3.5	-0.2	0.4	1.0	-1.8	-1.6	-2.6	-4.3	**-4.6**	-1.6	-0.7	2.9	-0.6	-2.6	18381.8
F.	2.2	4.8	3.1	5.1	5.3	6.9	5.2	1.7	-2.5	-5.5	-9.7	**-11.0**	-8.7	-5.6	-5.7	-5.3	-5.8	-2.0	2.8	2.5	3.6	5.5	**8.1**	5.8	378.2
M.	5.3	6.4	5.6	3.7	6.2	8.0	7.1	4.3	-1.5	-10.8	-14.3	**-14.7**	-12.7	-9.6	-7.8	-8.2	-7.3	-3.8	2.7	5.2	**10.7**	7.7	10.1	6.6	380.8
A.	9.8	9.9	9.2	7.7	6.6	7.2	1.3	-5.6	-13.4	-19.5	**-24.3**	-21.9	-21.9	-14.7	-5.2	-1.4	2.2	7.6	9.2	11.1	11.5	11.5	11.5	**12.5**	382.1
M.	5.8	7.1	6.4	6.7	7.4	2.1	-5.4	-12.8	-20.8	**-25.6**	-23.5	-19.0	-13.8	-9.0	-3.1	2.8	6.9	14.2	**16.0**	14.9	11.4	12.6	10.6	8.2	388.7
J.	8.3	8.6	10.6	8.6	7.2	1.6	-8.8	-15.6	-20.9	-23.7	**-25.3**	-23.7	-22.0	-15.2	-2.2	5.4	6.6	12.7	**18.6**	18.1	18.0	13.9	11.8	7.9	396.1
J.	9.6	9.0	8.6	9.7	10.0	1.8	-6.5	-15.0	-23.9	**-30.8**	-30.0	-24.7	-19.6	-10.5	-3.6	5.4	11.6	14.5	**18.0**	14.7	14.5	13.0	11.5	13.2	393.1
A.	9.1	10.6	11.5	12.2	8.3	4.1	-8.1	-16.3	-27.2	**-29.5**	-27.7	-22.8	-14.3	-9.9	-6.1	1.3	4.2	10.0	11.5	15.4	**18.2**	16.9	16.4	11.0	390.3
S.	10.6	10.7	11.1	**17.1**	9.3	3.1	-0.7	-11.7	-26.0	**-31.2**	-27.6	-21.8	-10.0	-3.5	1.7	1.2	4.4	3.2	9.7	7.2	9.1	13.1	12.2	9.8	376.8
O.	6.0	7.8	7.3	8.6	9.4	**11.7**	7.5	0.1	-10.3	-17.1	**-18.0**	-17.1	-13.3	-9.3	-5.5	-5.4	-1.3	3.0	0.3	1.5	7.8	9.5	8.8	8.8	378.1
N.	3.4	1.7	4.6	6.0	9.4	**9.5**	9.2	6.6	1.7	-4.4	-5.5	-5.5	-7.1	-10.0	**-12.9**	-11.5	-8.0	-2.4	-2.3	2.6	4.2	1.5	3.5	4.7	384.6
D.	0.9	1.0	3.3	5.0	7.5	10.0	**12.1**	9.5	2.3	-5.3	-9.3	**-10.0**	-7.6	-8.5	-7.5	-8.6	-7.6	-4.8	1.5	-1.9	2.6	4.4	6.3	4.8	385.4
S.S.	1.1	1.8	2.5	5.4	6.7	**8.2**	8.0	5.3	0.7	-4.6	**-7.0**	-6.7	-5.8	-5.8	**-7.0**	-6.8	-6.0	-3.4	-0.6	0.4	2.4	3.6	4.3	3.2	382.5
Äqu.	7.9	8.7	8.3	9.3	7.9	7.5	3.8	-3.2	-12.8	-19.6	**-21.0**	-18.9	-14.5	-9.3	-4.2	-3.4	-0.5	2.5	5.5	6.2	9.8	10.4	**10.6**	9.4	379.4
N.S.	8.2	8.8	9.3	9.3	8.2	2.4	-7.2	-14.9	-23.2	**-27.4**	-26.6	-22.6	-17.4	-11.2	-3.8	3.7	7.3	12.8	**16.0**	15.8	15.5	14.1	12.6	10.1	392.0
W.	2.6	3.6	3.8	5.7	7.1	**8.8**	7.8	4.3	-1.5	-7.7	**-10.0**	-9.8	-8.2	-7.0	-6.9	-6.8	-5.4	-2.4	0.1	1.4	4.7	5.2	6.0	4.7	381.5
S.	8.9	9.3	9.6	10.3	8.1	3.3	-4.7	-12.8	-22.0	**-26.7**	-26.4	-22.3	-16.9	-10.5	-3.1	2.4	6.0	10.4	**13.8**	13.6	**13.8**	13.5	12.3	10.4	387.8
J.	5.7	6.4	6.7	8.0	7.6	6.1	1.5	-4.3	-11.8	-17.2	**-18.2**	-16.0	-12.6	-8.7	-5.0	-2.2	0.3	4.0	7.0	7.5	9.2	**9.4**	9.2	7.6	384.7

ΔY Ostkomponente

	0–1h	1–2h	2–3h	3–4h	4–5h	5–6h	6–7h	7–8h	8–9h	9–10h	10–11h	11–12h	12–13h	13–14h	14–15h	15–16h	16–17h	17–18h	18–19h	19–20h	20–21h	21–22h	22–23h	23–24h	T.-M.
	γ	γ	γ	γ	γ	γ	γ	γ	γ	γ	γ	γ	γ	γ	γ	γ	γ	γ	γ	γ	γ	γ	γ	γ	γ
J.	3.7	3.3	3.3	3.2	-2.7	-2.5	-2.6	-2.5	-2.4	-2.1	-1.8	-1.3	-1.3	-1.6	-2.1	-2.3	-2.2	-2.8	**-3.1**	3.3	4.0	**4.6**	4.3	3.7	-903.1
F.	5.4	3.9	7.4	8.8	5.5	1.6	2.5	1.6	-1.4	-5.7	-12.3	-18.1	**-19.7**	-17.0	-12.5	-5.5	-3.0	2.7	7.1	**12.0**	10.7	8.1	10.6	6.3	896.8
M.	9.7	7.7	8.9	5.2	4.4	3.2	5.5	10.7	7.8	0.5	-11.9	-25.7	**-30.4**	-30.1	-24.4	-12.2	-2.4	2.1	9.7	9.8	10.7	12.6	**15.6**	13.0	895.2
A.	6.7	10.4	11.6	12.3	10.6	11.8	17.7	**21.4**	16.9	5.4	-10.5	-29.1	**-40.0**	-39.5	-31.1	-25.1	-10.5	0.4	5.6	7.5	9.5	12.0	14.0	11.3	892.8
M.	9.8	10.2	12.5	15.6	23.5	27.3	**28.7**	25.9	16.5	-0.9	-18.5	-35.7	**-43.8**	-40.2	-30.6	-20.9	-12.4	-1.4	-0.6	1.7	6.1	6.6	9.0	11.0	890.0
J.	7.9	8.6	11.9	18.5	23.3	29.4	**30.0**	28.4	21.3	7.2	-10.7	-27.0	-35.3	**-35.6**	-31.1	-24.7	-15.3	-7.4	-5.9	-4.3	2.8	1.9	1.8	5.2	891.4
J.	2.9	7.4	10.7	12.6	18.3	24.3	28.2	**28.5**	22.8	9.1	-7.2	-22.3	-31.1	**-34.7**	-30.5	-21.9	-13.0	-6.9	-2.9	0.3	-0.4	1.4	3.0	1.9	885.0
A.	6.6	5.7	10.6	12.1	15.3	23.3	**24.1**	21.0	12.6	-1.7	-17.4	-29.5	**-36.3**	-33.2	-23.0	-12.4	-5.2	4.0	1.9	2.9	4.2	3.6	5.5	5.4	881.6
S.	8.0	9.6	13.6	10.0	7.2	5.4	11.6	**14.3**	6.6	-4.2	-20.9	-29.0	**-33.5**	-28.3	-18.0	-5.7	2.7	-0.1	7.5	8.4	6.9	7.6	10.1	9.7	874.1
O.	6.1	4.0	2.2	-0.5	1.3	1.4	6.1	12.3	10.1	1.3	-13.5	-22.8	**-28.1**	-25.1	-19.3	-9.5	-1.0	4.0	3.0	9.7	16.5	**17.1**	15.3	10.4	872.6
N.	12.0	7.5	2.9	0.0	-2.0	-3.8	-3.2	-0.3	-0.2	-5.1	-11.6	-17.2	**-18.2**	-14.8	-13.8	-10.6	-7.1	-0.8	3.0	14.9	**20.0**	17.8	16.2	15.0	868.7
D.	5.1	2.3	-1.3	-3.5	-5.6	-7.2	-4.4	-1.0	-1.3	-6.0	-8.7	-13.6	**-16.2**	-14.9	-8.2	-2.9	0.7	2.9	13.0	14.8	15.0	15.5	**16.3**	10.4	866.4
S.S.	6.6	4.2	3.1	2.1	-1.2	-3.0	-1.9	-0.6	-1.3	-4.7	-8.6	-12.6	**-13.8**	-12.1	-9.2	-5.3	-2.9	0.5	5.0	11.2	**12.4**	11.5	11.8	8.8	883.8
Äqu.	7.6	7.9	9.1	6.8	5.9	5.4	10.2	**14.7**	10.4	0.8	-14.2	-26.6	**-33.1**	-30.8	-23.2	-13.1	-2.8	1.6	6.4	8.8	10.9	12.3	13.8	11.1	883.7
N.S.	6.8	8.0	11.4	14.7	20.1	26.1	**27.8**	26.0	18.3	3.4	-13.4	-28.6	**-36.6**	-35.9	-28.8	-20.0	-11.5	-2.9	-1.9	0.2	3.2	3.4	4.8	5.9	887.0
W.	7.0	4.8	3.9	2.2	0.2	-1.2	0.6	3.5	2.1	-2.8	-10.0	-16.4	**-19.0**	-17.2	-13.4	-7.2	-2.5	1.4	5.4	10.8	**12.8**	12.6	13.0	9.8	883.8
S.	7.0	8.6	11.8	13.5	16.4	20.2	**23.4**	23.2	16.1	2.5	-14.2	-28.8	**-36.7**	-35.2	-27.4	-18.4	-9.0	-1.9	0.9	2.8	4.8	5.5	7.2	7.4	885.8
J.	7.0	6.7	7.9	7.9	8.3	9.5	12.0	**13.4**	9.1	-0.2	-12.1	-22.6	**-27.9**	-26.2	-20.4	-12.8	-5.7	-0.3	3.2	6.8	8.8	9.1	10.1	8.6	884.8

ΔZ Vertikalkomponente

	0–1h	1–2h	2–3h	3–4h	4–5h	5–6h	6–7h	7–8h	8–9h	9–10h	10–11h	11–12h	12–13h	13–14h	14–15h	15–16h	16–17h	17–18h	18–19h	19–20h	20–21h	21–22h	22–23h	23–24h	T.-M.
	γ	γ	γ	γ	γ	γ	γ	γ	γ	γ	γ	γ	γ	γ	γ	γ	γ	γ	γ	γ	γ	γ	γ	γ	γ
J.	0.0	-1.9	-2.8	-3.9	-3.5	-4.2	-4.1	-4.2	-3.2	-2.5	-3.2	**-4.3**	-2.5	0.6	1.6	2.6	4.5	6.1	**7.5**	7.0	6.0	3.3	1.4	0.5	43782.9
F.	-2.2	-5.4	**-6.3**	-6.0	-4.7	-4.9	-5.0	-5.4	-4.9	-4.1	-3.8	-3.1	-0.8	3.1	7.0	8.1	8.5	**8.8**	7.9	7.1	5.6	2.3	-0.7	-2.2	782.0
M.	-4.5	-4.5	-3.9	-3.6	-4.6	-4.3	-2.6	-3.4	-5.5	-8.0	**-9.6**	-8.7	-5.0	0.5	7.4	12.9	**14.4**	**14.4**	11.6	7.8	2.8	0.7	-1.9	-3.3	785.9
A.	-6.9	-9.2	-9.7	-8.8	-7.8	-5.4	-2.7	-2.0	-3.8	-9.5	**-14.3**	-14.0	-8.3	0.4	8.1	13.4	20.3	**20.5**	16.4	12.0	8.2	4.7	0.6	-3.3	793.2
M.	-4.1	-4.2	-2.5	-0.9	0.3	0.4	0.2	-2.0	-5.8	-12.1	-17.2	**-18.6**	-12.0	-2.3	4.4	8.9	13.0	**15.0**	13.9	11.6	9.3	4.8	1.5	-1.5	793.2
J.	-3.3	-3.0	-2.2	-0.7	-0.6	-1.0	-0.1	-2.2	-6.1	-10.0	-14.1	**-14.4**	-10.4	-3.4	4.3	10.0	**13.3**	12.9	11.1	8.9	6.2	4.2	1.9	-0.2	795.7
J.	-6.0	-7.8	-5.7	-4.5	-4.0	-3.3	-2.2	-1.6	-3.4	-7.2	-11.7	**-13.8**	-11.2	-3.7	3.9	10.5	14.7	**16.3**	15.2	12.5	8.7	5.0	2.3	-2.6	801.1
A.	-4.9	-5.9	-6.7	-4.6	-3.1	-2.0	0.4	-0.6	-3.5	-8.3	-12.0	**-12.4**	-8.5	-1.9	5.8	12.8	**16.1**	15.4	12.9	8.8	5.2	2.5	-1.3	-3.4	805.6
S.	-14.9	**-16.2**	-15.4	-14.2	-10.7	-6.7	-4.2	-2.2	-2.6	-5.8	-6.3	-3.8	0.1	6.4	15.2	**24.1**	23.0	18.1	13.7	9.5	6.9	0.4	-5.6	-8.6	816.2
O.	-6.1	-7.2	-6.6	-7.2	-5.6	-3.8	-1.3	-1.0	-3.9	-7.4	**-8.5**	-6.0	-2.2	2.1	8.2	12.9	**14.9**	13.5	12.4	8.2	2.7	0.3	-2.6	-5.7	817.7
N.	-4.2	-5.2	-5.6	-4.9	-4.3	-3.9	-3.8	-4.5	-5.5	**-6.8**	-6.0	-4.1	-0.7	3.6	7.1	9.5	**10.3**	10.2	9.7	7.4	4.6	1.7	-0.8	-3.4	818.7
D.	-3.3	-4.1	-4.9	-4.9	-5.0	**-5.8**	-5.6	-5.2	-5.5	-4.9	-2.8	-1.5	0.5	4.3	7.5	8.8	8.9	**9.5**	7.6	7.2	4.2	1.0	-1.7	-3.4	819.1
S.S.	-2.4	-4.2	**-4.9**	**-4.9**	-4.4	-4.7	-4.6	-4.8	-4.8	-4.6	-4.0	-3.2	-0.9	2.9	5.8	7.2	8.0	**8.6**	8.2	7.2	5.1	2.1	-0.4	-2.1	800.7
Äqu.	-8.1	-9.3	-8.9	-8.4	-7.2	-5.0	-2.7	-2.2	-4.0	-7.7	**-9.7**	-8.1	-3.8	2.4	9.7	15.8	**18.2**	16.6	13.5	9.4	5.2	1.5	-2.4	-5.2	803.2
N.S.	-4.6	-5.2	-4.3	-2.7	-1.8	-1.5	-0.4	-1.6	-4.7	-9.4	-13.8	**-14.8**	-10.5	-2.8	4.6	10.6	14.3	**14.9**	13.3	10.4	7.4	4.1	1.1	-1.9	798.9
W.	-3.4	-4.7	-5.0	-5.1	-4.6	-4.5	-3.7	-4.0	-4.8	**-5.6**	**-5.6**	-4.6	-1.8	2.4	6.5	9.1	10.2	**10.4**	9.4	7.4	4.3	1.6	-1.0	-2.9	801.0
S.	-6.7	-7.7	-7.0	-5.6	-4.3	-3.0	-1.4	-1.8	-4.2	-8.8	-12.6	**-12.8**	-8.4	-0.8	7.0	13.3	**16.7**	16.4	13.9	10.6	7.4	3.6	-0.1	-3.3	800.8
J.	-5.0	-6.2	-6.0	-5.4	-4.5	-3.7	-2.6	-2.9	-4.5	-7.2	**-9.1**	-8.7	-5.1	0.8	6.7	11.2	**13.5**	13.4	11.7	9.0	5.9	2.6	-0.6	-3.1	800.9

Mittlere tägliche Gänge an Tagen weitgehend gleichen Störungscharakters

Niemegk | Weltzeit | Abweichung vom Tagesmittel | 1951

ΔX Nordkomponente — Gruppe I

	n	0h–1h	1h–2h	2h–3h	3h–4h	4h–5h	5h–6h	6h–7h	7h–8h	8h–9h	9h–10h	10h–11h	11h–12h	12h–13h	13h–14h	14h–15h	15h–16h	16h–17h	17h–18h	18h–19h	19h–20h	20h–21h	21h–22h	22h–23h	23h–24h	Δ	SFR
		γ	γ	γ	γ	γ	γ	γ	γ	γ	γ	γ	γ	γ	γ	γ	γ	γ	γ	γ	γ	γ	γ	γ	γ	γ	
J.	—	—	—	—	—	—	—	—	—	—	—	—	—	—	—	—	—	—	—	—	—	—	—	—	—	—	—
F.	—	—	—	—	—	—	—	—	—	—	—	—	—	—	—	—	—	—	—	—	—	—	—	—	—	—	—
M.	—	—	—	—	—	—	—	—	—	—	—	—	—	—	—	—	—	—	—	—	—	—	—	—	—	—	—
A.	—	—	—	—	—	—	—	—	—	—	—	—	—	—	—	—	—	—	—	—	—	—	—	—	—	—	—
M.	—	—	—	—	—	—	—	—	—	—	—	—	—	—	—	—	—	—	—	—	—	—	—	—	—	—	—
J.	—	—	—	—	—	—	—	—	—	—	—	—	—	—	—	—	—	—	—	—	—	—	—	—	—	—	—
J.	—	—	—	—	—	—	—	—	—	—	—	—	—	—	—	—	—	—	—	—	—	—	—	—	—	—	—
A.	—	—	—	—	—	—	—	—	—	—	—	—	—	—	—	—	—	—	—	—	—	—	—	—	—	—	—
S.	—	—	—	—	—	—	—	—	—	—	—	—	—	—	—	—	—	—	—	—	—	—	—	—	—	—	—
O.	—	—	—	—	—	—	—	—	—	—	—	—	—	—	—	—	—	—	—	—	—	—	—	—	—	—	—
N.	—	—	—	—	—	—	—	—	—	—	—	—	—	—	—	—	—	—	—	—	—	—	—	—	—	—	—
D.	1	-4	-1	2	2	4	5	8	10	4	-7	-8	-4	-3	-3	0	-1	-1	-1	0	0	1	0	0	-3	-1.0	29

ΔY Ostkomponente — Gruppe I

	n	0h–1h	1h–2h	2h–3h	3h–4h	4h–5h	5h–6h	6h–7h	7h–8h	8h–9h	9h–10h	10h–11h	11h–12h	12h–13h	13h–14h	14h–15h	15h–16h	16h–17h	17h–18h	18h–19h	19h–20h	20h–21h	21h–22h	22h–23h	23h–24h	Δ	SFR
		γ	γ	γ	γ	γ	γ	γ	γ	γ	γ	γ	γ	γ	γ	γ	γ	γ	γ	γ	γ	γ	γ	γ	γ	γ	
J.	—	—	—	—	—	—	—	—	—	—	—	—	—	—	—	—	—	—	—	—	—	—	—	—	—	—	—
F.	—	—	—	—	—	—	—	—	—	—	—	—	—	—	—	—	—	—	—	—	—	—	—	—	—	—	—
M.	—	—	—	—	—	—	—	—	—	—	—	—	—	—	—	—	—	—	—	—	—	—	—	—	—	—	—
A.	—	—	—	—	—	—	—	—	—	—	—	—	—	—	—	—	—	—	—	—	—	—	—	—	—	—	—
M.	—	—	—	—	—	—	—	—	—	—	—	—	—	—	—	—	—	—	—	—	—	—	—	—	—	—	—
J.	—	—	—	—	—	—	—	—	—	—	—	—	—	—	—	—	—	—	—	—	—	—	—	—	—	—	—
J.	—	—	—	—	—	—	—	—	—	—	—	—	—	—	—	—	—	—	—	—	—	—	—	—	—	—	—
A.	—	—	—	—	—	—	—	—	—	—	—	—	—	—	—	—	—	—	—	—	—	—	—	—	—	—	—
S.	—	—	—	—	—	—	—	—	—	—	—	—	—	—	—	—	—	—	—	—	—	—	—	—	—	—	—
O.	—	—	—	—	—	—	—	—	—	—	—	—	—	—	—	—	—	—	—	—	—	—	—	—	—	—	—
N.	—	—	—	—	—	—	—	—	—	—	—	—	—	—	—	—	—	—	—	—	—	—	—	—	—	—	—
D.	1	1	-1	-1	-1	-1	0	2	6	10	6	-1	-9	-11	-10	-4	-4	-2	-3	1	5	5	5	5	3	2.0	29

ΔZ Vertikalkomponente — Gruppe I

	n	0h–1h	1h–2h	2h–3h	3h–4h	4h–5h	5h–6h	6h–7h	7h–8h	8h–9h	9h–10h	10h–11h	11h–12h	12h–13h	13h–14h	14h–15h	15h–16h	16h–17h	17h–18h	18h–19h	19h–20h	20h–21h	21h–22h	22h–23h	23h–24h	Δ	SFR
		γ	γ	γ	γ	γ	γ	γ	γ	γ	γ	γ	γ	γ	γ	γ	γ	γ	γ	γ	γ	γ	γ	γ	γ	γ	
J.	—	—	—	—	—	—	—	—	—	—	—	—	—	—	—	—	—	—	—	—	—	—	—	—	—	—	—
F.	—	—	—	—	—	—	—	—	—	—	—	—	—	—	—	—	—	—	—	—	—	—	—	—	—	—	—
M.	—	—	—	—	—	—	—	—	—	—	—	—	—	—	—	—	—	—	—	—	—	—	—	—	—	—	—
A.	—	—	—	—	—	—	—	—	—	—	—	—	—	—	—	—	—	—	—	—	—	—	—	—	—	—	—
M.	—	—	—	—	—	—	—	—	—	—	—	—	—	—	—	—	—	—	—	—	—	—	—	—	—	—	—
J.	—	—	—	—	—	—	—	—	—	—	—	—	—	—	—	—	—	—	—	—	—	—	—	—	—	—	—
J.	—	—	—	—	—	—	—	—	—	—	—	—	—	—	—	—	—	—	—	—	—	—	—	—	—	—	—
A.	—	—	—	—	—	—	—	—	—	—	—	—	—	—	—	—	—	—	—	—	—	—	—	—	—	—	—
S.	—	—	—	—	—	—	—	—	—	—	—	—	—	—	—	—	—	—	—	—	—	—	—	—	—	—	—
O.	—	—	—	—	—	—	—	—	—	—	—	—	—	—	—	—	—	—	—	—	—	—	—	—	—	—	—
N.	—	—	—	—	—	—	—	—	—	—	—	—	—	—	—	—	—	—	—	—	—	—	—	—	—	—	—
D.	1	0	2	0	0	0	0	0	-1	-2	-1	-5	-4	-1	2	2	1	1	1	1	2	1	0	1	0	0.5	29

Über die Gruppeneinteilung und die Daten der Tage für jede einzelne Gruppe vgl. Tabelle 17 und Tabelle 18.

Mittlere tägliche Gänge an Tagen weitgehend gleichen Störungscharakters

Niemegk Weltzeit Abweichung vom Tagesmittel **1951**

ΔX Nordkomponente Gruppe II

	n	0h–1h	1h–2h	2h–3h	3h–4h	4h–5h	5h–6h	6h–7h	7h–8h	8h–9h	9h–10h	10h–11h	11h–12h	12h–13h	13h–14h	14h–15h	15h–16h	16h–17h	17h–18h	18h–19h	19h–20h	20h–21h	21h–22h	22h–23h	23h–24h	Δ	SFR
		γ	γ	γ	γ	γ	γ	γ	γ	γ	γ	γ	γ	γ	γ	γ	γ	γ	γ	γ	γ	γ	γ	γ	γ	γ	
J.	1	-2	-1	0	7	10	9	9	5	-4	-15	-18	-14	-3	8	2	1	1	0	5	4	2	-2	0	-3	-1.3	71
F.	2	-2	-1	-1	-1	1	2	3	0	-6	-8	-7	-4	-2	2	3	3	2	5	4	4	5	0	-3	0	-1.2	24
M.	1	1	1	2	4	3	0	1	14	12	7	4	3	0	-2	-8	-10	-15	-8	-8	-3	-1	1	1	1	1.2	50
A.	1	9	6	2	5	7	6	1	-7	-13	-15	-17	-12	-9	-2	-3	-2	0	3	4	2	4	9	11	10	7.8	65
M.	3	1	4	7	10	10	6	-2	-16	-25	-25	-18	-11	-2	2	1	3	6	9	12	11	7	6	3	2	3.8	147
J.	—	—	—	—	—	—	—	—	—	—	—	—	—	—	—	—	—	—	—	—	—	—	—	—	—	—	—
J.	1	13	11	10	11	8	3	-2	-1	-3	-14	-23	-33	-20	-14	-7	-12	-5	7	11	13	14	9	11	12	11.0	92
A.	1	7	1	4	8	10	0	-15	-19	-20	-20	-22	-23	-16	-8	3	12	13	12	12	14	14	12	10	11	7.5	49
S.	1	10	7	5	9	6	-2	-15	-29	-37	-40	-33	-16	2	11	11	11	7	13	12	11	14	15	12	15	10.7	47
O.	4	2	3	1	2	4	6	5	-2	-8	-14	-17	-14	-9	-5	-2	0	4	7	8	8	7	6	5	3	3.3	30
N.	1	-2	-3	-2	-1	0	1	2	4	4	3	1	-1	-2	-3	-3	0	1	2	2	1	1	0	0	0	-1.2	62
D.	2	-3	-2	1	1	4	5	9	9	2	-9	-10	-5	-2	-1	0	0	-1	-1	2	2	2	0	3	-2	-0.5	40

ΔY Ostkomponente Gruppe II

	n	0h–1h	1h–2h	2h–3h	3h–4h	4h–5h	5h–6h	6h–7h	7h–8h	8h–9h	9h–10h	10h–11h	11h–12h	12h–13h	13h–14h	14h–15h	15h–16h	16h–17h	17h–18h	18h–19h	19h–20h	20h–21h	21h–22h	22h–23h	23h–24h	Δ	SFR
		γ	γ	γ	γ	γ	γ	γ	γ	γ	γ	γ	γ	γ	γ	γ	γ	γ	γ	γ	γ	γ	γ	γ	γ	γ	
J.	1	0	-2	-5	-6	-3	-1	2	5	5	2	-7	-15	-13	-4	0	-1	-1	2	3	4	7	8	9	2	2.0	71
F.	2	4	5	4	4	4	4	7	8	4	-2	-6	-13	-14	-11	-6	-4	-6	-5	-4	2	7	6	6	6	5.2	24
M.	1	4	4	5	5	6	8	3	0	3	1	-8	-11	-10	-15	-11	-3	-7	-3	0	6	6	6	6	6	5.2	50
A.	1	1	2	4	11	20	28	32	28	19	10	-5	-22	-30	-26	-16	-10	-6	-3	-4	-4	-6	-8	-8	-7	-2.7	65
M.	3	8	10	10	19	34	40	41	33	18	-6	-25	-41	-48	-44	-31	-19	-10	-4	-1	2	1	1	5	5	6.5	147
J.	—	—	—	—	—	—	—	—	—	—	—	—	—	—	—	—	—	—	—	—	—	—	—	—	—	—	—
J.	1	5	12	10	11	17	26	35	34	27	8	-13	-22	-32	-34	-28	-19	-11	-8	-5	-4	-2	-3	-4	-4	2.7	92
A.	1	1	6	8	18	27	35	38	30	22	6	-10	-30	-36	-32	-24	-12	-4	-5	-7	-8	-8	-7	-6	0	0.3	49
S.	1	4	10	5	12	19	27	30	23	10	-8	-29	-32	-32	-22	-14	-2	2	-2	-5	-2	-1	1	2	6	4.7	47
O.	4	7	10	15	18	21	21	23	26	19	2	-12	-26	-35	-33	-33	-18	-15	-6	5	8	4	1	-1	1	5.5	30
N.	1	10	-1	0	1	0	1	-2	-2	-1	-5	-9	-8	-6	-4	-4	-4	-3	0	2	4	6	8	8	8	5.5	62
D.	2	2	-1	0	0	-1	-1	0	4	8	2	-4	-11	-10	-9	-4	-4	-3	-2	1	3	3	5	9	5	3.3	40

ΔZ Vertikalkomponente Gruppe II

	n	0h–1h	1h–2h	2h–3h	3h–4h	4h–5h	5h–6h	6h–7h	7h–8h	8h–9h	9h–10h	10h–11h	11h–12h	12h–13h	13h–14h	14h–15h	15h–16h	16h–17h	17h–18h	18h–19h	19h–20h	20h–21h	21h–22h	22h–23h	23h–24h	Δ	SFR
		γ	γ	γ	γ	γ	γ	γ	γ	γ	γ	γ	γ	γ	γ	γ	γ	γ	γ	γ	γ	γ	γ	γ	γ	γ	
J.	1	0	0	-1	-2	-3	-3	-2	-1	2	5	5	1	-2	-5	-2	0	2	3	2	2	1	1	0	-1	-0.2	71
F.	2	2	1	1	0	0	0	-1	-2	0	-1	-2	-3	-2	0	-1	-2	-2	-1	0	1	2	3	2	2	1.8	24
M.	1	2	3	3	3	2	1	-1	-3	-6	-9	-10	-9	-7	-4	0	4	5	4	6	6	4	3	2	2	2.5	50
A.	1	3	4	6	6	6	6	7	6	-1	-15	-26	-25	-14	-5	1	3	5	4	5	5	6	4	5	5	4.5	65
M.	3	5	5	4	4	3	0	-3	-5	-10	-17	-22	-22	-17	-5	2	8	10	10	11	11	8	8	7	6	5.8	147
J.	—	—	—	—	—	—	—	—	—	—	—	—	—	—	—	—	—	—	—	—	—	—	—	—	—	—	—
J.	1	-1	-3	0	1	2	1	0	2	1	-2	-10	-12	-10	-2	5	5	5	5	4	2	2	4	3	1	0.7	92
A.	1	1	4	1	5	6	6	6	3	-3	-14	-18	-14	-7	-2	4	8	5	2	0	1	2	2	2	1	1.8	49
S.	1	0	1	3	4	6	6	5	3	1	-4	-7	-9	-5	-1	3	3	1	-4	0	1	1	1	1	0	1.0	47
O.	4	2	2	2	2	2	2	2	0	-4	-8	-8	-8	-5	-1	1	1	1	1	2	2	2	3	3	2	2.3	30
N.	1	3	2	1	1	0	-2	-3	-4	-6	-7	-5	-1	0	2	1	0	1	1	1	3	3	3	2	4	2.5	62
D.	2	0	1	0	0	-1	-2	-1	-1	-2	-2	-3	-4	-2	1	1	1	1	1	2	1	2	2	1	1	0.7	40

Über die Gruppeneinteilung und die Daten der Tage für jede einzelne Gruppe vgl. Tabelle 17 und Tabelle 18.

Mittlere tägliche Gänge an Tagen weitgehend gleichen Störungscharakters

Niemegk Weltzeit Abweichung vom Tagesmittel **1951**

ΔX **Nordkomponente** Gruppe III

	n	0h–1h	1h–2h	2h–3h	3h–4h	4h–5h	5h–6h	6h–7h	7h–8h	8h–9h	9h–10h	10h–11h	11h–12h	12h–13h	13h–14h	14h–15h	15h–16h	16h–17h	17h–18h	18h–19h	19h–20h	20h–21h	21h–22h	22h–23h	23h–24h	SFR
		γ	γ	γ	γ	γ	γ	γ	γ	γ	γ	γ	γ	γ	γ	γ	γ	γ	γ	γ	γ	γ	γ	γ	γ	
J.	10	-3	-4	-3	3	0	4	3	0	1	-1	-1	-1	-1	0	0	1	1	-1	2	0	0	1	2	-4	56
F.	3	3	-6	-2	-2	3	3	3	0	-4	-10	-12	-11	-7	-3	0	0	4	3	8	1	2	12	12	3	59
M.	6	4	9	10	-1	2	1	2	1	-4	-12	-17	-21	-11	-5	-3	-6	-3	2	5	9	7	7	14	10	80
A.	5	7	5	8	8	7	11	3	-7	-13	-22	-25	-19	-23	-8	0	1	4	10	9	12	6	10	9	8	93
M.	10	7	5	4	6	8	4	-2	-13	-22	-25	-22	-20	-14	-8	-2	3	4	11	10	17	14	14	10	10	135
J.	14	9	10	12	10	6	0	-7	-13	-18	-20	-24	-23	-22	-19	-7	3	4	12	18	18	19	13	10	9	99
J.	14	12	7	4	10	7	1	-5	-15	-22	-29	-28	-23	-17	-9	-2	5	12	13	15	15	15	12	9	12	63
A.	11	11	8	9	10	8	4	-6	-17	-25	-26	-23	-20	-13	-10	-5	1	1	8	10	13	21	20	14	10	75
S.	2	17	4	3	13	8	6	-3	-16	-31	-34	-36	-18	1	-1	-3	-6	2	9	15	9	9	18	22	13	96
O.	4	6	9	12	6	10	15	7	1	-10	-18	-22	-22	-15	-8	-9	-9	-4	0	1	14	12	10	5	10	61
N.	5	6	0	2	1	8	15	16	9	6	2	-6	-14	-10	-9	-18	-12	-5	-7	-6	1	3	4	6	9	52
D.	7	0	0	0	4	10	8	12	11	4	-6	-12	-13	-9	-7	-4	-3	-6	-2	-2	0	2	5	6	4	46

ΔY **Ostkomponente** Gruppe III

	n	0h–1h	1h–2h	2h–3h	3h–4h	4h–5h	5h–6h	6h–7h	7h–8h	8h–9h	9h–10h	10h–11h	11h–12h	12h–13h	13h–14h	14h–15h	15h–16h	16h–17h	17h–18h	18h–19h	19h–20h	20h–21h	21h–22h	22h–23h	23h–24h	SFR
		γ	γ	γ	γ	γ	γ	γ	γ	γ	γ	γ	γ	γ	γ	γ	γ	γ	γ	γ	γ	γ	γ	γ	γ	
J.	10	12	10	6	6	0	0	1	1	-3	-6	-9	-14	-14	-11	-8	-10	-10	-5	-4	2	5	17	20	14	56
F.	3	4	4	-1	4	6	6	5	6	2	-7	-13	-16	-22	-19	-12	-5	-1	0	25	11	10	10	1	2	59
M.	6	10	10	12	5	6	8	12	16	12	4	-13	-25	-31	-33	-27	-13	-5	-2	3	8	9	9	14	11	80
A.	5	-2	0	3	16	16	20	25	24	20	6	-10	-35	-42	-38	-29	-17	-6	3	12	9	10	5	4	5	93
M.	10	8	7	6	13	25	29	36	33	23	5	-15	-37	-48	-41	-30	-20	-10	-4	-1	1	3	4	5	6	135
J.	14	6	8	13	20	23	27	28	26	21	8	-10	-27	-36	-37	-31	-24	-16	-10	-7	-4	4	4	5	5	99
J.	14	3	7	7	12	21	23	27	28	23	10	-5	-20	-29	-33	-30	-19	-13	-7	-2	-2	-1	0	0	-2	63
A.	11	6	9	10	13	21	25	28	22	12	-2	-19	-32	-38	-36	-24	-11	-5	0	-3	-2	3	8	9	6	75
S.	2	17	11	9	15	21	25	33	29	17	-11	-28	-42	-46	-35	-29	-17	-11	-8	1	4	8	8	19	11	96
O.	4	9	9	4	2	-3	1	8	16	15	6	-12	-19	-24	-26	-17	-7	-4	-4	-1	9	10	10	11	9	61
N.	5	13	7	3	-4	-9	-7	-4	4	9	5	-10	-11	-18	-16	-14	-16	-7	7	3	16	14	10	14	14	52
D.	7	5	10	-2	-3	-5	-6	-6	-1	0	-5	-7	-12	-17	-12	-8	-4	-2	6	9	7	11	15	14	13	46

ΔZ **Vertikalkomponente** Gruppe III

	n	0h–1h	1h–2h	2h–3h	3h–4h	4h–5h	5h–6h	6h–7h	7h–8h	8h–9h	9h–10h	10h–11h	11h–12h	12h–13h	13h–14h	14h–15h	15h–16h	16h–17h	17h–18h	18h–19h	19h–20h	20h–21h	21h–22h	22h–23h	23h–24h	SFR
		γ	γ	γ	γ	γ	γ	γ	γ	γ	γ	γ	γ	γ	γ	γ	γ	γ	γ	γ	γ	γ	γ	γ	γ	
J.	10	1	-1	-2	-3	-3	-4	-3	-4	-2	-1	-3	-4	-3	0	0	1	2	4	4	5	6	5	3	2	56
F.	3	-2	0	-1	0	0	1	0	-1	-3	-4	-3	-3	-3	-2	2	2	4	5	4	6	5	0	-4	-2	59
M.	6	0	-3	-6	-4	-5	-2	0	-1	-4	-7	-9	-8	-6	-2	4	8	8	8	8	6	6	4	2	1	80
A.	5	-1	-1	-4	-3	-1	0	1	2	-1	-7	-14	-15	-11	-5	1	5	9	11	10	8	7	4	2	1	93
M.	10	-1	-2	-1	-1	1	1	1	-1	-4	-11	-18	-20	-14	-3	4	8	10	11	11	9	8	6	3	2	135
J.	14	-1	-3	-1	1	1	0	0	-2	-6	-9	-14	-15	-11	-3	4	8	11	10	10	8	6	4	2	1	99
J.	14	-3	-2	0	0	2	1	2	1	-3	-7	-12	-16	-14	-6	1	5	9	10	10	8	6	4	3	0	63
A.	11	-3	-2	-2	-1	0	1	2	1	-4	-10	-14	-15	-10	-4	3	10	13	12	10	7	4	2	0	-1	75
S.	2	-6	-3	-2	-3	0	2	0	1	-3	-13	-16	-13	-8	5	9	9	4	4	6	9	10	6	3	-2	96
O.	4	-1	-1	-3	-3	-3	-3	1	1	-1	-6	-9	-8	-5	0	4	6	6	7	7	4	3	2	3	-1	61
N.	5	-4	-2	-2	-2	-4	-5	-5	-5	-7	-10	-8	-6	-3	2	7	9	8	10	10	7	5	3	0	-2	52
D.	7	-2	-2	-4	-4	-4	-3	-3	-4	-4	-4	-2	-2	0	2	4	4	6	6	7	6	4	1	-1	-3	46

Über die Gruppeneinteilung und die Daten der Tage für jede einzelne Gruppe vgl. Tabelle 17 und Tabelle 18.

Mittlere tägliche Gänge an Tagen weitgehend gleichen Störungscharakters

Niemegk Weltzeit Abweichung vom Tagesmittel 1951

ΔX Nordkomponente Gruppe IV

	n	0h–1h	1h–2h	2h–3h	3h–4h	4h–5h	5h–6h	6h–7h	7h–8h	8h–9h	9h–10h	10h–11h	11h–12h	12h–13h	13h–14h	14h–15h	15h–16h	16h–17h	17h–18h	18h–19h	19h–20h	20h–21h	21h–22h	22h–23h	23h–24h	SFR
		γ	γ	γ	γ	γ	γ	γ	γ	γ	γ	γ	γ	γ	γ	γ	γ	γ	γ	γ	γ	γ	γ	γ	γ	
J.	1	9	14	14	68	56	21	7	-40	-34	-38	-37	-16	-9	-8	-12	4	-12	-28	-17	-18	22	42	11	1	111
F.	4	5	8	5	9	7	23	9	1	4	-4	-12	-12	-18	-17	-12	-17	-16	1	-4	6	5	14	6	8	59
M.	6	6	3	0	4	7	10	8	3	3	-9	-13	-16	-15	-17	-5	-8	-8	-6	-2	12	21	16	6	0	50
A.	6	14	22	24	15	4	9	-5	-14	-22	-31	-38	-23	-16	-10	3	-2	8	14	11	13	10	4	4	4	96
M.	2	5	12	20	10	1	-9	-10	-22	-29	-24	-18	-14	5	0	7	-4	6	26	42	7	-1	-6	-5	3	149
J.	1	11	4	10	21	31	23	-12	-6	-13	-27	-49	-45	-41	-10	47	22	-15	-3	6	8	4	8	10	15	60
J.	4	16	23	21	22	20	5	-14	-20	-32	-32	-34	-36	-27	-24	-15	3	18	13	13	16	17	14	16	16	49
A.	5	14	27	23	18	-1	2	-11	-11	-36	-42	-41	-36	-29	-18	-14	-4	4	12	12	32	26	24	27	21	41
S.	5	21	12	8	12	12	1	-3	-9	-33	-29	-27	-31	-22	-11	-10	5	-5	2	11	10	28	25	21	15	88
O.	2	12	2	-1	6	5	11	2	-7	-12	-22	-17	-30	-25	-30	-20	-11	-1	13	4	10	22	48	20	22	62
N.	3	12	4	11	10	14	12	7	7	9	-4	-8	-7	-15	-18	-23	-16	-13	-4	1	0	6	3	2	9	49
D.	6	5	7	7	11	12	13	17	10	-3	-10	-16	-10	-5	-18	-21	-25	-14	-9	17	0	-1	14	11	7	39

ΔY Ostkomponente Gruppe IV

	n	0h–1h	1h–2h	2h–3h	3h–4h	4h–5h	5h–6h	6h–7h	7h–8h	8h–9h	9h–10h	10h–11h	11h–12h	12h–13h	13h–14h	14h–15h	15h–16h	16h–17h	17h–18h	18h–19h	19h–20h	20h–21h	21h–22h	22h–23h	23h–24h	SFR
		γ	γ	γ	γ	γ	γ	γ	γ	γ	γ	γ	γ	γ	γ	γ	γ	γ	γ	γ	γ	γ	γ	γ	γ	
J.	1	26	28	41	39	25	0	3	-8	-13	-36	-37	-27	-33	-47	-12	-17	-26	-5	-17	-7	21	21	46	37	111
F.	4	13	9	4	2	-6	-15	-9	-11	-5	-5	-8	-18	-19	-15	-12	2	12	8	5	28	17	3	14	8	59
M.	6	17	19	13	9	4	-6	-5	6	2	-3	-14	-28	-34	-28	-32	-20	-1	5	19	8	7	21	22	20	50
A.	6	6	8	17	12	2	-1	7	15	11	2	-14	-30	-43	-38	-27	-28	-4	0	11	17	24	24	22	6	96
M.	2	2	10	15	16	19	20	18	22	18	-2	-26	-39	-42	-37	-36	-18	-10	7	27	4	4	0	13	14	149
J.	1	2	3	7	20	25	41	44	36	24	3	-14	-30	-49	-46	-65	-58	-10	-3	8	9	28	7	10	8	60
J.	4	-1	6	13	14	6	16	26	25	26	12	-2	-17	-25	-32	-30	-24	-10	-10	-4	5	-4	2	4	-1	49
A.	5	3	-3	10	4	-4	12	14	19	14	-2	-13	-23	-25	-22	-14	-11	-8	8	6	19	14	0	-4	4	41
S.	5	-2	10	18	10	11	9	13	16	9	4	-11	-18	-26	-25	-13	8	-3	-6	-7	-6	0	4	6	0	88
O.	2	27	20	0	-1	12	10	15	13	8	1	-18	-20	-36	-33	-27	-25	-8	16	-9	-6	16	31	15	-3	62
N.	3	41	27	3	5	-1	-10	-14	-9	-5	-3	-6	-17	-14	-6	-1	2	9	-7	-9	1	8	13	-9	3	49
D.	6	-3	2	-10	-11	-12	-8	-9	-10	-14	-17	-13	-12	-15	-15	-1	2	17	14	34	26	16	20	14	5	39

ΔZ Vertikalkomponente Gruppe IV

	n	0h–1h	1h–2h	2h–3h	3h–4h	4h–5h	5h–6h	6h–7h	7h–8h	8h–9h	9h–10h	10h–11h	11h–12h	12h–13h	13h–14h	14h–15h	15h–16h	16h–17h	17h–18h	18h–19h	19h–20h	20h–21h	21h–22h	22h–23h	23h–24h	SFR
		γ	γ	γ	γ	γ	γ	γ	γ	γ	γ	γ	γ	γ	γ	γ	γ	γ	γ	γ	γ	γ	γ	γ	γ	
J.	1	3	-1	-4	-22	-34	-32	-35	-19	-20	-16	-13	-8	3	11	15	14	20	29	33	38	23	7	4	4	111
F.	4	-2	-6	-5	-5	-4	-11	-10	-12	-12	-10	-10	-7	0	6	15	22	20	14	13	10	7	-4	-4	-6	59
M.	6	-12	-6	-3	-5	-9	-10	-10	-7	-8	-9	-10	-6	0	7	13	20	24	26	19	9	-4	-5	-6	-9	50
A.	6	-13	-19	-24	-22	-20	-15	-8	-4	-5	-8	-9	-7	0	12	21	22	28	28	21	13	8	5	1	-5	96
M.	2	-13	-12	-16	-11	-7	-6	-9	-7	-9	-16	-17	-13	2	10	19	23	20	18	14	12	9	8	4	-3	149
J.	1	-5	-4	-7	-7	-8	-10	-10	-20	-23	-26	-28	-26	-20	-16	15	44	49	36	33	29	18	2	-10	-6	60
J.	4	-8	-12	-10	-12	-13	-12	-9	-6	-5	-6	-9	-11	-8	-2	7	15	20	24	22	18	11	6	2	-4	49
A.	5	-7	-14	-16	-14	-11	-8	-3	-2	-1	-4	-6	-4	0	8	13	18	17	19	17	9	3	0	-5	-7	41
S.	5	-15	-17	-17	-22	-16	-8	-4	-2	1	0	1	5	6	12	20	23	21	14	9	8	1	-3	-7	-10	88
O.	2	-9	-8	-7	-13	-6	-1	2	2	-5	-12	-10	-6	3	8	16	14	16	14	12	11	6	-6	-8	-12	62
N.	3	-12	-10	-12	-11	-7	-5	-4	-6	-6	-6	-4	-1	5	10	16	18	16	12	9	7	4	2	-3	-12	49
D.	6	-6	-7	-7	-8	-9	-9	-8	-7	-8	-6	-2	-1	1	9	16	19	16	15	6	6	4	-1	-5	-7	39

Über die Gruppeneinteilung und die Daten der Tage für jede einzelne Gruppe vgl. Tabelle 17 und Tabelle 18.

Mittlere tägliche Gänge an Tagen weitgehend gleichen Störungscharakters

Niemegk Weltzeit Abweichung vom Tagesmittel **1951**

ΔX Nordkomponente Gruppe V

	n	0h–1h	1h–2h	2h–3h	3h–4h	4h–5h	5h–6h	6h–7h	7h–8h	8h–9h	9h–10h	10h–11h	11h–12h	12h–13h	13h–14h	14h–15h	15h–16h	16h–17h	17h–18h	18h–19h	19h–20h	20h–21h	21h–22h	22h–23h	23h–24h	SFR
		γ	γ	γ	γ	γ	γ	γ	γ	γ	γ	γ	γ	γ	γ	γ	γ	γ	γ	γ	γ	γ	γ	γ	γ	
J.	1	4	14	21	36	7	13	-22	- 6	- 2	- 8	- 7	0	-25	-33	-54	1	19	11	- 5	- 1	15	34	-15	5	51
F.	1	10	9	-27	- 6	-12	5	11	-19	-24	- 1	0	-27	-31	-30	-30	- 3	- 2	-11	49	53	38	- 6	37	19	55
M.	—	—	—	—	—	—	—	—	—	—	—	—	—	—	—	—	—	—	—	—	—	—	—	—	—	—
A.	—	—	—	—	—	—	—	—	—	—	—	—	—	—	—	—	—	—	—	—	—	—	—	—	—	—
M.	—	—	—	—	—	—	—	—	—	—	—	—	—	—	—	—	—	—	—	—	—	—	—	—	—	—
J.	—	—	—	—	—	—	—	—	—	—	—	—	—	—	—	—	—	—	—	—	—	—	—	—	—	—
J.	1	-24	- 8	12	-55	-28	-42	-18	- 4	1	-39	-58	-25	-22	5	13	5	14	28	40	46	47	48	39	22	16
A.	—	—	—	—	—	—	—	—	—	—	—	—	—	—	—	—	—	—	—	—	—	—	—	—	—	—
S.	5	20	19	27	31	8	- 5	- 4	- 9	-37	-67	-55	-44	-28	-23	- 2	1	13	3	28	22	25	32	22	23	99
O.	3	15	38	34	42	16	13	8	- 8	-34	-26	-26	-25	-34	-25	-11	-15	- 8	- 6	- 4	6	10	10	5	25	54
N.	—	—	—	—	—	—	—	—	—	—	—	—	—	—	—	—	—	—	—	—	—	—	—	—	—	—
D.	1	42	44	40	50	- 5	15	6	-12	-22	-53	-38	-41	-50	-61	-33	-28	-32	-15	- 2	26	49	37	34	49	41

ΔY Ostkomponente Gruppe V

	n	0h–1h	1h–2h	2h–3h	3h–4h	4h–5h	5h–6h	6h–7h	7h–8h	8h–9h	9h–10h	10h–11h	11h–12h	12h–13h	13h–14h	14h–15h	15h–16h	16h–17h	17h–18h	18h–19h	19h–20h	20h–21h	21h–22h	22h–23h	23h–24h	SFR
		γ	γ	γ	γ	γ	γ	γ	γ	γ	γ	γ	γ	γ	γ	γ	γ	γ	γ	γ	γ	γ	γ	γ	γ	
J.	1	-21	-30	-20	8	-16	-20	-42	-58	-34	-20	-23	-24	- 3	7	6	17	32	28	19	14	81	85	22	- 7	51
F.	1	21	33	- 1	1	- 6	-25	-14	-12	-25	-21	-23	-38	-12	-30	-21	15	-11	24	32	8	61	12	22	12	55
M.	—	—	—	—	—	—	—	—	—	—	—	—	—	—	—	—	—	—	—	—	—	—	—	—	—	—
A.	—	—	—	—	—	—	—	—	—	—	—	—	—	—	—	—	—	—	—	—	—	—	—	—	—	—
M.	—	—	—	—	—	—	—	—	—	—	—	—	—	—	—	—	—	—	—	—	—	—	—	—	—	—
J.	—	—	—	—	—	—	—	—	—	—	—	—	—	—	—	—	—	—	—	—	—	—	—	—	—	—
J.	1	-18	75	45	- 9	-19	- 3	6	31	46	32	- 1	-16	-21	-32	-33	-29	-16	-25	-23	-15	- 2	19	5	3	16
A.	—	—	—	—	—	—	—	—	—	—	—	—	—	—	—	—	—	—	—	—	—	—	—	—	—	—
S.	5	- 3	- 3	3	- 6	-20	-28	-14	5	3	1	-16	-16	-21	-11	13	14	30	5	32	17	10	11	4	-11	99
O.	3	4	- 2	-10	-19	- 6	-20	-14	0	- 5	- 6	-20	-17	-25	-14	0	17	29	24	4	9	18	26	10	18	54
N.	—	—	—	—	—	—	—	—	—	—	—	—	—	—	—	—	—	—	—	—	—	—	—	—	—	—
D.	1	-17	-15	- 6	-18	-62	-97	- 9	28	11	-10	3	-25	-14	-22	26	17	35	16	41	43	35	30	11	- 2	41

ΔZ Vertikalkomponente Gruppe V

	n	0h–1h	1h–2h	2h–3h	3h–4h	4h–5h	5h–6h	6h–7h	7h–8h	8h–9h	9h–10h	10h–11h	11h–12h	12h–13h	13h–14h	14h–15h	15h–16h	16h–17h	17h–18h	18h–19h	19h–20h	20h–21h	21h–22h	22h–23h	23h–24h	SFR
		γ	γ	γ	γ	γ	γ	γ	γ	γ	γ	γ	γ	γ	γ	γ	γ	γ	γ	γ	γ	γ	γ	γ	γ	
J.	1	- 8	-20	-28	-22	-13	-11	- 4	-10	- 6	- 6	- 3	- 2	12	26	35	24	15	13	13	11	3	- 6	- 2	- 9	51
F.	1	-16	-22	-19	-21	-12	-13	-16	-14	-16	-14	-10	0	10	26	38	44	32	33	13	4	- 3	5	-11	-19	55
M.	—	—	—	—	—	—	—	—	—	—	—	—	—	—	—	—	—	—	—	—	—	—	—	—	—	—
A.	—	—	—	—	—	—	—	—	—	—	—	—	—	—	—	—	—	—	—	—	—	—	—	—	—	—
M.	—	—	—	—	—	—	—	—	—	—	—	—	—	—	—	—	—	—	—	—	—	—	—	—	—	—
J.	—	—	—	—	—	—	—	—	—	—	—	—	—	—	—	—	—	—	—	—	—	—	—	—	—	—
J.	1	-50	-74	-42	-41	-46	-30	-19	2	18	22	26	30	34	33	33	40	30	29	22	14	6	- 7	-15	-14	16
A.	—	—	—	—	—	—	—	—	—	—	—	—	—	—	—	—	—	—	—	—	—	—	—	—	—	—
S.	5	-29	-34	-32	-34	-28	-22	-17	-11	- 7	- 3	3	10	17	26	41	51	45	32	18	12	7	- 9	-13	-22	99
O.	3	-19	-29	-37	-41	-27	-17	-10	- 4	1	0	4	10	15	20	29	34	34	28	19	10	2	0	- 3	-18	54
N.	—	—	—	—	—	—	—	—	—	—	—	—	—	—	—	—	—	—	—	—	—	—	—	—	—	—
D.	1	-23	-27	-22	-22	-17	-48	-44	-25	-20	- 2	5	24	39	49	55	41	37	28	23	7	- 9	-13	-14	-21	41

Über die Gruppeneinteilung und die Daten der Tage für jede einzelne Gruppe vgl. Tabelle 17 und Tabelle 18.

VII. Zeichnerische Darstellung

a) Typische Variationen 1951

Sonneneruptionseffekte (sfe):

Mai	8,	13^h-18^h	(Beginn $15^h\,05^m$ MGZ)
,,	14,	9^h-14^h	(,, $11^h\,30^m$ MGZ)
November	6,	7^h-12^h	(,, $9^h\,40^m$ MGZ)

Plötzliche geomagnetische Änderungen oder Impulse (si):

Januar	2,	7^h-12^h	($9^h\,39^m$)
September	6,	4^h-9^h	($6^h\,11^m$)
,,	27,	5^h-10^h	($7^h\,29^m$)

Plötzliche Sturmausbrüche (ssc):

Februar	28,	12^h-17^h	(Beginn $14^h\,17^m$ MGZ)
Juni	14,	16^h-21^h	(,, $17^h\,51^m$ MGZ)
,,	25,	2^h-7^h	(,, $4^h\,28^m$ MGZ)
August	15,	18^h-23^h	(,, $20^h\,10^m$ MGZ)
September	5,	18^h-23^h	(,, $20^h\,45^m$ MGZ)
,,	26,	22^h bis September 27, 3^h	(Beginn 27, $0^h\,05^m$)
Dezember	27,	19^h-24^h	(Beginn $21^h\,36^m$ MGZ)

Baystörungen (psc):

Februar	14,	18^h-23^h			
März	4,	20^h	bis	März	5, 1^h
April	9,	23^h	,,	April	10, 4^h
Mai	9,	21^h	,,	Mai	10, 2^h
,,	29,	21^h	,,	,,	30, 2^h
August	19,	23^h	,,	August	20, 4^h
,,	29,	19^h-24^h			
Oktober	2,	19^h-24^h			

b) Störungskurven 1951

Zur Darstellung gelangten folgende Tage:

Februar	23,	10^h	bis	Februar	24,	6^h
,,	26,	22^h	,,	,,	27,	8^h
März	13,	12^h	,,	März	14,	4^h
April	18,	2^h	,,	April	19,	6^h
Juni	17,	14^h	,,	Juni	18,	18^h
Juli	1,	16^h	,,	Juli	2,	20^h
Sept.	16,	0^h	,,	Sept.	17,	6^h
,,	19,	12^h	,,	,,	23,	12^h
,,	25,	10^h	,,	,,	26,	10^h
Oktober	28,	4^h	,,	Oktober	29,	6^h

c) Tagesmittel der Komponenten in Abweichungen vom Normalwert

Sonneneruptionseffekte (sfe)

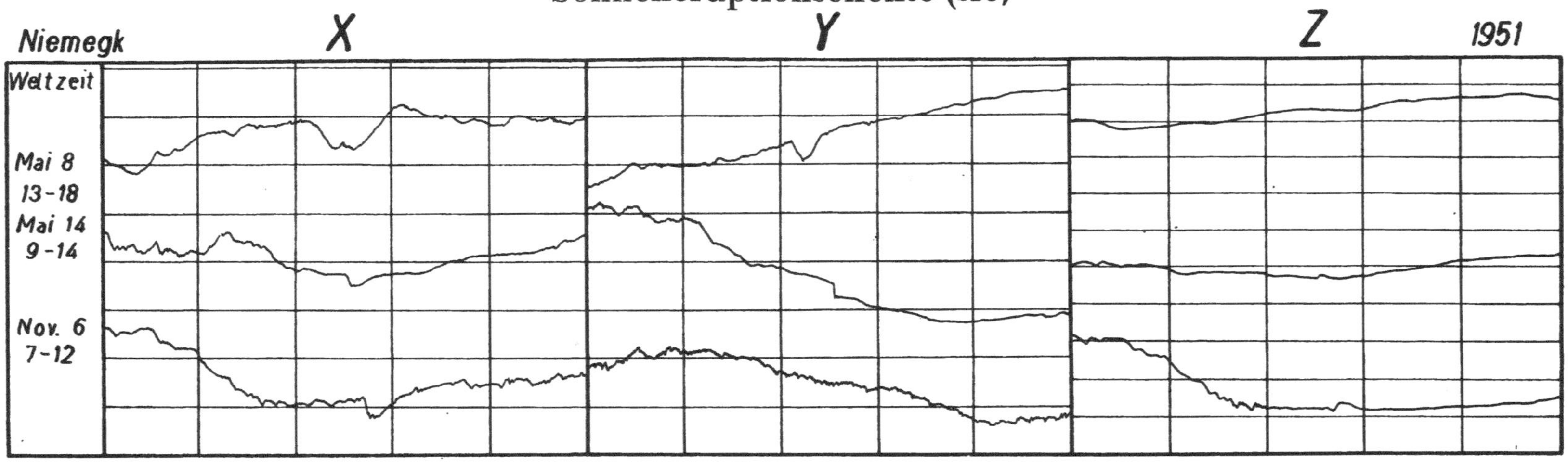

Impulse (si)

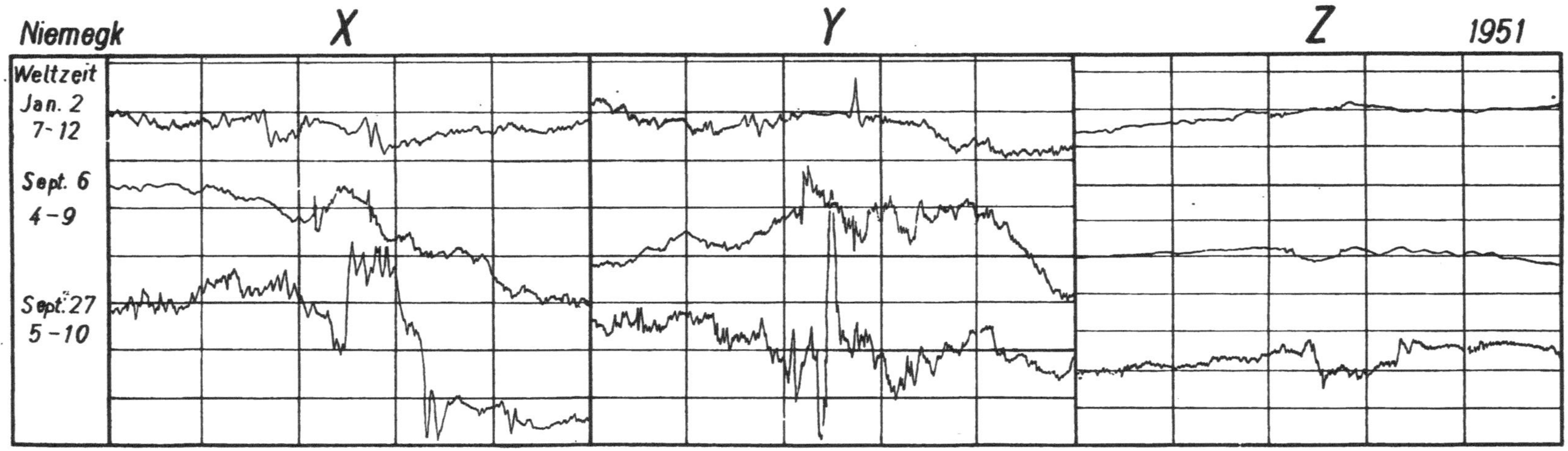

Einheit der Ordinaten 20 γ. Die Ungleichheit der Teilung ist durch die Verschiedenheit der Skalenwerte bedingt

Plötzliche Sturmausbrüche (ssc)

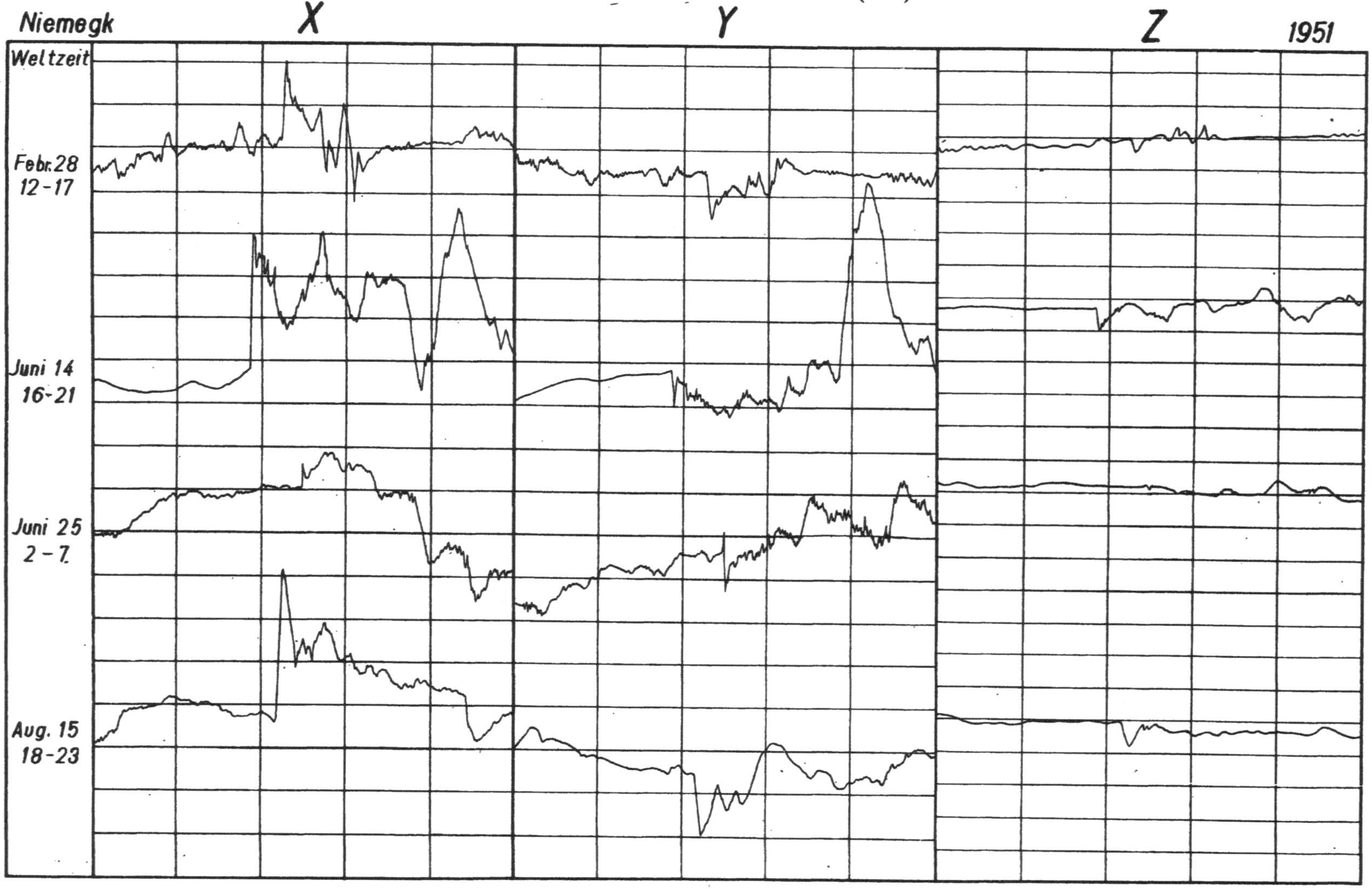

Einheit der Ordinaten 20 γ. Die Ungleichheit der Teilung ist durch die Verschiedenheit der Skalenwerte bedingt

Plötzliche Sturmausbrüche (ssc)

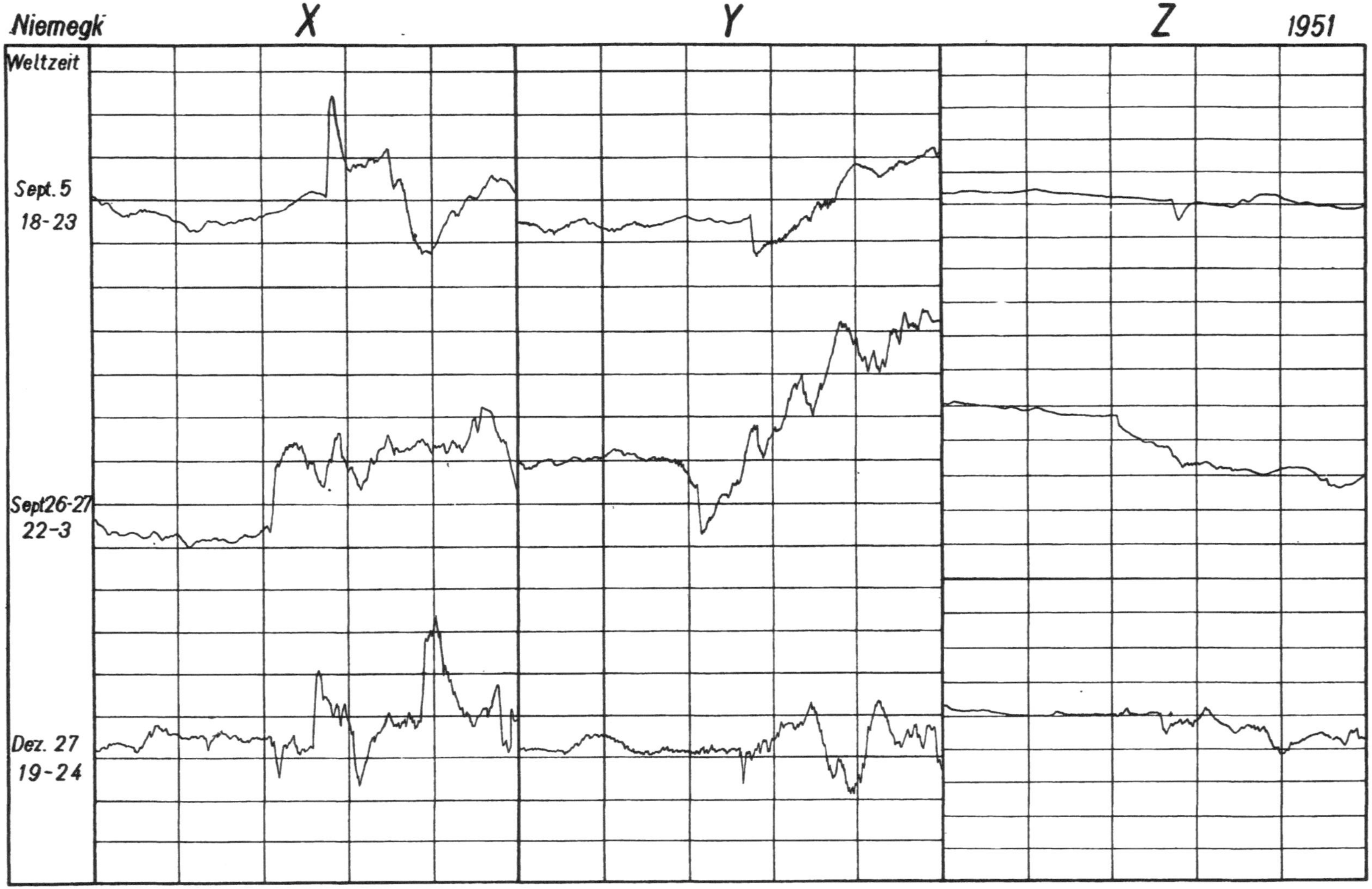

Einheit der Ordinaten 20 γ. Die Ungleichheit der Teilung ist durch die Verschiedenheit der Skalenwerte bedingt

Bay-Störungen (psc)

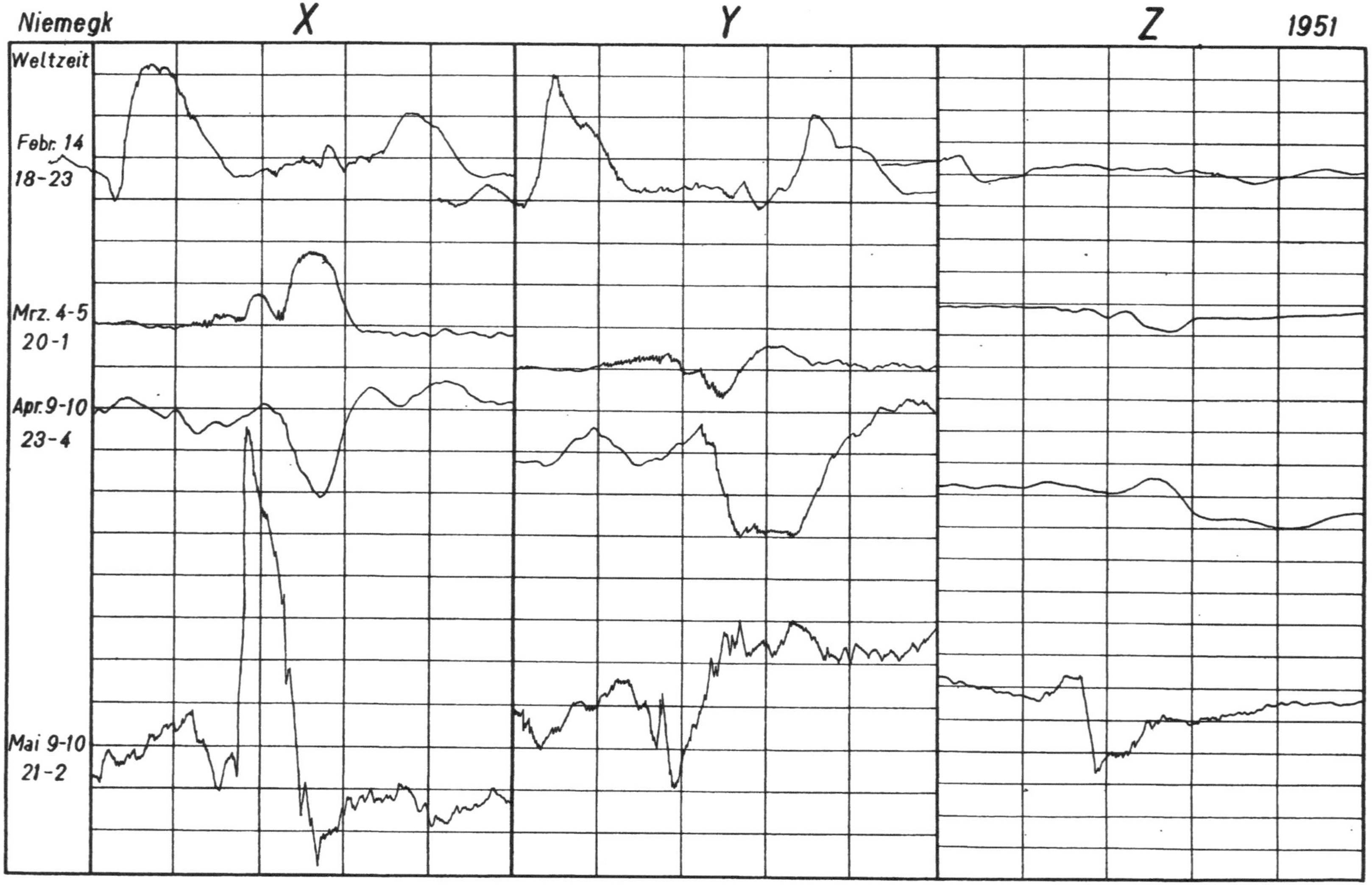

Einheit der Ordinaten 20 γ. Die Ungleichheit der Teilung ist durch die Verschiedenheit der Skalenwerte bedingt

Bay-Störungen (psc)

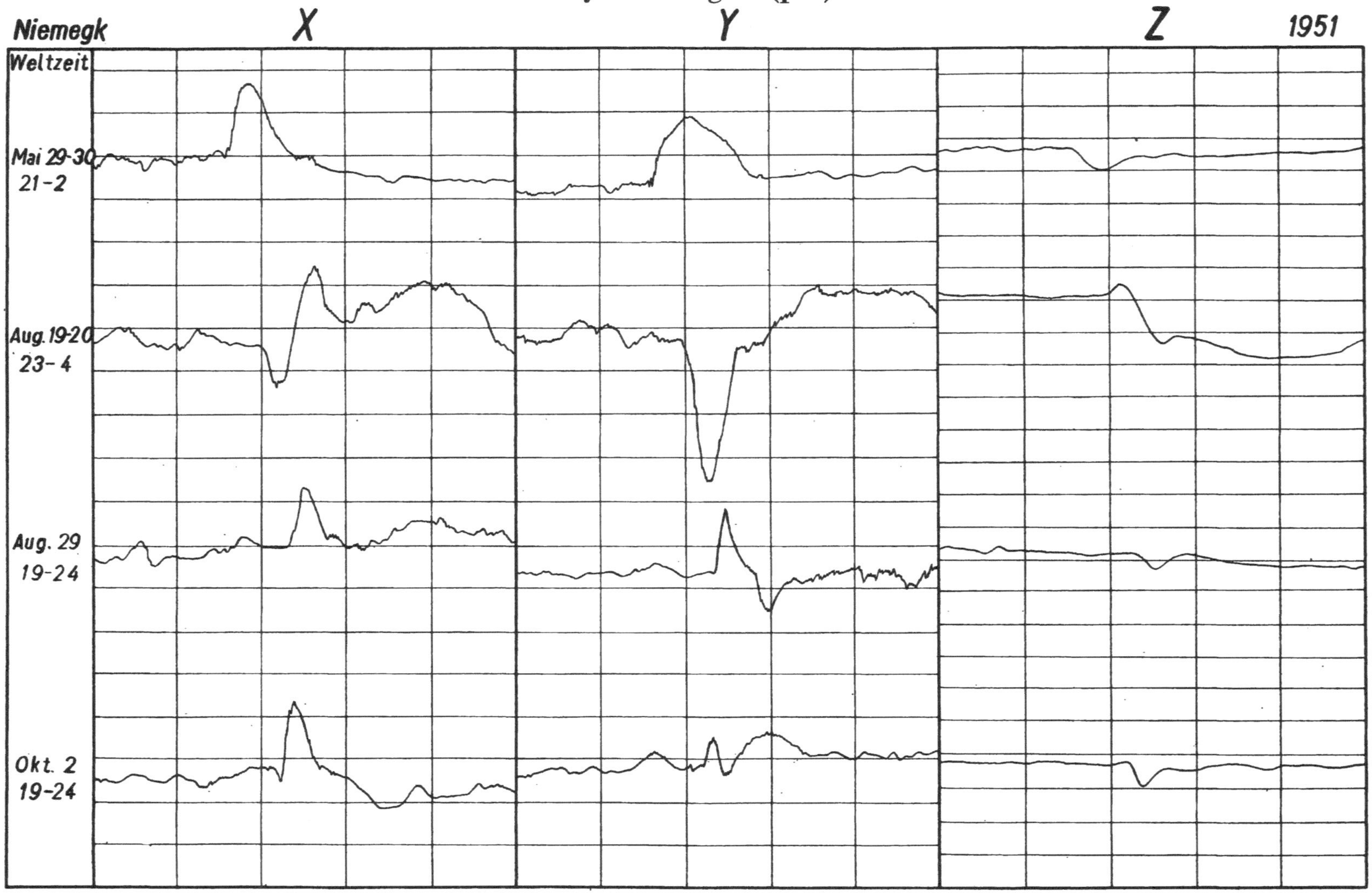

Einheit der Ordinaten 20 γ. Die Ungleichheit der Teilung ist durch die Verschiedenheit der Skalenwerte bedingt

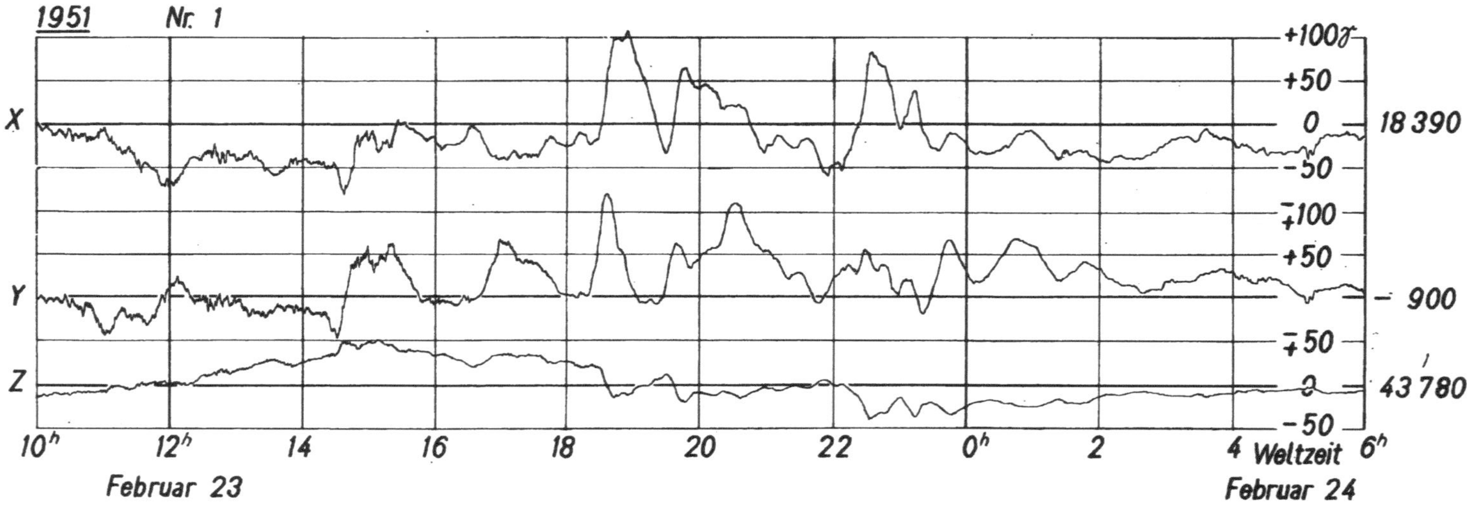

J= 2 433 701.0

J=2 433 701.5

Die Nullinien entsprechen dem Durchschnitt der 10 Tage von Februar 13 bis 22

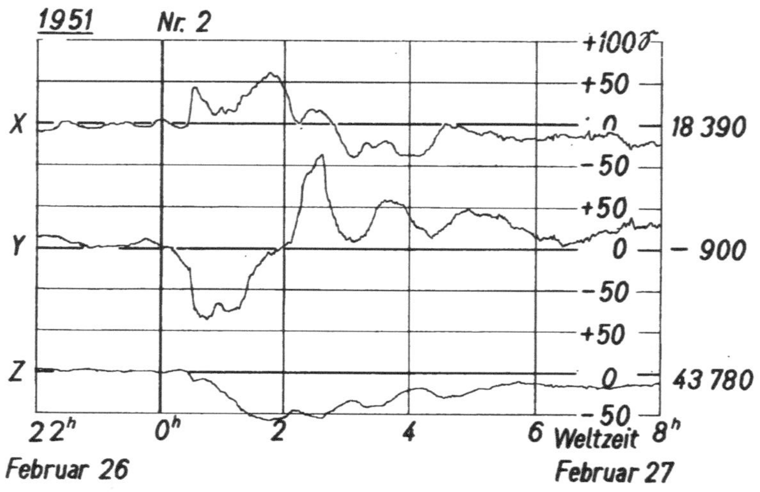

J=2 433 704.5

Die Nullinien entsprechen dem Durchschnitt der 10 Tage von Februar 13 bis 22.

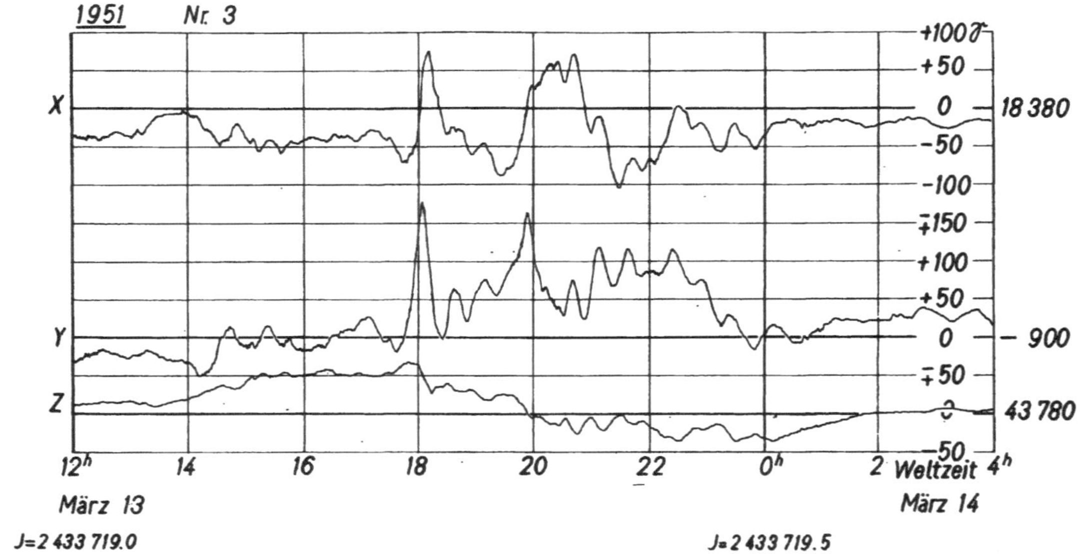

Die Nullinien entsprechen dem Durchschnitt der 10 Tage von März 3 bis 12.

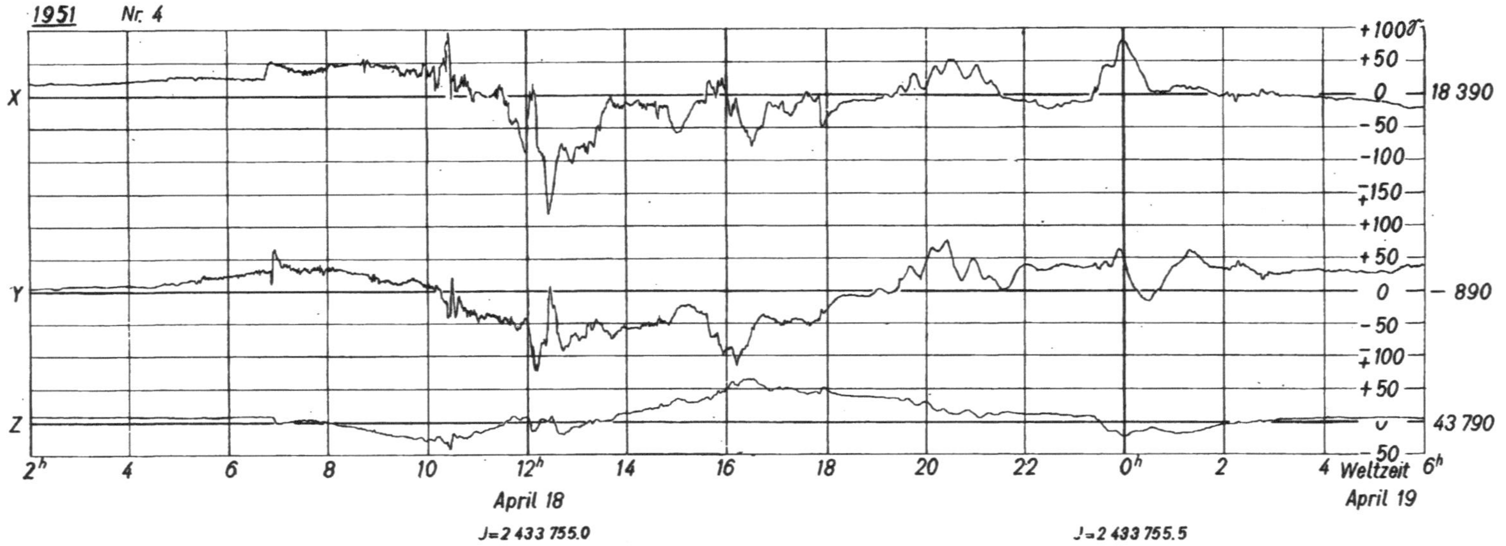

Die Nullinien entsprechen dem Durchschnitt der 10 Tage von April 8 bis 17.

|X|

XI

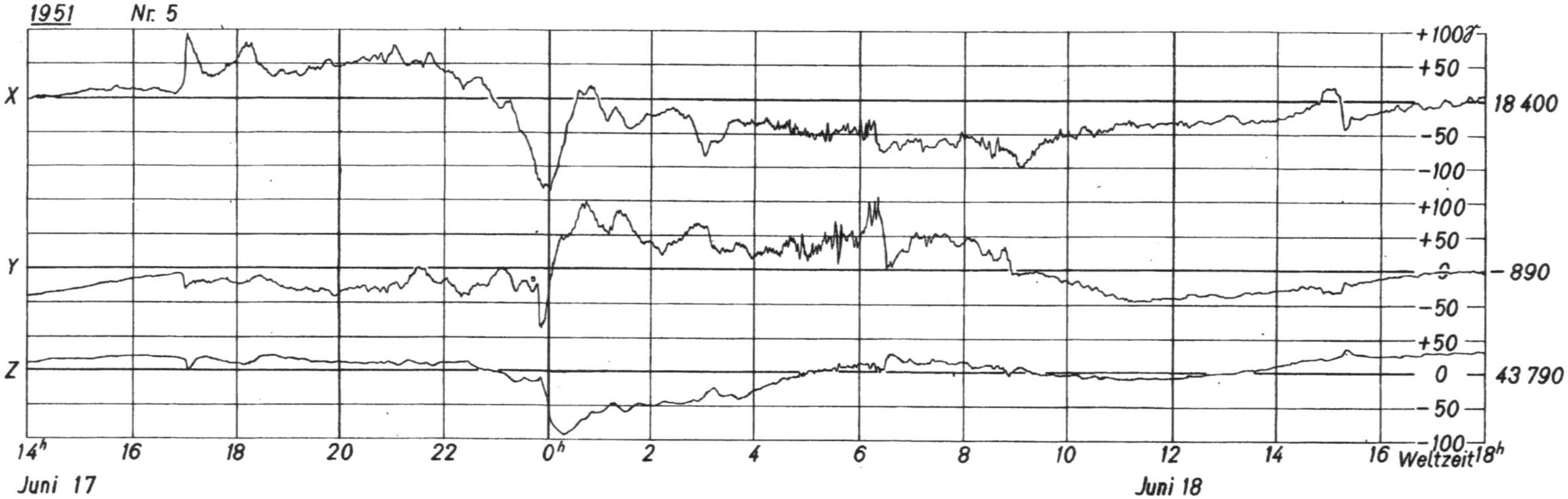

J=2 433 815.5

J=2 433 816.0

Die Nullinien entsprechen dem Durchschnitt der 10 Tage von Juni 7 bis 16

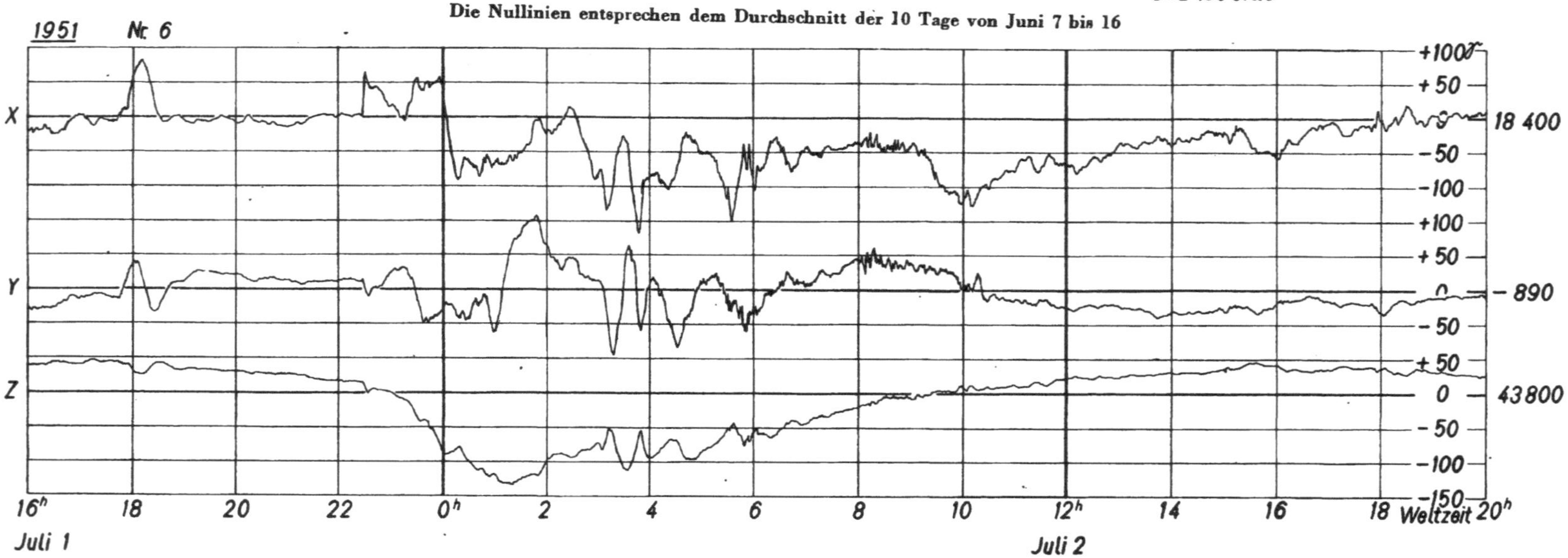

J=2 433 829.5

J=2 433 830.0

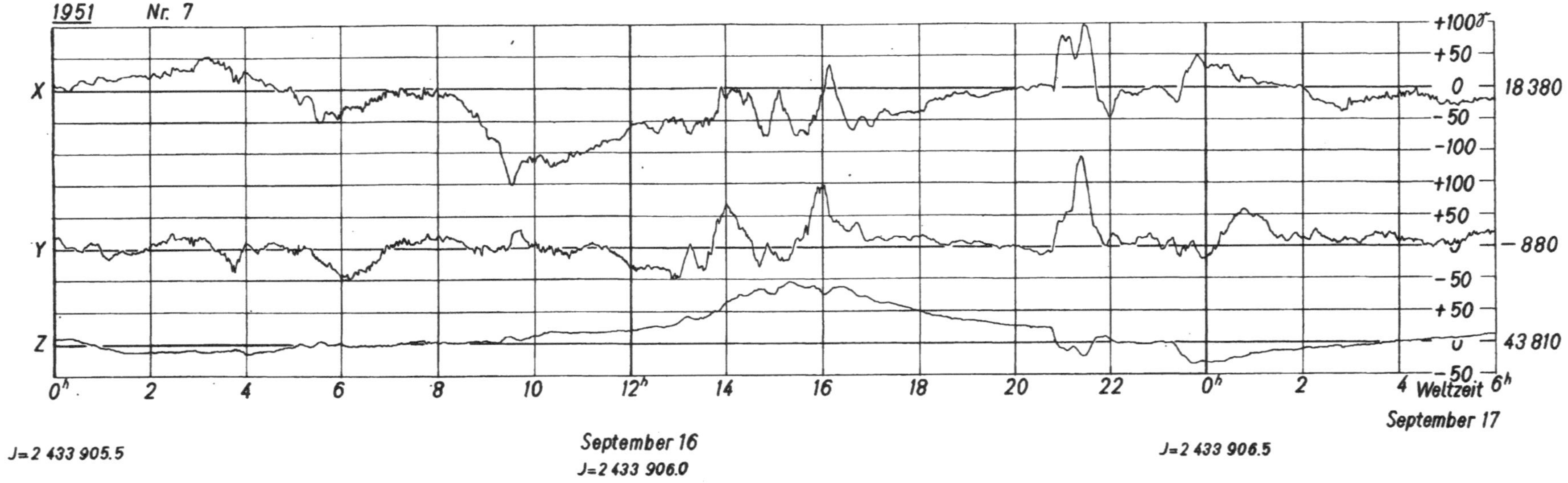

Die Nullinien entsprechen dem Durchschnitt der 10 Tage von September 6 bis 15.

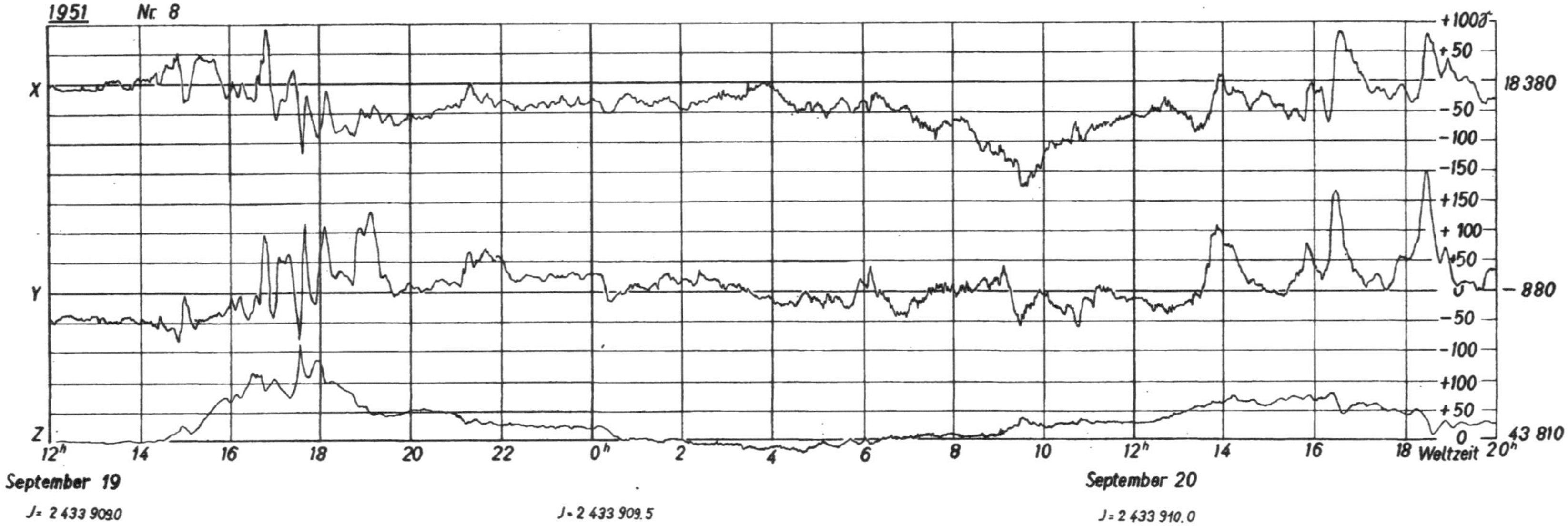

Die Nullinien entsprechen dem Durchschnitt der 10 Tage von September 6 bis 15.

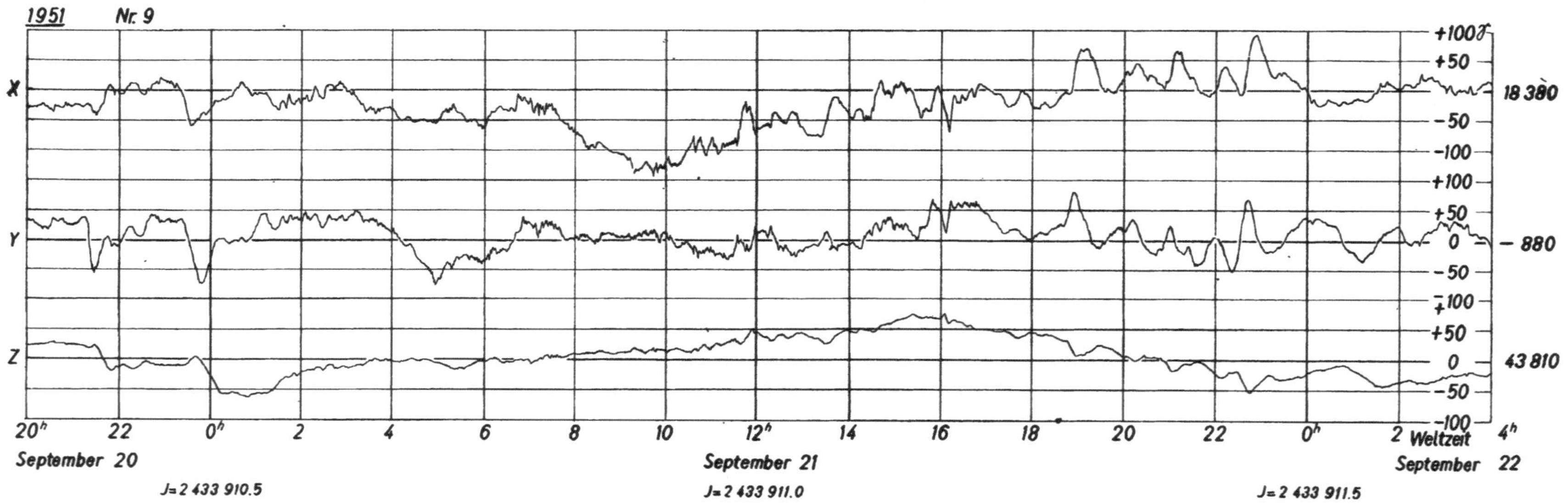

Die Nullinien entsprechen dem Durchschnitt der 10 Tage von September 6 bis 15

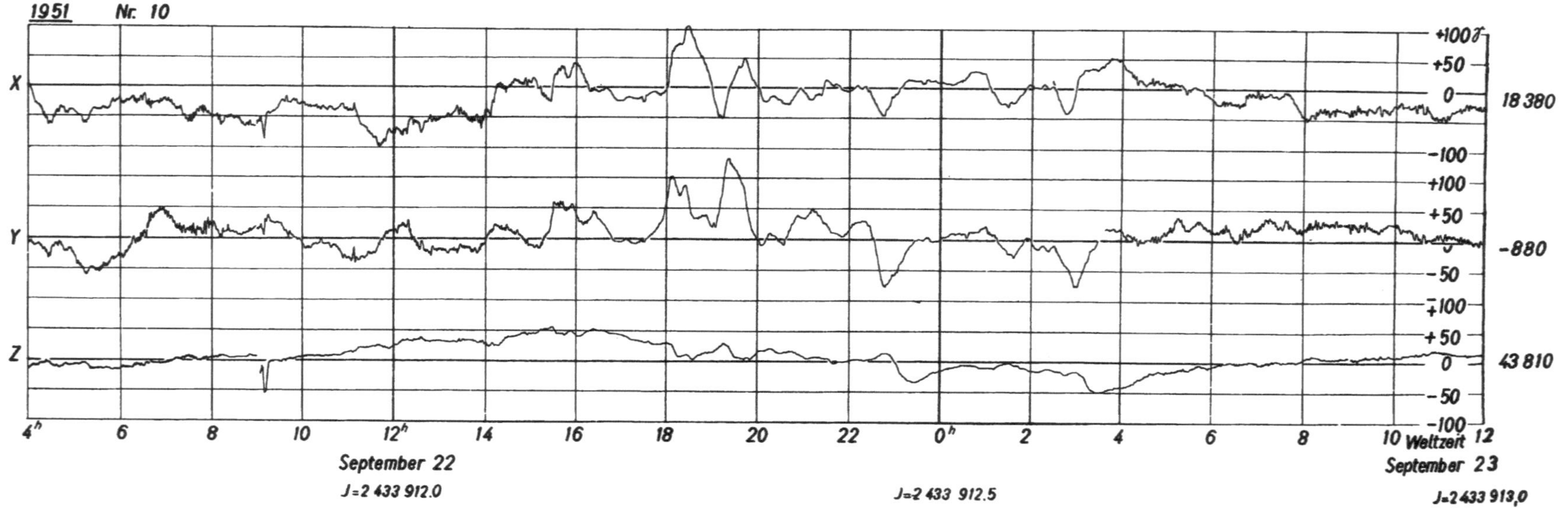

Die Nullinien entsprechen dem Durchschnitt der 10 Tage von September 6 bis 15

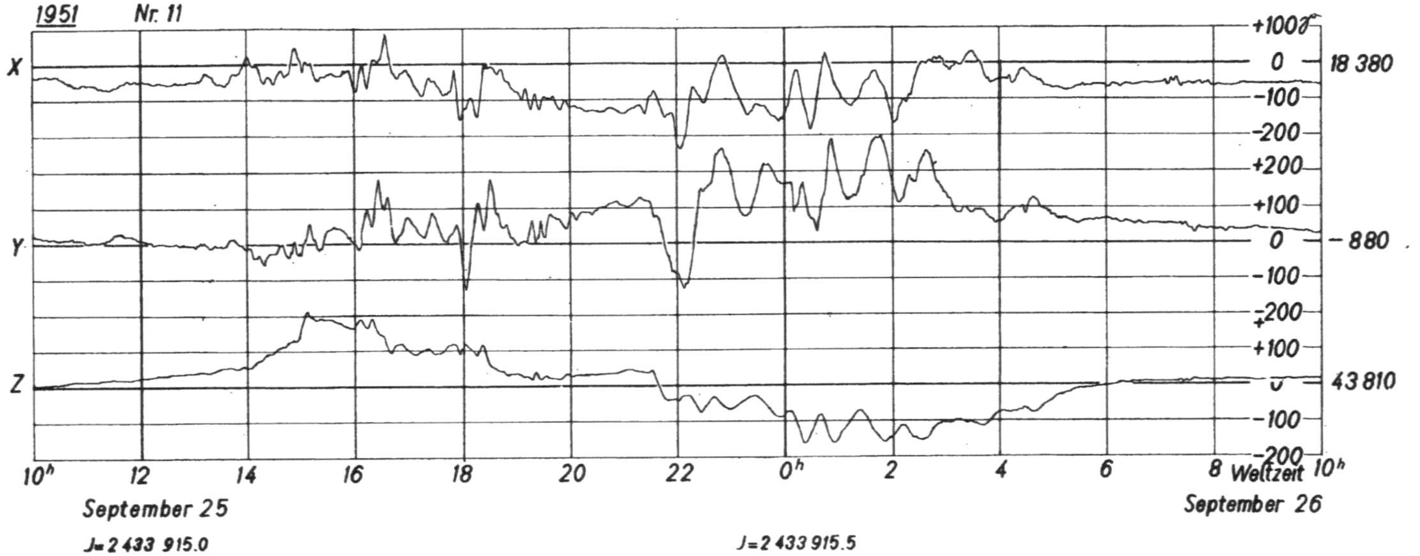

Die Nullinien entsprechen dem Durchschnitt der 10 Tage von September 6 bis 15.

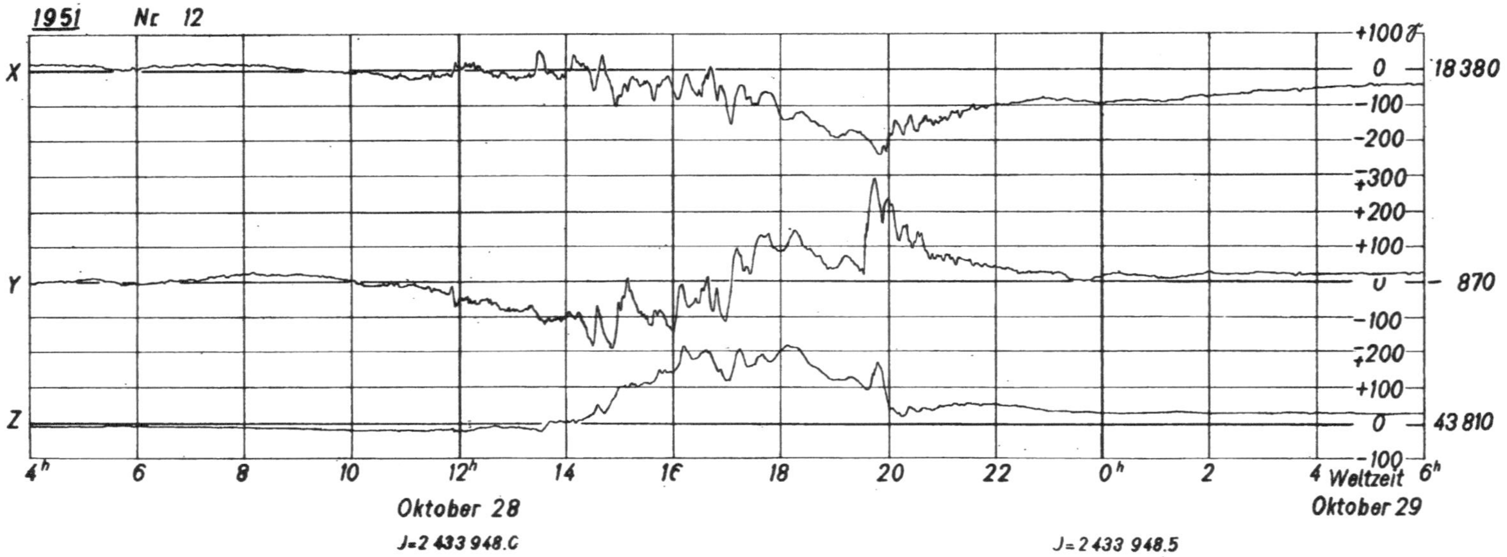

Die Nullinien entsprechen dem Durchschnitt der 10 Tage von Oktober 18 bis 27.

Tagesmittel der Komponenten

in Abweichungen vom Normalwert.

Niemegk 1951

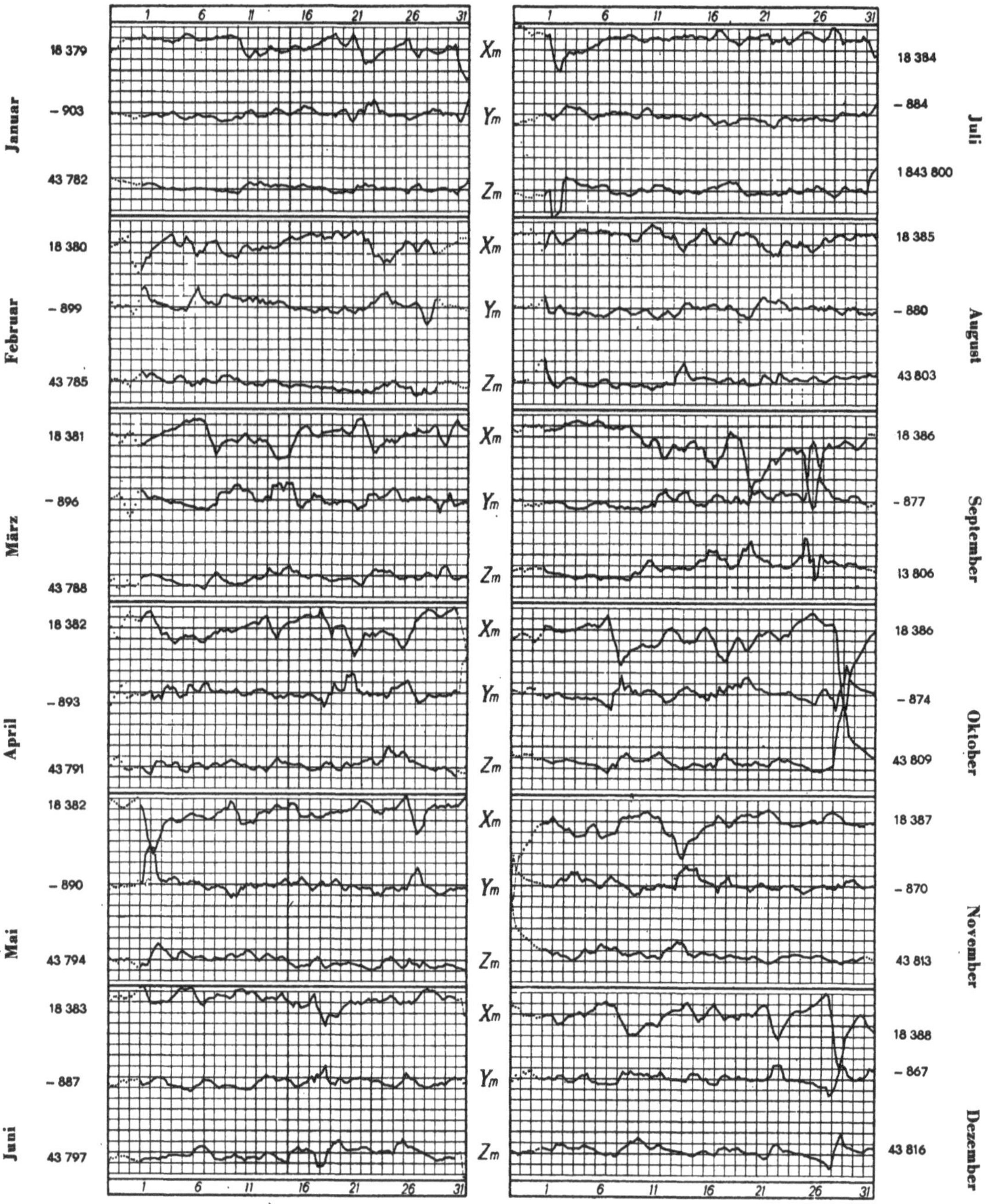

Die lotrechten Linien bezeichnen den Augenblick 0 h nach Weltzeit.

Die absoluten Werte am Rande gelten für die Mitte des Monats. — Einheit der Zahlen: γ; Einheit der Ordinaten: 10 γ.

VIII. Anhang

Täglicher Gang an ausgewählt ruhigen und gleichmäßig gestörten Tagen 1908–1944 in Potsdam-Seddin-Niemegk

von H. WIESE

Die übliche Auswahl der fünf ruhigen und gestörten Tage eines Monats zur Berechnung der täglichen Gänge birgt nach dem heutigen Stand unserer Kenntnisse über die Vorgänge in den leitenden Schichten der hohen Atmosphäre gewisse Fehlerquellen in sich. So können in stark gestörten Jahren die relativ ruhigen Tage doch noch einen beträchtlichen tagesperiodischen Störungsgang enthalten. Andererseits geben die Gänge an gestörten Tagen ein sehr uneinheitliches Bild, da viele mäßige und wenig starke Störungen gemittelt werden. Bei starken Störungen kann aber der tagesperiodische Anteil ganz anders sein, wie z. B. am 1. März 1941, an dem die Polarlichtzone über oder sogar südlich von Niemegk gelegen hat.

Aus diesen Gründen schien eine sorgfältige Auswahl der Tage wünschenswert. Die Auswahl erfolgte mit Hilfe der ersten Kennziffern nach folgenden Gesichtspunkten[1]):

1. Die dreistündigen Kennziffern (2) durften in allen Dreistundenintervallen während des Tages nicht größer als 1 sein.
2. Außerdem durfte an diesen Tagen die internationale Charakterzahl nicht größer als 0.2 sein, um zu vermeiden, daß manche Tage, die zwar in Potsdam-Niemegk als ruhig erscheinen, aber durch einen tagesperiodischen Störungsgang verfälscht sind, mit berücksichtigt wurden.
3. Da nach den Arbeiten von BARTELS (z. B. 1,3) die Größe und evtl. auch die Form der Gänge an ruhigen Tagen mit der Stärke der UV-Strahlung der Sonne zusammenhängt, und damit in gewissem Maße auch mit der Größe der Sonnenfleckenrelativzahl, wurden die unter Punkt 1 und 2 ausgewählten Tage in 5 Gruppen eingeteilt, je nach der Größe der Züricher Sonnenfleckenrelativzahl.

Bearbeitet wurde der Zeitraum 1908—1944 ohne 1932/33 für die erdmagnetischen Komponenten X, Y, Z von Seddin-Niemegk. Insgesamt 866 Tage genügten den obigen Bedingungen. In Tabelle 1 ist die Anzahl der Tage in den einzelnen Monaten zusammengefaßt. Außerdem ist noch die Zahl der Jahre vermerkt, aus denen diese Tage stammten.

Eine Zusammenfassung der Monate schien nach den vom Verfasser (4) geschilderten Besonderheiten im Jahresablauf nicht ratsam. Es sei hier nur auf die Abnahme der Amplitude der X-Komponente vom April zum Mai hingewiesen. Eine ausführliche Behandlung dieser Besonderheiten wird in einer demnächst erscheinenden Arbeit in GERLANDS Beiträgen zur Geophysik gegeben (5).

Der Tagesgang der Stundenmittel an diesen ausgewählten ruhigen Tagen ist in den nachfolgenden Tabellen mitgeteilt. Er ist berechnet als Abweichung von den sechs Nachtstunden 21—3 Uhr GMZ. Das scheint nach den heutigen Erkenntnissen richtiger zu sein als die Abweichung vom Tagesmittel. In zwei weiteren Spalten ist der Unterschied zwischen Tagesmittel und Mittel der sechs Nachtstunden (Δ) dargestellt, außerdem die mittlere Sonnenflecken-Relativzahl (SFR). Die Tabellen können in den folgenden Jahren erweitert werden, da im vorliegenden Jahrbuch, wie auch in den folgenden, die Gänge nach genau dem gleichen Verfahren berechnet werden.

Eine weitere Tabelle enthält im Gegensatz zu den üblichen Jahrbuchveröffentlichungen die zusätzlichen Gänge an gleichmäßig gestörten Tagen, d. h. der tägliche Gang an ruhigen Tagen für die entsprechende Sonnenfleckenrelativzahl ist bereits abgezogen (S_D). Da sich keine Abhängigkeit des Störungsganges von der Sonnenfleckenrelativzahl (6) ergab, werden hier nur die Stundenmittel mitgeteilt, die sich im Mittel aller Sonnenfleckenrelativzahlen ergaben. Für die Zeichnungen der oben aufgeführten Arbeit wurden außerdem die Stundenmittel dreifach übergreifend ausgeglichen und dadurch geglättet, weil die Unregelmäßigkeiten hauptsächlich wohl auf den Umfang des Materials zurückzuführen sind.

---

[1]) Ein ähnliches Verfahren wandte auch BARTELS an (1).

Tabelle 1

Anzahl der Tage, an denen im Zeitraum 1908—1944 (ohne 1932/33) nur die dreistündigen Kennziffern K = 0 und 1 auftraten (weitere Auswahlbedingungen s. Text)

Monat	SFR	Anzahl der Tage	aus ... Jahren	SFR Mittel	Monat	SFR	Anzahl der Tage	aus ... Jahren	SFR Mittel
Januar	0	29	6	0	Juli	0	12	5	0
	1–25	25	13	13.8		1–25	15	9	11.6
	26–50	10	7	37.5		26–50	20	7	37.0
	51–90	18	11	68.3		51–90	4	4	61.8
	≧ 91	8	3	140.5		≧ 91	5	4	138.0
		Σ 90					Σ 56		
Februar	0	16	6	0	August	0	11	4	0
	1–25	14	8	14.4		1–25	11	8	14.4
	26–50	12	9	35.2		26–50	14	9	38.0
	51–90	6	4	73.9		51–90	12	7	67.1
	≧ 91	4	2	124.2		≧ 91	12	6	110.0
		Σ 52					Σ 60		
März	0	15	6	0	September	0	7	2	0
	1–25	13	10	11.8		1–25	17	9	13.6
	26–50	17	11	40.4		26–50	11	9	41.6
	51–90	18	10	66.3		51–90	16	8	69.0
	≧ 91	5	3	99.5		≧ 91	8	7	118.0
		Σ 68					Σ 59		
April	0	17	6	0	Oktober	0	7	3	0
	1–25	18	12	14.7		1–25	25	10	13.6
	26–50	15	11	34.0		26–50	12	8	35.1
	51–90	14	9	70.2		51–90	13	10	64.2
	≧ 91	6	4	119.7		≧ 91	6	4	105.5
		Σ 70					Σ 63		
Mai	0	16	7	0	November	0	25	8	0
	1–25	12	10	15.5		1–25	22	10	14.4
	26–50	20	11	38.2		26–50	31	14	35.9
	51–90	8	6	63.6		51–90	24	12	68.0
	≧ 91	3	3	146.4		≧ 91	5	5	104.0
		Σ 59					Σ 107		
Juni	0	21	9	0	Dezember	0	24	6	0
	1–25	19	10	11.7		1–25	36	19	15.2
	26–50	11	8	38.0		26–50	30	18	36.2
	51–90	7	6	67.3		51–90	16	11	67.7
	≧ 91	5	4	121.2		≧ 91	13	5	121.1
		Σ 63					Σ 119		
						Gesamtsumme	866		

Tabelle 2

Anzahl der Tage, an denen mindestens viermal K = 4 oder 5, höchstens einmal K = 2, keinmal K ≦ 1 und K ≧ 6 auftraten

(im Zeitraum 1908—1931 und 1934—1944)

Januar	29	Juli	47
Februar	33	August	56
März	65	September	70
April	52	Oktober	53
Mai	51	November	38
Juni	46	Dezember	38

Wie im vorliegenden Jahrbuch bereits beschrieben, wurden alle die Tage als gleichmäßig gestört betrachtet, an denen in mindestens vier Dreistunden-Intervallen während des Tages die Kennziffern K = 4 oder 5, höchstens einmal K = 2, und kein K kleiner als 1 oder größer als 6 auftrat. Tabelle 2 gibt die Anzahl der Tage in den einzelnen Monaten, die den obigen Bedingungen genügten. Insgesamt waren es im beobachteten Zeitraum 578 Tage. Auch hier ist wegen der in (6) beschriebenen Unterschiede von Monat zu Monat auf eine Zusammenfassung längerer Jahresabschnitte verzichtet worden. Die Stundenmittel des S_D-Ganges sind in der nachfolgenden Zusammenstellung in Abweichung vom Tagesmittel berechnet.

Tabelle 3 gibt einen Überblick über die prozentuale Häufigkeit der Kennziffern an den zur Berechnung des S_D-Ganges verwendeten Tagen. Man sieht, daß der Störungsgrad in allen Monaten auf Grund des Auswahlprinzipes ungefähr der gleiche ist.

Herrn ZANDER danke ich für die Durchführung der recht umfangreichen Rechenarbeiten.

Tabelle 3

Prozentuale Häufigkeit der Kennziffern an den zur Berechnung des S_D-Ganges verwendeten Tagen

Monat	K = 2 %	K = 3 %	K = 4 %	K = 5 %
Januar	6	32	39	23
Februar	2	31	44	23
März	7	30	43	20
April	5	31	43	21
Mai	5	31	43	21
Juni	4	31	48	17
Juli	6	33	41	20
August	3	32	48	17
September	5	30	44	21
Oktober	4	30	39	27
November	6	30	38	26
Dezember	6	28	45	21
Jahr	5	31	43	21

Literatur

(1) BARTELS, J., Typische tägliche Gänge der erdmagnetischen Feldkomponenten in Potsdam und ihre Bedeutung. Zeitschr. f. Meteorologie 1951, S. 236.

(2) BARTELS, J., Three-hour-range Indices K, for Potsdam-Seddin-Niemegk 1900—1936. International Union of Geodesy and Geophysics Ass. of Terr. Magn. and Electr., Bulletin No. 12 b, 1949, Washington. Die Kennziffern 1937 sind im erdmagnetischen Jahrbuch Niemegk 1937 enthalten, die Kennziffern ab 1938 in der Zeitschrift für Geophysik bzw. in den erdmagnetischen Jahrbüchern 1938—1944.

(3) BARTELS, J., Naturforschung und Medizin in Deutschland, Band 17, Geophysik, Teil I. Dieterichs Verlagsbuchhandlung, Wiesbaden 1948.

(4) WIESE, H., Anomalien des täglichen Ganges im Erdmagnetismus und ihr Zusammenhang mit den Windströmungen der tiefen Ionosphäre. Zeitschr. f. Meteorologie 1951, S. 373.

(5) WIESE, H., Der tägliche Gang der erdmagnetischen Komponenten an ausgewählt ruhigen Tagen in Potsdam-Seddin-Niemegk. Gerlands Beiträge zur Geophysik 63 (1954), S. 302—317.

(6) WIESE, H., Der tagesperiodische Teil der erdmagnetischen Störungen. Gerlands Beiträge zur Geophysik 63 (1954), S. 282—301.

Täglicher Gang an ausgewählt ruhigen Tagen mit Sonnenfleckenrelativzahl 0

Zeitraum 1908—1944

Dargestellt als Abweichung der Stundenmittel vom Mittel der 6 Nachtstunden 21 Uhr bis 3 Uhr (Weltzeit)

Weltzeit

Uhrzeit / Monat	0-1	1-2	2-3	3-4	4-5	5-6	6-7	7-8	8-9	9-10	10-11	11-12	12-13	13-14	14-15	15-16	16-17	17-18	18-19	19-20	20-21	21-22	22-23	23-24	Δ (TM — NM)	SFR Mittel
ΔX													**Nordkomponente**												Einheit: 0.1 γ	
J.	-8	-7	4	10	25	41	39	33	19	-5	-18	-16	-1	12	2	-3	3	6	14	15	14	10	1	-3	8	0
F.	-5	-4	-3	9	33	44	51	52	24	-19	-54	-55	-31	-4	3	-8	-12	2	9	17	17	9	7	-2	3	0
M.	-5	-7	-7	-5	5	20	31	6	-80	-151	-186	-173	-122	-63	-32	-23	-24	-8	3	9	9	8	4	7	-33	0
A.	-4	-12	-6	0	-3	4	-23	-90	-177	-248	-274	-237	-189	-124	-71	-34	-21	2	21	26	20	12	9	3	-59	0
M.	4	-3	-13	-6	-5	-48	-103	-174	-229	-235	-209	-163	-134	-84	-42	-39	-22	0	21	24	19	10	0	2	-50	0
J.	-3	-9	0	21	21	-30	-103	-179	-247	-283	-285	-252	-199	-137	-65	-34	-11	17	39	47	31	14	1	-5	-69	0
J.	-1	-13	-27	11	24	-14	-62	-140	-216	-254	-259	-228	-172	-114	-65	-41	-16	-2	14	25	29	15	10	-2	-67	0
A.	-2	-4	-12	-9	-16	-42	-101	-170	-240	-269	-257	-211	-134	-86	-42	-13	-14	-6	16	21	13	8	6	6	-65	0
S.	-4	-20	-16	-16	-18	-32	-59	-128	-197	-225	-234	-190	-148	-117	-100	-83	-70	-33	-2	21	26	18	11	8	-67	0
O.	-2	6	11	20	30	41	16	-52	-139	-210	-223	-180	-121	-92	-56	-50	-34	-8	7	6	-4	-5	0	-8	-44	0
N.	-9	-12	-1	16	36	39	34	4	-55	-94	-102	-75	-41	-19	-8	-6	5	12	21	22	22	14	5	2	-8	0
D.	-14	-13	3	20	38	48	54	46	30	15	7	10	24	23	12	13	22	28	33	32	25	17	10	-4	20	0
ΔY													**Ostkomponente**												Einheit: 0.1 γ	
J.	-4	-14	-18	-27	-25	-13	2	2	-16	-39	-66	-91	-99	-70	-44	-42	-34	-24	-15	0	13	15	13	7	-25	0
F.	5	-6	-11	-17	-15	-6	-1	0	0	-43	-106	-149	-154	-131	-78	-49	-48	-42	-33	-24	-10	0	7	3	-38	0
M.	1	5	9	19	25	34	80	129	132	53	-77	-203	-251	-225	-148	-53	-22	-29	-19	-9	-9	-7	-3	-1	-24	0
A.	3	6	15	29	49	90	164	210	165	52	-121	-268	-319	-270	-173	-98	-46	-24	-22	-25	-18	-15	-7	-2	-26	0
M.	1	9	32	70	136	177	190	169	93	-31	-174	-282	-299	-237	-147	-69	-27	-18	-25	-25	-24	-19	-16	-7	-22	0
J.	3	11	34	85	162	216	239	225	147	9	-151	-266	-306	-286	-226	-143	-67	-38	-39	-36	-35	-27	-18	-5	-21	0
J.	1	23	43	77	141	188	203	197	141	31	-111	-238	-295	-291	-230	-144	-81	-55	-50	-52	-52	-41	-21	-6	-26	0
A.	8	15	30	58	104	136	145	128	62	-43	-174	-283	-323	-270	-183	-83	-17	-18	-42	-46	-33	-25	-18	-5	-37	0
S.	-2	-2	4	11	34	49	94	105	61	-40	-160	-263	-283	-231	-159	-87	-43	-31	-16	-17	-1	2	0	-3	-41	0
O.	-2	4	-1	2	2	20	63	115	91	-27	-168	-249	-246	-181	-96	-46	-38	-39	-24	-18	-9	0	1	-2	-35	0
N.	2	-14	-28	-36	-26	-13	6	30	25	-35	-104	-143	-143	-99	-60	-48	-39	-23	-15	-2	13	16	14	10	-30	0
D.	-1	-20	-31	-32	-29	-23	-12	-6	-20	-58	-88	-103	-100	-67	-48	-33	-20	-13	-3	8	21	24	19	11	-26	0
ΔZ													**Vertikalkomponente**												Einheit: 0.1 γ	
J.	-1	-2	-2	-2	-3	-6	-8	-17	-25	-18	-16	-20	-4	12	11	10	11	11	9	8	7	3	2	-1	-2	0
F.	-2	-4	-4	-7	-9	-12	-22	-27	-29	-37	-38	-35	-32	-11	2	7	10	12	10	9	6	6	4	1	-8	0
M.	-1	-3	-5	-5	-7	-4	1	-7	-36	-80	-107	-105	-77	-43	3	21	14	8	6	8	5	5	3	-1	-17	0
A.	-2	-3	-2	-3	-1	4	11	-6	-53	-120	-176	-173	-125	-70	-31	-6	4	5	6	4	4	4	1	1	-30	0
M.	-6	-3	5	18	19	15	12	-12	-59	-133	-175	-166	-133	-75	-21	2	16	16	9	5	3	1	1	0	-28	0
J.	-3	-2	6	15	20	17	18	-2	-50	-105	-151	-150	-119	-69	-23	5	23	28	18	10	4	2	0	-2	-21	0
J.	-2	1	4	10	12	8	8	-2	-23	-64	-114	-128	-104	-59	-8	20	34	25	13	8	4	1	-1	-2	-15	0
A.	-2	0	0	10	7	1	14	10	-4	-44	-86	-103	-71	-30	6	24	25	1	-7	4	-1	1	2	-1	-10	0
S.	-2	0	-2	-2	4	21	27	19	-16	-68	-104	-115	-98	-70	-27	6	7	9	4	1	5	4	1	0	-16	0
O.	-1	-4	-6	-9	-10	-7	4	-8	-56	-99	-111	-85	-55	-21	9	16	6	6	11	5	5	4	4	5	-17	0
N.	-3	-2	-3	-5	-6	-7	-8	-5	-21	-32	-29	-18	4	22	21	20	18	14	13	11	8	7	3	-1	0	0
D.	0	-2	-5	-8	-9	-9	-12	-24	-40	-43	-34	-26	-9	4	11	15	14	12	10	10	8	5	1	1	-5	0

Täglicher Gang an ausgewählt ruhigen Tagen mit Sonnenfleckenrelativzahl 1—25

Zeitraum 1908—1944

Dargestellt als Abweichung der Stundenmittel vom Mittel der 6 Nachtstunden 21 Uhr bis 3 Uhr (Weltzeit)

Weltzeit

Uhrzeit / Monat	0-1	1-2	2-3	3-4	4-5	5-6	6-7	7-8	8-9	9-10	10-11	11-12	12-13	13-14	14-15	15-16	16-17	17-18	18-19	19-20	20-21	21-22	22-23	23-24	Δ (TM — NM)	SFR Mittel
ΔX												Nordkomponente													Einheit: 0,1 γ	
J.	-6	-4	3	20	32	48	55	47	3	-42	-62	-64	-36	0	14	10	11	19	22	25	20	8	3	-1	5	14
F.	-4	-12	-5	10	31	45	62	49	-9	-61	-97	-101	-71	-39	-13	-16	-14	0	17	17	16	13	8	2	-7	14
M.	3	1	5	10	22	39	47	16	-58	-135	-169	-167	-143	-107	-65	-39	-30	-18	-3	0	-4	-7	0	-1	-33	12
A.	0	-12	-11	-15	-4	4	-13	-62	-151	-234	-254	-222	-175	-123	-75	-58	-40	-18	8	16	8	8	6	7	-59	15
M.	-6	-11	-4	2	-4	-33	-80	-141	-163	-171	-183	-167	-140	-119	-77	-42	-18	1	25	24	25	19	7	-3	-52	16
J.	-5	-5	2	24	23	-21	-109	-183	-243	-260	-242	-200	-174	-127	-71	-47	-11	26	45	42	28	11	2	-4	-62	12
J.	-3	-10	-9	9	16	-26	-84	-151	-213	-268	-289	-279	-219	-141	-70	-36	-18	-1	27	28	17	14	4	3	-71	12
A.	-1	-13	-10	-13	-12	-54	-121	-207	-294	-316	-276	-203	-139	-90	-37	-21	-11	9	16	25	21	12	11	4	-72	14
S.	-3	-11	-11	-22	-24	-40	-85	-155	-235	-273	-262	-201	-116	-73	-56	-55	-38	-8	12	14	14	11	7	6	-67	14
O.	-7	-10	-5	1	6	9	1	-45	-126	-208	-231	-195	-135	-92	-66	-54	-33	-15	2	10	13	14	6	1	-48	14
N.	-9	-7	2	24	44	62	59	36	-25	-73	-101	-89	-49	-23	-19	-16	0	14	18	22	17	13	4	-1	-4	14
D.	-6	-7	4	17	34	47	48	36	5	-23	-30	-20	-5	8	13	14	19	27	34	33	26	15	4	-7	12	15
ΔY												Ostkomponente													Einheit: 0,1 γ	
J.	-3	-12	-18	-17	-17	-7	10	26	26	-14	-64	-115	-125	-87	-56	-45	-36	-30	-21	-5	7	13	15	8	-24	14
F.	6	-12	-19	-14	-7	1	20	54	72	19	-72	-138	-169	-148	-88	-42	-34	-30	-21	-10	3	8	9	6	-25	14
M.	2	1	4	5	12	25	73	144	155	76	-65	-201	-252	-232	-155	-67	-29	-27	-16	-11	-5	0	-1	-5	-24	12
A.	3	12	29	38	56	100	169	222	191	76	-91	-254	-315	-261	-163	-84	-34	-16	-21	-20	-15	-18	-15	-9	-18	15
M.	4	8	23	68	114	160	194	202	145	29	-128	-248	-277	-245	-176	-107	-52	-24	-14	-19	-23	-20	-10	-4	-17	16
J.	7	17	44	93	154	207	220	199	116	-7	-142	-235	-263	-254	-214	-140	-84	-58	-56	-54	-47	-40	-23	-6	-24	12
J.	13	23	40	83	151	198	227	217	160	58	-81	-197	-263	-270	-219	-141	-81	-61	-49	-45	-42	-42	-27	-9	-15	12
A.	9	10	28	75	149	192	206	188	83	-62	-209	-325	-342	-294	-217	-104	-29	-23	-47	-50	-41	-29	-14	-1	-35	14
S.	3	9	19	28	46	92	133	151	90	-27	-176	-283	-308	-252	-159	-78	-45	-55	-47	-38	-21	-10	-19	-4	-40	14
O.	0	1	-2	-4	3	18	62	120	124	32	-105	-212	-238	-206	-131	-75	-62	-51	-39	-23	-11	-2	3	-1	-33	14
N.	-3	-16	-26	-29	-22	-8	4	24	17	-34	-87	-127	-130	-90	-56	-40	-33	-17	-4	7	16	18	14	12	-25	14
D.	-6	-18	-19	-26	-20	-13	-1	6	-10	-50	-84	-111	-108	-77	-51	-38	-27	-18	-8	2	19	22	15	8	-26	15
ΔZ												Vertikalkomponente													Einheit: 0,1 γ	
J.	-3	-4	-4	-4	-6	-6	-7	-16	-19	-18	-15	-17	6	22	22	17	16	13	13	9	8	6	4	0	1	14
F.	-4	-5	-10	-14	-15	-21	-20	-14	-17	-32	-40	-34	-15	6	17	14	12	12	17	19	14	11	9	0	-5	14
M.	-4	-4	-4	-7	-7	-2	12	-3	-41	-81	-123	-124	-99	-51	-7	12	13	5	5	6	7	7	3	2	-20	12
A.	-4	-4	-3	-2	-1	9	18	-6	-56	-110	-170	-188	-137	-76	-26	4	16	12	9	10	8	6	4	-2	-29	15
M.	-3	2	7	18	27	32	27	-3	-51	-114	-166	-170	-125	-60	-23	0	13	23	22	14	6	1	-2	-4	-22	16
J.	-4	-2	11	19	22	18	20	-1	-46	-106	-154	-151	-113	-63	-24	2	20	26	20	12	3	1	-1	-3	-21	12
J.	-2	-1	4	14	19	21	17	-2	-45	-78	-100	-118	-100	-68	-24	8	23	22	15	13	8	1	-1	-1	-16	12
A.	-2	-1	2	20	26	31	32	15	-21	-70	-109	-112	-84	-56	-6	28	30	13	1	3	7	3	1	-2	-10	14
S.	-3	0	2	4	13	28	34	19	-25	-74	-113	-98	-60	-19	4	17	7	2	5	6	3	2	0	-3	-10	14
O.	-1	-1	-5	-8	-7	-3	7	7	-27	-65	-87	-76	-43	-9	16	17	11	9	8	6	4	5	4	1	-10	14
N.	-4	-5	-6	-9	-13	-12	-18	-21	-32	-39	-31	-16	2	16	22	24	22	19	17	14	13	10	4	3	-2	14
D.	-3	-5	-8	-10	-11	-12	-15	-22	-28	-23	-15	-13	4	14	15	17	15	12	12	12	9	6	7	3	-2	15

Täglicher Gang an ausgewählt ruhigen Tagen mit Sonnenfleckenrelativzahl 26—50

Zeitraum 1908—1944

Dargestellt als Abweichung der Stundenmittel vom Mittel der 6 Nachtstunden 21 Uhr bis 3 Uhr (Weltzeit)

Weltzeit

Uhrzeit / Monat	0-1	1-2	2-3	3-4	4-5	5-6	6-7	7-8	8-9	9-10	10-11	11-12	12-13	13-14	14-15	15-16	16-17	17-18	18-19	19-20	20-21	21-22	22-23	23-24	Δ (TM — NM)	SFR Mittel
ΔX												**Nordkomponente**												Einheit: 0.1 γ		
J.	- 9	-12	- 5	8	25	35	37	20	- 26	- 53	- 66	- 70	- 34	- 2	12	9	19	24	20	17	21	10	10	5	0	38
F.	- 8	- 4	4	24	48	62	73	49	- 10	- 77	-129	-144	-111	- 68	- 41	- 40	-27	- 8	6	17	18	12	0	- 2	- 15	35
M.	- 3	- 8	- 7	6	19	43	48	- 2	-107	-215	-266	-255	-217	-155	-109	- 64	-49	-26	- 3	5	16	11	8	1	- 55	40
A.	- 2	- 9	- 9	- 6	4	1	- 8	- 79	-168	-246	-274	-253	-206	-148	- 88	- 52	-28	- 8	12	22	19	9	10	3	- 63	34
M.	- 4	- 9	-10	2	4	-20	- 73	-145	-203	-233	-237	-210	-168	-116	- 78	- 39	- 5	21	41	41	27	14	8	3	- 58	38
J.	-13	-18	- 2	25	37	- 5	- 69	-148	-236	-292	-312	-305	-257	-177	-101	- 45	-16	7	29	42	30	23	13	- 1	- 75	38
J.	- 6	-14	- 8	12	24	-18	- 95	-188	-275	-331	-325	-295	-230	-147	- 69	- 15	23	30	34	34	35	14	12	0	- 75	37
A.	- 6	-14	-14	- 4	- 2	-44	-125	-225	-295	-341	-310	-244	-170	-119	- 68	- 28	- 7	1	29	40	32	19	12	5	- 78	38
S.	- 6	-13	-24	-19	-20	-30	- 66	-135	-214	-270	-278	-222	-154	-104	- 79	- 66	-47	-20	4	17	19	19	15	9	- 70	42
O.	- 6	-10	- 9	- 1	8	16	- 2	- 72	-167	-246	-266	-225	-155	- 90	- 65	- 49	-29	- 2	13	18	16	13	11	3	- 54	35
N.	- 9	-10	- 4	12	22	29	18	- 24	- 97	-151	-167	-145	- 97	- 62	- 55	- 47	-21	0	15	22	19	17	9	- 2	- 30	36
D.	- 9	- 5	7	21	33	44	46	27	0	- 30	- 39	- 25	- 4	- 2	- 8	- 3	15	25	32	29	18	8	0	- 3	7	36
ΔY												**Ostkomponente**												Einheit: 0.1 γ		
J.	5	-12	-19	-24	-16	- 8	13	24	9	- 31	- 72	-121	-134	- 94	- 67	- 60	-51	-45	-35	-15	12	11	6	10	- 30	38
F.	0	-13	-22	-20	-10	7	27	57	68	14	- 57	-112	-143	-123	- 74	- 39	-40	-25	-15	0	7	17	15	6	- 20	35
M.	- 1	3	12	18	26	46	111	196	204	111	- 43	-179	-245	-233	-170	- 83	-42	-35	-23	-16	-15	- 9	- 4	- 2	- 15	40
A.	4	10	18	28	52	100	180	228	200	87	- 78	-246	-321	-281	-197	-113	-53	-26	-24	-25	-25	-19	- 9	- 4	- 21	34
M.	2	13	35	75	144	197	230	219	144	7	-151	-284	-319	-272	-183	-111	-54	-30	-30	-31	-31	-28	-18	- 7	- 20	38
J.	5	16	34	80	148	205	238	235	157	39	-120	-254	-321	-326	-248	-156	-77	-37	-25	-22	-20	-28	-18	- 8	- 21	38
J.	- 4	21	43	86	169	228	252	246	172	40	-121	-251	-319	-327	-268	-174	-97	-50	-36	-39	-37	-27	-24	-11	- 22	37
A.	8	17	39	75	148	191	213	186	104	- 29	-178	-302	-356	-313	-219	-111	-53	-39	-52	-57	-54	-38	-23	- 4	- 35	38
S.	0	19	35	49	77	116	164	180	130	13	-148	-279	-312	-283	-212	-135	-94	-84	-68	-46	-37	-26	-18	-11	- 40	42
O.	4	- 2	- 5	- 2	4	20	71	133	134	31	-118	-223	-249	-209	-134	- 83	-71	-55	-41	-20	- 8	0	0	3	- 34	35
N.	- 4	- 9	-15	-16	- 4	13	34	63	54	- 22	-113	-164	-163	-121	- 87	- 71	-58	-39	-23	- 7	9	13	8	5	- 30	36
D.	- 3	-13	-21	-28	-27	-15	- 4	- 7	- 20	- 53	- 91	-121	-113	- 85	- 67	- 50	-36	-23	- 8	- 1	10	16	14	9	- 31	36
ΔZ												**Vertikalkomponente**												Einheit: 0.1 γ		
J.	- 2	- 2	- 5	- 6	- 9	- 8	- 7	- 10	- 10	- 5	9	8	19	30	25	23	18	14	15	13	10	7	2	- 1	5	38
F.	- 1	- 4	- 7	- 8	-10	-12	- 15	- 9	- 24	- 39	- 39	- 28	- 25	- 9	5	9	14	16	17	14	13	9	5	1	- 5	35
M.	- 1	- 2	- 6	- 2	- 3	1	16	8	- 28	- 72	- 98	- 93	- 73	- 32	8	25	18	15	12	10	10	7	2	1	- 12	40
A.	- 6	- 3	- 3	0	5	16	21	- 3	- 57	-120	-176	-187	-138	- 67	- 19	5	17	11	9	6	4	5	3	2	- 28	34
M.	- 3	0	7	17	21	22	18	- 11	- 68	-153	-213	-210	-160	- 91	- 45	- 13	9	14	12	9	4	1	- 1	- 4	- 35	38
J.	- 6	- 2	9	13	11	9	23	13	- 25	- 86	-144	-138	-102	- 55	- 17	15	43	45	36	17	5	1	- 2	- 1	- 14	38
J.	- 7	- 5	6	23	29	18	16	1	- 38	- 96	-144	-151	-121	- 75	- 18	20	43	51	40	21	8	6	1	0	- 16	37
A.	- 3	- 3	- 4	7	15	12	9	- 5	- 42	- 88	-133	-146	-111	- 50	- 6	25	31	20	12	13	6	6	5	- 2	- 18	38
S.	- 5	0	6	7	11	20	28	18	- 25	- 81	-124	-121	- 92	- 63	- 36	- 19	-16	-15	-11	- 7	0	0	- 1	- 3	- 22	42
O.	- 1	- 1	1	1	2	7	24	26	- 10	- 63	- 84	- 71	- 44	- 6	17	15	7	5	5	2	0	0	- 1	0	- 7	35
N.	- 2	- 3	- 5	- 8	- 7	- 7	- 3	2	- 12	- 36	- 34	- 20	5	17	20	22	19	13	12	11	11	5	5	- 1	0	36
D.	- 1	- 2	- 5	- 7	- 7	- 6	- 8	- 15	- 18	- 11	- 9	- 1	12	16	17	18	16	14	13	10	10	7	4	- 2	2	36

Täglicher Gang an ausgewählt ruhigen Tagen mit Sonnenfleckenrelativzahl 51—90

Zeitraum 1908—1944

Dargestellt als Abweichung der Stundenmittel vom Mittel der 6 Nachtstunden 21 Uhr bis 3 Uhr (Weltzeit)

Weltzeit

Uhrzeit / Monat	0-1	1-2	2-3	3-4	4-5	5-6	6-7	7-8	8-9	9-10	10-11	11-12	12-13	13-14	14-15	15-16	16-17	17-18	18-19	19-20	20-21	21-22	22-23	23-24	Δ (TM — NM)	SFR Mittel
ΔX — Nordkomponente (Einheit: 0.1 γ)																										
J.	-2	-7	-4	8	27	47	46	32	-20	-76	-100	-106	-79	-53	-31	-29	-12	-3	16	19	15	10	5	-4	-13	68
F.	4	-11	-12	3	-2	10	17	17	-12	-45	-82	-102	-83	-78	-79	-70	-54	-26	3	15	15	17	4	-3	-23	74
M.	-5	-12	-10	-2	15	29	28	-18	-116	-197	-222	-223	-185	-128	-89	-72	-56	-28	-3	10	15	14	8	7	-52	66
A.	-7	-12	-18	-14	9	19	-4	-75	-170	-269	-327	-319	-254	-168	-79	-32	-6	15	30	31	21	17	11	9	-66	70
M.	-4	-1	5	20	15	-15	-72	-142	-209	-245	-255	-218	-194	-153	-89	-48	-16	11	26	25	20	3	1	-6	-64	64
J.	-6	-4	1	28	29	-37	-126	-222	-322	-380	-381	-308	-249	-182	-102	-65	-37	8	40	47	37	13	1	-6	-93	67
J.	-6	-9	6	23	36	-1	-82	-173	-259	-313	-327	-286	-207	-142	-78	-12	-6	1	2	25	19	5	-1	4	-74	62
A.	-6	-12	-9	1	1	-39	-113	-210	-288	-325	-314	-262	-185	-122	-72	-53	-26	12	34	48	33	18	12	0	-78	67
S.	1	-7	-9	-12	-14	-32	-74	-155	-255	-314	-314	-252	-187	-127	-84	-60	-49	-16	5	16	12	7	8	-1	-80	69
O.	-6	-9	-5	5	15	24	-8	-88	-196	-305	-317	-281	-212	-156	-110	-84	-50	-17	9	20	14	13	8	-3	-72	64
N.	-10	-15	-6	3	26	41	24	-24	-110	-181	-211	-190	-143	-96	-63	-45	-20	3	11	20	20	18	12	1	-39	68
D.	-3	-2	3	23	37	40	26	7	-24	-55	-62	-42	-7	7	-2	-8	4	10	22	23	17	5	-2	-1	1	68
ΔY — Ostkomponente (Einheit: 0.1 γ)																										
J.	2	-15	-28	-29	-26	-7	17	38	30	4	-55	-135	-164	-122	-74	-62	-56	-48	-28	-9	5	13	15	11	-30	68
F.	2	-14	-6	8	11	20	26	44	32	-29	-100	-169	-188	-167	-131	-100	-80	-58	-43	-27	-3	3	11	7	-40	74
M.	6	13	20	30	45	60	111	187	195	93	-77	-211	-271	-253	-186	-103	-70	-72	-56	-44	-34	-24	-14	-3	-27	66
A.	8	23	38	57	92	158	231	282	240	107	-82	-260	-350	-327	-230	-143	-84	-59	-53	-44	-43	-39	-24	-4	-21	70
M.	3	26	46	89	142	183	207	222	172	39	-131	-303	-376	-341	-247	-159	-86	-53	-49	-47	-47	-38	-26	-10	-33	64
J.	7	12	61	137	210	266	297	295	221	83	-102	-260	-355	-356	-279	-188	-114	-72	-43	-44	-42	-36	-26	-19	-14	67
J.	17	23	54	103	184	237	256	227	162	61	-113	-297	-404	-413	-354	-233	-140	-91	-70	-54	-53	-55	-38	-3	-41	62
A.	10	32	46	86	157	213	241	219	122	-24	-189	-311	-358	-318	-213	-107	-39	-35	-58	-63	-65	-46	-28	-13	-31	67
S.	3	10	19	30	58	109	173	211	163	23	-145	-278	-336	-305	-228	-139	-88	-76	-60	-44	-31	-20	-10	-4	-40	69
O.	3	8	2	5	15	41	109	194	189	66	-114	-233	-274	-231	-161	-101	-81	-66	-53	-34	-24	-11	-2	2	-31	64
N.	-1	-12	-17	-18	-7	5	29	65	74	-4	-105	-175	-187	-151	-109	-88	-69	-52	-32	-13	-2	9	12	11	-35	68
D.	-3	-13	-27	-17	-10	2	16	23	7	-36	-88	-119	-101	-67	-51	-46	-38	-24	-16	4	19	21	17	8	-22	68
ΔZ — Vertikalkomponente (Einheit: 0.1 γ)																										
J.	-3	-2	-4	-4	-6	-4	-3	-9	-6	2	-16	-34	-11	18	18	17	14	17	17	13	0	6	3	0	1	68
F.	-5	0	-2	-1	2	0	-9	-13	-28	-46	-63	-60	-59	-51	-29	-7	3	12	7	11	12	6	3	1	-13	74
M.	-2	-5	-4	-6	-5	-3	13	14	-22	-77	-119	-112	-92	-64	-23	0	-4	0	4	1	3	3	2	4	-21	66
A.	2	0	0	3	11	18	13	-11	-70	-140	-201	-223	-184	-114	-64	-38	-22	-14	-3	-2	-1	-2	0	-1	-43	70
M.	-3	-1	1	15	22	8	7	-11	-73	-142	-209	-231	-195	-129	-68	-27	10	16	7	11	7	5	-1	-1	-41	64
J.	-4	-7	6	15	20	33	16	-13	-61	-126	-209	-216	-181	-111	-44	0	30	43	31	27	13	6	1	-1	-30	67
J.	-3	-16	-23	-14	-14	-41	-74	-85	-122	-142	-199	-233	-211	-136	-63	-7	38	46	35	30	25	19	14	6	-49	62
A.	-10	-3	0	16	32	29	29	4	-37	-92	-137	-155	-128	-63	-9	27	28	17	8	8	6	5	4	1	-18	67
S.	-1	-2	-3	-2	5	20	37	23	-28	-93	-143	-143	-116	-82	-48	-18	-9	-6	3	4	6	5	2	1	-24	69
O.	1	-1	-7	-6	-6	-4	22	23	-16	-69	-100	-95	-70	-38	-5	6	6	11	9	8	7	4	2	2	-13	64
N.	-2	-3	-5	-8	-8	-9	-5	1	-18	-44	-45	-31	-11	10	18	19	17	13	12	10	8	6	4	0	-3	68
D.	-1	-5	-4	-8	-7	-7	-6	-10	-11	-9	-8	-13	4	11	8	16	15	14	15	12	10	6	4	0	1	68

Täglicher Gang an ausgewählt ruhigen Tagen mit Sonnenfleckenrelativzahl ≧ 91

Zeitraum 1908—1944

Dargestellt als Abweichung der Stundenmittel vom Mittel der 6 Nachtstunden 21 Uhr bis 3 Uhr (Weltzeit)

Weltzeit

Uhrzeit / Monat	0-1	1-2	2-3	3-4	4-5	5-6	6-7	7-8	8-9	9-10	10-11	11-12	12-13	13-14	14-15	15-16	16-17	17-18	18-19	19-20	20-21	21-22	22-23	23-24	Δ (TM — NM)	SFR Mittel
ΔX												**Nordkomponente**													Einheit: 0.1 γ	
J.	-7	-13	-9	-1	9	24	26	-16	-97	-179	-230	-209	-143	-97	-70	-78	-61	-27	5	23	25	18	10	3	-46	140
F.	-15	-5	-1	19	28	40	18	-10	-63	-111	-133	-141	-129	-95	-78	-74	-65	-20	9	22	22	13	13	0	-31	124
M.	0	-21	-30	-24	-11	2	10	-29	-120	-214	-281	-291	-242	-181	-123	-94	-62	-29	-12	8	9	10	28	13	-70	100
A.	-5	-12	-28	-37	-36	-43	-71	-141	-258	-352	-399	-377	-302	-211	-130	-79	-57	-25	8	18	23	24	13	6	-103	120
M.	-10	-16	1	12	16	-29	-125	-245	-310	-322	-289	-275	-244	-182	-95	-35	-7	41	41	35	30	18	8	-2	-83	146
J.	-23	-18	-4	11	19	16	-34	-121	-210	-284	-287	-279	-246	-187	-103	-42	0	25	62	56	53	31	12	0	-65	121
J.	1	-4	-20	17	29	-16	-108	-221	-313	-364	-340	-273	-201	-121	-32	0	25	47	58	54	49	17	4	4	-71	138
A.	-5	-14	-14	-11	-10	-52	-132	-231	-334	-382	-414	-346	-250	-170	-94	-50	-29	0	34	53	41	24	10	1	-99	110
S.	-1	-12	-15	-12	-16	-41	-97	-217	-331	-380	-353	-277	-216	-151	-109	-90	-57	-29	5	13	10	12	5	12	-98	118
O.	-4	-21	-27	-17	10	10	-30	-129	-269	-378	-414	-385	-292	-187	-145	-115	-88	-43	-11	11	21	23	22	10	-102	106
N.	-3	0	-6	1	29	30	24	-27	-97	-149	-202	-195	-149	-115	-82	-55	-21	9	14	24	23	9	6	-8	-39	104
D.	-5	1	-1	10	19	39	27	-1	-69	-144	-161	-140	-116	-99	-82	-38	-29	-4	13	13	11	1	-5	-1	-32	121
ΔY												**Ostkomponente**													Einheit: 0.1 γ	
J.	0	-10	-23	-27	-18	-4	35	78	86	41	-42	-144	-193	-156	-119	-99	-99	494	-56	-20	2	9	16	7	-35	140
F.	-8	-7	-20	-11	-6	18	46	94	90	34	-59	-145	-197	-166	-112	-98	-79	-63	-28	-17	2	13	11	8	-29	124
M.	11	7	9	10	24	50	98	178	174	69	-87	-217	-285	-279	-219	-133	-106	-90	-66	-56	-40	-26	-7	7	-41	100
A.	6	25	51	63	88	151	267	352	312	152	-68	-276	-396	-376	-288	-181	-99	-73	-72	-65	-47	-30	-32	-18	-23	120
M.	9	33	54	94	172	266	317	292	206	27	-173	-322	-384	-333	-262	-142	-58	-17	-39	-48	-57	-50	-30	-15	-19	146
J.	13	17	37	106	182	254	302	304	242	95	-101	-253	-309	-311	-259	-165	-98	-58	-34	-32	-40	-40	-23	-5	-7	121
J.	14	24	39	113	227	320	364	332	197	11	-199	-348	-410	-394	-299	-181	-75	-16	-12	-26	-37	-39	-23	-16	-18	138
A.	7	27	52	97	170	240	280	259	152	5	-174	-333	-399	-356	-267	-148	-72	-55	-78	-76	-65	-47	-32	-6	-34	110
S.	5	13	26	76	109	164	231	250	173	-2	-203	-341	-382	-325	-232	-136	-82	-68	-63	-49	-35	-24	-18	-5	-38	118
O.	3	7	2	-11	9	46	130	229	227	81	-118	-260	-324	-311	-227	-148	-113	-94	-75	-51	-30	-14	-3	6	-43	106
N.	3	-14	-11	-8	5	34	57	92	85	12	-71	-138	-153	-134	-109	-84	-69	-54	-37	-18	-5	4	9	8	-25	104
D.	-7	-9	-12	-10	-8	8	26	62	78	21	-48	-109	-158	-146	-118	-88	-71	-54	-36	-18	3	14	12	5	-28	121
ΔZ												**Vertikalkomponente**													Einheit: 0.1 γ	
J.	-2	-3	-10	-10	-10	-5	2	4	2	6	-5	-41	-29	-16	14	11	13	21	23	20	17	10	6	1	11	140
F.	-3	-2	-3	-4	-6	-2	0	-11	-33	-55	-74	-105	-126	-68	-22	-16	-5	11	22	17	15	6	3	1	-19	124
M.	-1	2	2	1	4	6	21	6	-52	-123	-152	-152	-129	-94	-48	-17	-8	-8	-3	-2	2	3	-2	-2	-31	100
A.	-4	-4	-2	-2	4	25	29	1	-69	-138	-203	-228	-192	-121	-63	-20	1	7	8	10	9	7	4	0	-39	120
M.	-2	-2	5	30	43	34	8	-38	-107	-186	-289	-302	-258	-183	-110	-59	-18	-4	3	7	8	2	-1	-3	-59	146
J.	-13	-16	-13	-22	-31	-46	-59	-76	-109	-170	-233	-246	-203	-142	-65	-4	27	54	45	42	35	24	15	2	-50	121
J.	-6	-10	-11	-13	-13	-20	-26	-56	-85	-153	-223	-220	-166	-92	13	55	55	54	34	28	19	15	11	4	-34	138
A.	-3	-3	2	20	41	50	32	25	-14	-76	-142	-170	-133	-74	-14	23	11	-11	-8	1	6	4	-1	0	-18	110
S.	-2	0	-3	-11	-9	2	7	-13	-74	-157	-204	-193	-155	-115	-63	-30	-24	-22	-12	-1	1	2	5	0	-45	118
O.	2	0	0	-3	-1	10	30	31	-14	-80	-119	-110	-79	-40	-2	15	11	15	11	7	4	2	-1	-1	-13	106
N.	-4	-7	-8	-6	-9	-2	2	11	-14	-40	-45	-31	-8	7	21	24	20	19	18	18	15	12	8	1	0	104
D.	-2	-6	-8	-15	-16	-16	-13	-9	-12	-21	-27	-37	-19	9	21	26	20	14	14	14	12	9	6	1	-2	121

Zusätzlicher Gang an gleichmäßig gestörten Tagen (Mittel aller Sonnenfleckenrelativzahlen) S_D

Zeitraum 1908—1944

Dargestellt als Abweichung der Stundenmittel vom Tagesmittel
Mindestens 4 Dreistundenintervalle während des Tages mit Kennziffern K = 4 oder 5
höchstens 1 Intervall mit K = 2, kein Intervall mit K ≦ 1 oder ≧ 6

Uhrzeit / Monat	0-1	1-2	2-3	3-4	4-5	5-6	6-7	7-8	8-9	9-10	10-11	11-12	12-13	13-14	14-15	15-16	16-17	17-18	18-19	18-20	20-21	21-22	22-23	23-24
ΔX												Nordkomponente												Einheit: 0.1 γ
J.	32	53	13	79	74	66	17	3	-9	-4	-48	-49	-70	-111	-74	-68	-94	-21	11	8	11	95	56	39
F.	75	·69	63	66	85	31	24	18	-26	-56	-122	-115	-130	-117	-88	-55	-43	0	5	20	79	67	88	62
M.	68	45	35	61	15	1	-69	-117	-92	-74	-88	-81	-80	-69	-56	-58	-28	42	70	80	74	125	130	68
A.	88	72	67	67	26	-44	-98	-144	-131	-147	-141	-133	-118	-69	-47	-26	43	58	86	111	147	117	102	115
M.	57	74	43	8	-43	-115	-128	-118	-127	-136	-143	-96	-67	-38	9	30	68	140	107	103	104	89	95	76
J.	82	55	43	-2	-73	-74	-97	-125	-155	-148	-113	-100	-62	-34	7	0	80	122	130	135	85	76	73	96
J.	65	97	48	29	-3	-68	-91	-67	-67	-70	-80	-84	-67	-114	-71	-32	5	69	135	87	80	82	60	65
A.	66	61	20	13	-30	-70	-78	-104	-82	-87	-79	-80	-74	-78	-56	-6	27	73	78	90	120	102	90	83
S.	81	76	68	57	19	-7	-91	-85	-96	-128	-158	-131	-98	-68	-77	-32	3	52	53	95	95	148	137	87
O.	117	61	63	77	38	13	-29	-90	-97	-91	-90	-112	-125	-130	-69	-67	-49	-6	58	67	95	105	123	133
N.	104	63	95	76	97	79	9	-35	-66	-62	-77	-138	-180	-152	-102	-97	-66	-16	8	68	87	117	91	96
D.	104	86	57	78	68	105	64	14	-56	-68	-96	-116	-134	-183	-146	-109	-108	-161	-29	17	107	139	175	98
ΔY												Ostkomponente												Einheit: 0.1 γ
J.	36	33	-18	-33	-67	-95	-114	-147	-148	-115	-105	-76	-89	-59	-1	50	47	78	138	164	144	183	119	83
F.	40	20	-3	-25	-58	-97	-151	-141	-109	-83	-67	-63	-54	-74	-58	27	93	131	130	132	132	122	90	77
M.	37	29	1	-12	-45	-69	-86	-122	-153	-132	-122	-115	-99	-105	-52	11	58	140	171	156	158	136	136	73
A.	83	35	18	-21	-50	-111	-111	-139	-119	-100	-71	-67	-60	-71	-57	-24	30	111	140	138	188	130	80	60
M.	61	87	34	-29	-81	-93	-94	-68	-69	-58	-58	-45	-51	-63	-42	-63	-39	29	88	109	126	104	103	113
J.	66	65	90	43	-2	-28	-19	-26	-20	-11	-14	-27	-51	-80	-105	-97	-67	-31	6	38	34	77	92	77
J.	64	93	16	-27	-53	-125	-130	-115	-66	-43	-21	5	-13	-41	-42	-50	-71	-9	42	90	132	127	131	96
A.	16	38	-2	-68	-88	-101	-94	-78	-40	-8	8	18	-10	-32	-33	-19	-2	58	77	92	93	74	58	43
S.	30	2	-16	-66	-89	-112	-115	-134	-119	-117	-93	-62	-59	-43	-31	25	97	192	162	151	127	106	93	73
O.	-6	-51	-92	-139	-189	-203	-159	-168	-159	-112	-63	-22	11	-6	61	90	165	235	253	220	163	127	43	-3
N.	0	-2	-53	-124	-175	-202	-188	-174	-126	-82	-67	-65	-36	-18	26	93	121	162	201	188	203	183	99	35
D.	38	2	-61	-142	-176	-205	-197	-171	-128	-98	-80	-73	-47	-47	70	112	101	169	186	183	187	146	130	98
ΔZ												Vertikalkomponente												Einheit: 0.1 γ
J.	-66	-84	-77	-91	-87	-78	-57	-47	-30	-17	-3	9	34	67	84	109	114	95	87	67	50	-2	-26	-47
F.	-73	-86	-101	-109	-111	-98	-89	-81	-53	-29	3	31	72	114	140	143	134	116	104	67	16	-12	-46	-61
M.	-112	-139	-149	-148	-129	-108	-83	-67	-42	-17	10	37	70	108	156	189	183	145	109	74	40	-5	-51	-78
A.	-121	-145	-159	-163	-157	-128	-110	-69	-34	2	38	72	85	109	157	185	185	189	133	78	29	-18	-56	-102
M.	-137	-166	-177	-201	-195	-170	-143	-109	-65	-18	37	83	124	159	198	215	208	206	176	123	53	-5	-77	-109
J.	-117	-152	-167	-155	-133	-113	-77	-51	-45	-13	23	42	69	91	129	159	159	170	150	104	52	10	-35	-97
J.	-88	-128	-119	-124	-122	-96	-82	-69	-53	-29	-6	19	40	79	107	135	147	150	139	110	56	11	-19	-60
A.	-116	-132	-123	-136	-132	-108	-87	-60	-47	-34	-12	30	71	106	153	174	182	178	136	78	25	-12	-49	-78
S.	-116	-149	-161	-166	-149	-123	-97	-71	-34	-6	32	67	103	143	175	189	195	171	124	69	22	-37	-86	-95
O.	-142	-145	-148	-150	-139	-113	-82	-48	-18	16	55	100	134	162	176	197	172	134	86	39	-16	-51	-91	-126
N.	-110	-111	-114	-114	-116	-105	-76	-59	-35	-7	15	49	91	124	151	161	151	132	106	59	3	-41	-67	-92
D.	-98	-104	-99	-112	-106	-102	-75	-48	-23	-6	14	29	60	104	137	141	139	126	105	65	13	-28	-65	-68

FSC
www.fsc.org
MIX
Papier | Fördert gute Waldnutzung
FSC® C083411

Kolibri 360 GmbH
Ferdinand-Jühlke-Straße 7
99095 Erfurt, Deutschland
produktsicherheit@kolibri360.de